Christina Hunger

Wie ich meinem Hund das Sprechen beibrachte

AF704788

GOLDMANN

Buch

Als Christina Hunger sich einen Welpen zulegt, dauert es nicht lange, bis die ausgebildete Sprachtherapeutin sich die Frage stellt: Wenn Hunde ihren Menschen verstehen können, sind sie dann nicht auch dazu in der Lage, uns Wörter zu sagen? Christina stellt ihre Theorie auf die Probe und programmiert einen Knopf mit ihrer Stimme, den Stella mit den Pfoten betätigt. Fortan kann die Hündin ihr mitteilen, wann sie nach draußen möchte, dass sie Hunger hat oder Streicheleinheiten braucht. Wenige Jahre später verfügt Stella über ein Vokabular von mehr als dreißig Wörtern und kann nahezu vollständige Sätze bilden.

Der New-York Times-Bestseller erzählt die unglaubliche, aber wahre Geschichte von Christina und Stella und ist gleichzeitig eine konkrete Schritt-für-Schritt-Anleitung für Hundehalter, die ebenfalls mit ihrem Haustier kommunizieren möchten.

Autorin

Christina Hunger ist Sprachtherapeutin und Gründerin von »Hunger for Words«. Als Hund Stella 2018 bei ihr einzog, brachte sie ihr das Sprechen mit Kommunikationsgeräten bei, was ein riesiges Medienecho hervorrief. Christina lebt mit ihrem Mann Jake und ihrem Hund Stella in der Nähe von Chicago.

CHRISTINA HUNGER

Wie ich meinem Hund das Sprechen beibrachte

Die spektakuläre Geschichte von Stella und Christina

Aus dem amerikanischen Englisch von Marion Zerbst

GOLDMANN

Die Originalausgabe erschien 2021 unter dem Titel *How Stella Learned to Talk: The Groundbreaking Story of the World's First Talking Dog* bei HarperCollins, New York.

Alle Ratschläge in diesem Buch wurden vom Autor und vom Verlag sorgfältig erwogen und geprüft. Eine Garantie kann dennoch nicht übernommen werden. Eine Haftung des Autors beziehungsweise des Verlags und seiner Beauftragten für Personen-, Sach- und Vermögensschäden ist daher ausgeschlossen.

Sollte diese Publikation Links auf Webseiten Dritter enthalten, so übernehmen wir für deren Inhalte keine Haftung, da wir uns diese nicht zu eigen machen, sondern lediglich auf deren Stand zum Zeitpunkt der Erstveröffentlichung verweisen.

MIX
Papier aus verantwortungsvollen Quellen
FSC® C014496

Penguin Random House Verlagsgruppe FSC® N001967

1. Auflage
Deutsche Erstausgabe August 2022
Copyright © 2021 der Originalausgabe
Christina Hunger
Copyright © 2022 der deutschsprachigen Ausgabe: Wilhelm Goldmann Verlag, München, in der Penguin Random House Verlagsgruppe GmbH, Neumarkter Str. 28, 81673 München
Pfotenabdruck-Illustration: Elen11/istockphoto
Umschlag: Uno Werbeagentur, München
Umschlagmotiv: © Ariana Velazquez
Redaktion: Ralf Lay
Satz: Uhl+Massopust, Aalen
Druck und Bindung: GGP Media GmbH, Pößneck
Printed in Germany
SC · CB
ISBN 978-3-442-22342-8

Für meinen Mann Jake.
Ohne dich hätte ich das alles nicht geschafft.
Ich liebe dich so sehr.

Inhalt

Prolog 9

Kapitel 1: An Sprachkompetenz glauben 11

Kapitel 2: Ozzie und Truman 31

Kapitel 3: Ein schokoladenbrauner Welpe 43

Kapitel 4: Kommunikation findet ständig statt 55

Kapitel 5: Nur noch einen knappen Meter bis zum Ziel 77

Kapitel 6: Wir reden miteinander! 97

Kapitel 7: Endlich selbstständig! 117

Kapitel 8: Schluss mit Fernsehen und Social Media! 137

Kapitel 9: Tschüs, Omaha! 157

Kapitel 10: Unterwegs nach Kalifornien 175

Kapitel 11: Innovativer Umgang mit Sprache 189

Kapitel 12: Kreative Wortkombinationen 205

Kapitel 13: Hilfe! 223

Kapitel 14: Wenn Sprache zum Automatismus wird 243

Kapitel 15: Hunger nach Worten 263

Kapitel 16: Sie redet wie ein Wasserfall … 285

Kapitel 17: Hallo Welt! 307

Kapitel 18: Das ist erst der Anfang 325

Anhang 333

So bringen Sie Ihrem Hund das Sprechen bei 333
Kontakt und Bezugsquellen 347
Literatur 349
Anmerkungen 351
Dank 357
Stichwortverzeichnis 361

Prolog

Ich saß noch am Frühstückstisch. »Tschüs, Stella«, verabschiedete ich mich von unserer Hündin. »Viel Spaß mit Jake.«

Mein Freund wartete mit Stellas Leine an der Haustür. Die beiden gingen jeden Morgen zusammen zum Spielen an den Strand oder in den Park, während ich mich für die Arbeit fertig machte.

»Bist du so weit, Stella?«, fragte Jake.

Stella blieb zögernd in der Küche stehen, warf einen Blick zur Tür und schaute dann wieder zu mir hinüber. Ich fragte ich mich, was sie wohl denkt. Normalerweise kann sie es morgens gar nicht erwarten, mit Jake rauszugehen.

Stella ging auf ihr Soundboard zu, das auf dem Boden lag. Es war ungefähr 60 mal 120 Zentimeter groß und voller bunter Knöpfe; bei jedem Knopfdruck ertönte ein anderes zuvor aufgenommenes und einprogrammiertes Wort. Die Hündin drückte mit der Pfote vier verschiedene Knöpfe hintereinander.

»Christina, komm, spielen. Ich hab dich lieb«, sagte sie. Dann sprang sie von ihrem Soundboard herunter und schaute mich wieder erwartungsvoll an.

Jake lachte, und auch ich konnte mir ein Lächeln nicht verkneifen. »Soll ich mit dir spielen kommen, Stella?«

Sie wedelte mit dem Schwanz.

Da warf ich schnell meinen Mantel über, zog mir die Schuhe an und nahm Jake die Leine aus der Hand. *Meine Hündin hatte mich gerade aufgefordert, mitzukommen und mit ihr zu spielen. Wie cool ist das denn?*

KAPITEL 1

An Sprachkompetenz glauben

Ich saß auf einer zwei Meter breiten Schaukel, die aussah wie ein riesiger gepolsterter Block, und hielt gespannt den Atem an. Oliver, mein Sprachtherapie-Patient, saß neben mir und hielt sein Kommunikationsgerät im Tablet-Format in der Hand. Oliver benutzte diesen Talker nur selten ohne meine Hilfe. Aber heute hatte er gleich zu Beginn unserer Therapiesitzung danach gegriffen. *Was wollte er mir sagen?*

Obwohl erst neun Jahre alt, war Oliver fast so groß wie ich, seine 24-jährige Sprachtherapeutin. In seinen Basketballshorts und seinem T-Shirt sah er aus wie ein ganz normaler Neunjähriger. Aber die Spangen an seinen Beinen, die lärmdämpfenden Kopfhörer über seinen Ohren und das Kommunikationsgerät, das er an einem Riemen über der Schulter trug, zeigten, dass er doch irgendwie anders war. Oliver litt an einer Autismus-Spektrum-Störung (ASS). Schon seit Jahren kam er zur Physio-, Ergo- und Sprachtherapie in die Kinderklinik in Omaha (Nebraska), an der ich arbeitete.

Oliver kniff die Augen zusammen. Sein Finger schwebte über dem Display. Ich konzentrierte mich in Gedanken ganz auf ihn und blendete den Lärm der anderen Kinder aus, die ringsumher in der Turnhalle schaukelten, die Kletterwand erklommen oder auf Tretrollern herumfuhren.

Mehrere Möglichkeiten gingen mir durch den Kopf. Vielleicht wollte er eines der Wörter sagen, die wir in den letzten Wochen auf der Schaukel geübt hatten? Da Oliver in Bewegung am besten lernte, verbrachten wir einen Großteil unserer Sitzungen damit, Wörter wie »los«, »stopp«, »schnell« und »langsam« zu üben, während wir schaukelten. Es machte mir Spaß, das Wort »schnell« auf Olivers Gerät einzugeben und dabei auf der Schaukel so hoch zu schwingen, wie ich konnte. Dann quietschte Oliver, warf lachend den Kopf zurück und genoss jede Sekunde dieses schnellen Flugs. Man konnte ihm nicht zusehen, ohne über seine helle Freude unwillkürlich lächeln zu müssen.

Doch diesmal tippte Oliver auf eines der sechzig Symbole seines Tablets, woraufhin sich eine neue Seite mit Wörtern öffnete, aus denen er auswählen konnte. Er fuhr mit dem Zeigefinger über die bunten Reihen und ließ den Finger schließlich über einem der Quadrate schweben. Als er darauf drückte, sagte eine synthetische Stimme: »Reis.«

»Reis?«, wiederholte ich erstaunt. Schließlich befanden wir uns nicht in einer Küche, sondern in einer Turnhalle. »Reis« war so ziemlich das Letzte, was ich in dieser Situation von ihm erwartet hätte. »Isst du Reis zum Mittagessen?«, fragte ich und drückte nach jedem Wort die entsprechende Taste auf seinem Tablet. Denn Oliver konnte den Umgang mit seinem Talker am besten erlernen, indem er zusah, wie andere Leute ihn benutzten.

Doch Oliver grunzte nur und strampelte frustriert mit

den Beinen. Offensichtlich wollte er mir etwas anderes sagen.

Ich warf einen Blick auf meine Uhr: kurz nach halb fünf. »Vielleicht möchtest du nach der Therapie Reis zum Abendessen?«, fragte ich. »Willst du Reis essen?«

Oliver schlug meine Hand weg. Anschließend wiederholte er die Wörter: »Reis, Reis.«

Letzte Woche hatte er in unserer Sitzung auch »Reis« gesagt, aber ich hatte mir nicht viel dabei gedacht. Da kein Reis in der Nähe war, ging ich davon aus, dass Oliver einfach nur neue Vokabeln ausprobieren wollte. Er besaß dieses Kommunikationsgerät erst seit ein paar Monaten, und es kann schon eine Weile dauern, bis Kinder anfangen, Wörter bewusst und aus eigenem Antrieb zu benutzen. Sie brauchen Zeit, um die Wörter kennenzulernen und ihr Kommunikationssystem *in work* zu sehen und zu hören, bevor sie anfangen, damit zu sprechen – so wie Babys erst mal ein ganzes Jahr lang andere Menschen reden hören müssen, bevor sie anfangen, selbst Wörter zu bilden. Da mir nun klar war, dass Oliver das Wort »Reis« offenbar bewusst gewählt hatte, gab ich alles in sein Gerät ein, was meiner Meinung nach irgendwie mit Reis zu tun hatte, und probierte auf diese Weise verschiedene Wortkombinationen aus.

Wollte Oliver mir sagen, dass er Hunger hatte und sich eine Portion Reis wünschte? Wollte er mir erklären, dass er Reis mochte? Oder hasste er ihn womöglich und versuchte mir das mitzuteilen? Ich gab ein: »Reis gut«, »Reis schlecht«, »Gern Reis essen«, »Fertig mit Reisessen«, »Oliver essen Reis«, »Schule essen Reis« – alles, was mir einfiel. Nach jeder Aussage hielt ich kurz inne, um seine Reaktion zu beobachten. Oliver verstand viel mehr, als er sagen konnte. Seine rezeptive Sprachkompetenz war deutlich besser als seine expressive; und wenn ich mit meiner Vermutung, was er gemeint haben könnte, ins Schwarze traf, war er immer ganz aufgeregt. Das erinnerte mich daran, wie es mir erging, wenn ich – Jahre nachdem ich diese Sprache am Gymnasium gelernt hatte – versuchte, ein Wort auf Französisch zu sagen: Wenn ich das Wort las oder es jemanden sagen hörte, wusste ich, was es bedeutete. Aber es fiel mir sehr viel schwerer, das Wort selbst auszusprechen. Das liegt daran, dass meine rezeptiven Französischkenntnisse besser waren als meine expressiven.

Oliver riss seinen Kopfhörer ab und warf ihn auf den Boden. Er rüttelte an der Schaukel und stieß grunzend mein Klemmbrett weg.

»Okay, okay. Alles okay. Ich glaube, du bist wütend, Oliver«, sagte ich, hielt ihm das Gerät vor die Nase und tippte ein: »Wütend.« Ich musste ihn ablenken, bevor seine Laune sich noch weiter verschlechterte. Am schnellsten ging das, indem ich anfing, mit ihm zu schaukeln. Egal, was gerade los war – Oliver schaukelte leidenschaftlich gern. Das ist bei vielen autistischen Kindern so: Die Schaukelbewegung trug zur Regulation seines sensorischen Systems bei. Innerhalb einer Minute, in der ich mein ganzes Körpergewicht einsetzte, um so heftig wie möglich zu schaukeln, war er wieder sein altes kicherndes Selbst. Ich hatte die Situation für den Augenblick gerettet, sodass wir unsere Sitzung fortsetzen konnten; aber wirklich gelöst hatte ich das Problem nicht. *Warum sagt*

Oliver: »Reis«? Und warum wird er so wütend, wenn ich daraufhin versuche, mit ihm über Reis zu sprechen?

Oliver war einer meiner vielen kleinen Patienten, die gerade lernten, ein Kommunikationsgerät zu benutzen. Solche »Talker« sind eine Form der unterstützten Kommunikation (*augmentative and alternative communication* [AAC]) – ein wunderbares Hilfsmittel, dank dessen Menschen mit schwerer Sprachverzögerung oder sonstigen Sprachproblemen Wörter über ein anderes Medium artikulieren können. Manchmal wiederholte Oliver einzelne Wörter, die er in einem Video gehört oder die jemand aus seinem Umfeld benutzt hatte, auch verbal; doch weiter waren seine verbalen Sprachfähigkeiten bisher nicht gediehen, obwohl er schon neun Jahre alt war. Viele Menschen sind fatalerweise der Ansicht, dass verbale Sprachkompetenz ein Gradmesser für die Intelligenz oder die sprachlichen Fähigkeiten eines Menschen ist. Diesen Irrglauben zu widerlegen gehört zu meinen Lieblingsbeschäftigungen als Sprachtherapeutin. Ich lasse Kinder, die jahrelang missverstanden wurden, gern mit AAC arbeiten und erziele damit oft dramatische Verbesserungen.

Eine der Patientinnen, die ich während meines Aufbaustudiums betreute, hatte schon seit Jahren solch ein Gerät benutzt. Die »Sätze«, in denen sie kommunizierte, bestanden meist nur aus zwei Wörtern – bis zu dem Tag, an dem sie den Ärmel eines flauschigen Pullovers betastete, den ich dort vorher noch nie angehabt hatte. Dann schaute sie mich an und sagte: »Neuer lila Pullover gefällt.« Ich hatte vorher gar keine Ahnung gehabt, dass sie wusste, wie man das

Wort »Pullover« ausspricht, und dass sie so genau auf meine Garderobe geachtet hatte.

In der Klinik habe ich vor Kurzem bei einem anderen Patienten die Anzahl von Wortsymbolen, die er auf seinem Gerät erkennen und benutzen konnte, von ungefähr zwanzig auf die volle Kapazität von zweitausend Wörtern erhöht. An dem Tag, an dem ich das tat, sagte der kleine Junge: »Treppe runter, Treppe runter, grüner Block«, und rannte zur Tür. Er zog an dem Türknauf, so fest er konnte, war aber nicht geschickt genug, um ihn zu drehen. Wenn er mir nicht gesagt hätte, was er wollte, hätte ich ihm die Tür nicht geöffnet, sondern einfach angenommen, dass er aus unserer Sitzung abhauen wollte. Unten im Therapiebereich ging er schnurstracks zum Spieleschrank und zog einen Pappkarton aus dem mittleren Regal, ohne auf die vielen anderen Spiele zu achten, die er dabei umwarf. Er klappte den Deckel auf, nahm alle grünen Magnetfiguren heraus und begann, sie auf verschiedene Arten übereinanderzustapeln. Vor dem heutigen Tag wäre »unten« das einzige Wort dieses Satzes gewesen, das er sagen konnte. Wie lange hatte er mir wohl schon mitteilen wollen, mit welchem Spiel er sich beschäftigen wollte? Wie oft hatte er schon an Türklinken gezogen, um mich dorthin zu führen, wo er hinwollte, und ich hatte das als Versuch fehlinterpretiert, aus unserer Therapiesitzung wegzulaufen? Ich konnte es kaum erwarten, seiner Mutter am Ende der Sitzung von diesem großen Fortschritt zu berichten.

Manche Eltern (und sogar manche Fachleute) gehen davon aus, dass Kinder mit starken Behinderungen kaum etwas wissen oder zu schwer zu unterrichten sind. Doch meiner

Erfahrung nach wissen diese Fachleute einfach nicht, wie man solchen Kindern die Möglichkeit gibt, etwas zu lernen und ihr Potenzial zu entdecken – oder sie bleiben nicht lange genug dran, um ihnen eine echte Chance zu geben. Ein Therapeut sollte an das Potenzial aller Kinder glauben; dadurch verbessern sich ihre Lernprozesse ganz enorm. Aber bei Kindern, die mit unterstützter Kommunikation arbeiten, ist dieses Vertrauen ganz besonders wichtig. Wenn der Therapeut oder die Eltern nicht wirklich an das Potenzial des Kindes glauben, schränken sie das, was es sagen kann, auf physischer Ebene von vornherein ein, indem sie ihm nur ein paar Auswahlmöglichkeiten geben. Wenn Fachleute die Messlatte bei der unterstützten Kommunikation zu niedrig ansetzen, entwickelt das Kind sich nicht weiter.

Genau das war mit Oliver passiert, bevor ich seine Behandlung übernommen hatte. Sein Kommunikationsgerät war so programmiert, dass es nur acht bis zehn verschiedene Sätze sagen konnte. Er konnte auf ein Symbol drücken, das bedeutete: »Ich will mehr Schaukel.« Oder ein anderes, das besagte: »Ich muss auf die Toilette.« Die Therapeutin, die vor mir mit Oliver gearbeitet hatte, war davon ausgegangen, dass er nicht mehr konnte. Ganze dreißigminütige Therapiesitzungen lang sagte Oliver also immer wieder: »Ich will mehr Schaukel.« Aber das konnte ich ihm nicht verübeln; denn er hatte eigentlich keine anderen Möglichkeiten. Er konnte nichts anderes über die Schaukel sagen oder über andere Aktivitäten sprechen, mit denen er sich tagsüber normalerweise beschäftigte. Also machte er einfach das Beste aus dem, was er hatte.

Nachdem ich ihn besser kennengelernt und mehr Zuversicht entwickelt hatte, vereinbarte ich einen Besprechungstermin mit seiner Mutter, um ihr zu zeigen, wie man Olivers Gerät so programmierte, dass er über zweitausend Wörter lernen konnte, statt immer nur dieselben zehn Sätze zu sagen. Das mit den zweitausend Wörtern war eigentlich die Standardeinstellung des Sprachprogramms – so sollte es verwendet werden. Doch seine vorige Therapeutin hatte absichtlich alle Wörter entfernt und durch von ihr selbst gebildete Sätze ersetzt. Nun, da Oliver so viele Wörter zur Verfügung standen, lernte er mit der Zeit, Millionen verschiedener Sätze zu bilden, so wie wir alle es tun. Doch das geschah erst ein paar Monate nach Beginn meines ersten Jahres als Sprachtherapeutin. Bis dahin hatte ich noch nie so drastische Veränderungen am Kommunikationssystem eines Kindes vorgenommen oder den Behandlungsplan einer erfahreneren Logopädin verworfen und durch meinen eigenen ersetzt. Während meines Studiums hatte ich gelernt, wie man AAC-Geräte programmiert und Behandlungspläne erstellt. Ineffiziente Pläne zu korrigieren war etwas ganz Neues für mich.

Ich bereitete mich auf das Treffen mit Olivers Mutter vor, sah meine Notizen durch und suchte Fachartikel zu verschiedenen Themen zusammen: über die Bedeutung von unterstützten Kommunikationssystemen auf der Basis von Einzelwörtern statt programmierten Sätzen, über Kommunikation, die anderen Zwecken dient als der bloßen Äußerung von Bitten, und darüber, wie man Kindern Wörter beibringt, die in verschiedenen Kontexten verwendet werden können, statt immer nur den Gebrauch von Substantiven einzuüben. Ich hoffte, seine Mutter würde nicht spüren, wie nervös ich war. Es war wichtig, dass sie mir glaubte. Denn Oliver konnte eigentlich viel mehr lernen, als man ihm bisher zugetraut hatte!

»Er geht so gut mit den Möglichkeiten um, die ihm zur Verfügung stehen«, erklärte ich ihr, als wir zusammen in einem kleinen Konferenzraum saßen. »Aber er braucht mehr Wörter. Ich weiß, dass das eine Umstellung für ihn sein wird. Aber Oliver kann viel mehr lernen als das, was ihm momentan an Ausdrucksmöglichkeiten zur Verfügung steht.« Ich zeigte ihr die Artikel über unterstützte Kommunikation. »Dieses System wird ihm ein Leben lang immer wieder neue Kommunikationsmöglichkeiten bieten, sodass er sich weiterentwickeln kann«, sagte ich. »Denken Sie doch einmal daran, wie es war, als Ihre Tochter sprechen lernte: Zuerst hat sie gebrabbelt, dann hat sie Wörter gesagt, irgendwann hat sie angefangen, Wörter zusammenzusetzen, und zum Schluss eigene Sätze gebildet. Oder nicht?«

Als die Frau zu mir aufsah, erblickte ich eine skeptische Mutter vor mir – bitter enttäuscht von den vielen jahrelangen Therapieversuchen, die bei ihrem Sohn alle nicht funktioniert hatten. Das war sicherlich nicht leicht für sie gewesen. Oliver hatte vor mir schon mit mehreren Logopäden gearbeitet, und alle hatten andere Vorstellungen von seinen Kommunikationsfortschritten gehabt. Bestimmt war es für die Mutter sehr verwirrend und anstrengend gewesen, so viele verschiedene Expertenmeinungen zu hören und sich ein Bild davon machen zu müssen, welche Vorgehensweise für ihren Sohn am sinnvollsten war. »Ja«, sagte sie.

»Oliver muss diese verschiedenen Phasen der Sprachentwicklung auch durchlaufen – nur auf andere Art und Weise.«

»Ich versteh schon, was Sie meinen. Das hört sich ja auch alles ganz fantastisch an«, sagte sie und wies auf die Seiten. »Ich bin nur ... Ich bin halt einfach ein bisschen nervös. Oliver benutzt sein Gerät schon so lange, und alle an seiner Schule wissen, wie man damit umgeht. Wir haben uns alle daran gewöhnt.«

Ich nickte. »Wir können seine bisherige Spracheinstellung auf jeden Fall speichern, falls wir jemals wieder darauf zurückgreifen möchten. Und ich werde mich auch mit seiner Sprachtherapeutin an der Schule in Verbindung setzen, damit wir alle denselben Stand haben. Sie kann mir mitteilen, was in der Schule wichtig ist, und ich kann sie darüber informieren, woran wir in unserer Klinik gerade arbeiten. Ich glaube, das lohnt sich.«

Sie stellte mir noch ein paar Fragen und gab mir schließlich grünes Licht. Ich war begeistert von der Vorstellung, was für neue Dimensionen seiner Welt Oliver nun entdecken würde. Außerdem ehrte es mich, dass seine Mutter mir ihr Vertrauen schenkte. In diesem Augenblick nahm ich mir zweierlei vor: Erstens wollte ich Oliver dazu verhelfen, seine Kommunikationsmöglichkeiten voll auszuschöpfen, und zweitens wollte ich seine Mutter auf gar keinen Fall enttäuschen. Also veränderte ich die Einstellungen an dem Gerät und staunte über all die neuen Wörter, die wir nun in unseren Therapiesitzungen verwenden konnten.

Wie ich es erwartet hatte, durchlief Oliver daraufhin verschiedene Lernstadien. Zuerst »brabbelte« er auf seinem Gerät herum, indem er aufs Geratewohl verschiedene Tasten drückte und beobachtete, was dann wohl passieren würde. Er spielte mit seinen Wörtern herum, so wie Babys mit Lauten spielen, wenn sie sprechen lernen. Doch dann begann Oliver sehr schnell, Wörter, die er bereits kannte – zum Beispiel »Mehr«, »Schaukeln« und »Los« –, in dazu passenden Situationen auf neue Weise zu verwenden. Und schließlich fing er sogar an, neue Wörter zu gebrauchen – beispielsweise »drehen«, wenn er wollte, dass ich uns mit der Schaukel im Kreis herumbewegte, oder »Stopp«, wenn er irgendetwas nicht mehr machen wollte. Das war das erste Mal in seinem Leben, dass Oliver jemandem mit einem *Wort* ein Stoppsignal geben konnte statt durch Schreien, Treten oder Kratzen. Oliver war kein aggressives Kind. Er versuchte uns nur irgendwie seine Botschaften zu vermitteln. Olivers anderen Therapeuten, seiner Mutter und mir wurde klar, dass er viele Gedanken hatte, die er nicht ausdrücken konnte; und ich hatte das Gefühl, allmählich lernte er tatsächlich, mit der neuen Geräteeinstellung umzugehen.

Alles, was er sagte, ergab einen Sinn – nur »Reis« nicht. Ich setzte Oliver in seiner Physiotherapiepraxis ab und erklärte den dortigen Mitarbeitern, mit welchen Wörtern wir heute arbeiteten. Seine Physiotherapeutin, seine Ergotherapeutin und ich versuchten, die Ziele des jeweils anderen so weit wie möglich zu berücksichtigen. Dann ging ich kurz ins Wartezimmer, um mit seiner Mutter zu reden. Die Nachbesprechung am Ende jeder Sitzung war sehr wichtig, um den Sinn von Olivers Mitteilungen zu verstehen. Nach einer unserer Therapiesitzungen machte Olivers Mutter zum Beispiel große Augen, als ich beiläufig erwähnte, dass er während eines Spiels »Zahnarzt« gesagt hatte. Sie erklärte mir, dass Oliver an diesem Tag früher aus der Schule gekommen war als sonst, weil er zum Zahnarzt musste. Das war eine ungeheuer wichtige Information für mich. Ohne diesen Kontext hätte ich völlig übersehen, dass Oliver mir etwas von seinem Tag erzählen wollte. Wenn ein Kind Wörter benutzt, um seinem Gesprächspartner etwas mitzuteilen, ist das ein faszinierender sprachlicher Meilenstein. Diese Kommunikationsoption wäre ihm bei den begrenzten Sätzen, die vorher in sein Gerät einprogrammiert gewesen waren, völlig unmöglich gewesen. Olivers Mutter war ungeheuer dankbar für diesen Fortschritt, und wir waren beide ganz begeistert. Oliver konnte uns viel mehr mitteilen als nur das, was er gerade wollte oder brauchte!

Ich setzte mich in dem überfüllten Wartezimmer neben sie und fragte: »Hat Oliver zu Hause schon mal ›Reis‹ gesagt?«

Sie runzelte die Stirn. »Nein, nicht dass ich wüsste. Warum?«

»Weil er das diese Woche und auch letzte Woche zu mir gesagt hat. Heute wurde er ziemlich wütend, als ich herauszufinden versuchte, was er damit meint. Isst er vielleicht Reis zu Mittag oder Abend?«, fragte ich.

»Ja, wir essen schon manchmal Reis, aber ich glaube nicht, dass ihm das so wichtig ist. Er ist … er ist halt einfach Oliver.« Sie seufzte. »Es könnte alles Mögliche bedeuten.«

»Das werden wir bestimmt herausfinden. Sagen Sie mir bitte nächste Woche Bescheid, ob er dieses Wort zu Hause überhaupt gebraucht«, bat ich sie. »Und außerdem – bevor ich es vergesse: Oliver hat die Dinosaurierseite auf seinem Gerät entdeckt und die Dinosauriernamen ständig wiederholt, während wir aufräumten. Leider hatten wir nicht mehr viel Zeit, aber nächste Woche bringe ich ihm ein paar Dinosaurierspielzeuge mit.«

Im Lauf der nächsten drei Wochen begann Oliver jede Therapiesitzung auf die gleiche Art und Weise. Er sagte weiter: »Reis«, und ich zählte nach wie vor alles auf, was irgendwie mit Reis zu tun hatte. Dieses Wort verfolgte mich geradezu. Ich druckte Bilder von Reis aus, holte die Attrappe einer Reispackung aus unserer Spielküche und untersuchte alle anderen Lebensmittelwörter auf seinem Gerät genau, um festzustellen, ob das Reissymbol irgendeinem anderen Bild ähnlich sah. Vielleicht wollte er ja ein ganz anderes Wort sagen, konnte es aber nirgends finden. Ich fragte auch seine Ergotherapeutin und seine Physiotherapeutin danach; aber anscheinend sagte Oliver nur bei mir: »Reis.« *Warum*?, fragte ich mich. Oliver zeigte auch keinerlei Interesse an den verschiedenen Dinosaurierspielzeugen und -büchern, die ich ihm mitgebracht hatte, obwohl er weiterhin die Dinosauriernamen wiederholte. Ich war völlig mit meinem Latein am Ende.

Während dieser drei Wochen wurde Oliver immer wütender, wenn ich auf seine Erwähnungen von »Reis« falsch reagierte. Er schrie immer lauter und krallte seine Fingernägel in meinen Unterarm, weil es ihm anscheinend ungeheuer wichtig war, dass ich ihn verstand. Er schmiss sein Kommunikationsgerät auf den Boden und warf es sogar ein paarmal nach mir. Ich konnte gerade noch rechtzeitig mit dem Kopf ausweichen, sodass es auf der Matratze auf dem Boden landete und nicht in meinem Gesicht. Oliver tat, was er konnte, um mir zu zeigen, wie wütend er war. Ich atmete dann jedes Mal tief durch und sagte mir immer wieder: *Er reagiert nur seine Gefühle ab, er reagiert nur seine Gefühle ab.* Das bewahrte mich davor, die Geduld zu verlieren. Mein Studium hatte mich auf viele Aspekte meines Berufs vorbereitet – aber nicht *darauf.* Was machte ich falsch?

Vor dieser »Reis«-Geschichte hatten Oliver und ich eine tolle Beziehung zueinander gehabt. Er kam nicht immer gut mit Erwachsenen zurecht, aber zu mir hatte er eindeutig Vertrauen. Wir vertieften unseren Kontakt durch kleine Spiele, die zu Insiderwitzen wurden, auf die er sich jede Woche aufs Neue freute. Zum Beispiel forderte Oliver mich gern dazu auf, bestimmte Tiergeräusche zu imitieren, und lachte sich halb kaputt, wenn ich »Kikeriki« schrie, nachdem er »Hahn« gesagt hatte, oder auf das Stichwort »Wolf« hin den Kopf hob und die Decke anheulte. Wenn ich das gewünschte Tiergeräusch nicht von mir gab, tippte Oliver mir leicht auf den Arm, um mich an meine Rolle in unserem Spiel zu erinnern. Oliver und ich kamen deshalb so gut miteinander aus, weil ich niemals versuchte, ihn zu etwas zu zwingen, was *ich* wollte. Stattdessen versuchte ich, so gut wie möglich auf seine Interessen einzugehen und sie zu erweitern. Es war nicht meine Aufgabe, Oliver dazu zu bringen, dass er zu bestimmten Zeiten irgendetwas sagte: Ich wollte ihm die Fähigkeiten vermitteln, über alles zu reden, worüber er reden wollte, und mit wichtigen Menschen in seinem Leben zu kommunizieren.

Dass Oliver sich bei unseren Sitzungen immer so aufregte, machte mir Angst. Er war ein kräftiger Junge. Ich hatte keine Ahnung, was als Nächstes passieren würde, wenn das so weiterging. Würde er sich selbst verletzen? Oder würde er *mich* verletzen? Es war herzzerreißend, diese drastische Veränderung in seinem Verhalten mit ansehen zu müssen. Ich erkannte ihn kaum wieder. Unsere Kommunikation und der gleichmäßige Rhythmus unserer Zusammenarbeit waren zerstört. Ich befürchtete, dass ich sein Vertrauen von Woche zu Woche immer mehr verlor; und je länger das so weiterging, umso schwerer würde es mir fallen, es zurückzugewinnen.

Am Samstagmorgen darauf war meine erste Patientin ein süßes kleines Mädchen im Grundschulalter namens Anna, die immer pünktlich in ihrem Pyjama bei mir erschien. Jede Woche erklärte sie mir sofort, wo sie an diesem Tag spielen wollte. Meistens wollte sie in die Turnhalle gehen. Wenn ich in ihrem Alter wäre, würde ich mich auch lieber in einem Raum aufhalten, der mit Matratzen auf dem Boden zum Hüpfen, zehn verschiedenen Schaukeln, einer Kissenburg zum Springen und einer Kletterwand ausgestattet war! Der offene Spielbereich und der Sinnesparcours waren bei allen Kindern besonders beliebt.

Doch an diesem Morgen fragte sie mich: »Können wir oben spielen?« Ich war einverstanden. Wir suchten uns ein Buch und ein Spiel aus den Regalen heraus und gingen nach oben, wo sich die Einzeltherapieräume befanden. Als wir den Flur entlanggingen, schalteten wir die Lichter an. Offensichtlich waren wir an diesem Morgen die Ersten in diesem Therapiebereich.

»Hier rein!«, rief Anna und öffnete die zweite Tür auf der rechten Seite. Doch als sie feststellte, dass es außer einem Kindertisch und Kinderstühlen in diesem Zimmer nichts Aufregendes gab, stieß sie einen enttäuschten Seufzer aus. Das hier war längst nicht so lustig wie die Turnhalle.

»Dieser Tisch eignet sich ganz prima für unser Buch und unser Spiel! Ich bin froh, dass wir heute hierhergekommen sind«, sagte ich. Doch Anna blickte trotzdem immer noch skeptisch drein. Sie ging um den Tisch herum und entdeckte einen kleinen durchsichtigen Behälter auf dem Boden.

»Was ist das, Miss Christina?«, fragte sie.

»Gute Frage! Das ist ein Eimer mit … o Gott.« Ich sprang von meinem Stuhl auf.

»Ein Eimer was?«

»Ein Eimer mit Reis«, antwortete ich.

Sie setzte sich zu mir auf den Boden und war plötzlich sehr neugierig auf den Inhalt dieses Eimers. »Gucken Sie mal, Miss Christina! Da sind Dinosaurier drin.« Sie durchwühlte den Reis mit ihren Händen, um noch mehr Dinosaurier zu finden. »Das fühlt sich gut an!« Kinder mit sensorischen Defiziten fahren unheimlich gern mit ihren Händen durch Reis. Das fühlt sich so beruhigend an.

Ich schüttelte den Kopf und lachte. Wahrscheinlich hatte Oliver mir *das* in den letzten fünf Wochen zu sagen versucht. Ich hatte alle anderen Möglichkeiten ausgeschöpft. Er wollte keinen Reis essen. Er wollte sich keine Dinosaurierbücher oder -videos anschauen. Kein Wunder, dass er so wütend wurde, weil ich ihn nicht verstand! Er wollte einfach nur mit dem Reiseimer spielen, in dem die Spielzeugdinos lagen!

Als Oliver am Dienstag wieder zur Therapie in unsere Klinik kam, kam ich mir vor wie ein kleines Kind, das versucht, ein Geheimnis für sich zu behalten. Ich ging sogar so weit, dass ich den Eimer hinter einem Stapel Kegeln in der Turnhalle versteckte. Am liebsten hätte ich gleich, als ich ihn sah, laut geschrien: *Jetzt weiß ich, was los ist! Eigentlich hast du schon die ganze Zeit nach dem Reiseimer mit den Dinosauriern gefragt.* Doch stattdessen wartete ich ab, ob Oliver wieder davon anfangen würde. Ich führte ihn mit ein bisschen mehr Schwung als sonst durch die Tür zum Sinnesparcours. Oliver setzte sich wie immer auf die Schaukel, tippte auf sein Gerät, um den Bildschirm einzuschalten, und sagte erwartungsgemäß: »Reis.«

»Reis! Ja! Komm, lass uns mit dem Reis spielen«, sagte ich.

Olivers Augen folgten mir, als ich durch den Parcours ging, um den Eimer mit dem Reis zu holen, den ich versteckt hatte. Als ich damit zu unserer Schaukel zurückkehrte, kreischte Oliver vor Freude – lauter, als ich ihn je zuvor hatte schreien hören. Er schöpfte den Reis aus dem Eimer, warf ihn in die Luft und buddelte nach den Dinos. Es war mir egal, was für ein Chaos er dabei anrichtete; er hatte sich diese Freude verdient, nachdem er wochenlang darauf gewartet hatte, dass ich endlich begriff, was er meinte. Während dieser halbstündigen Therapiesitzung unterbrach Oliver sein ekstatisches Spiel nur ein einziges Mal: Er nahm seine Hand aus dem Reisbehälter und drückte sanft und liebevoll meinen Unterarm.

Als ich mit Olivers Mutter und anderen Therapeuten über den Ausgang dieser »Reis«-Geschichte sprach, erfuhr ich, dass Oliver schon vor Monaten mit der Logopädin, die inzwischen nicht mehr an unserer Klinik arbeitete, mit dem Reiseimer gespielt hatte. Deshalb hatte er auch nur mich danach gefragt. Olivers Mutter war ganz fassungslos, als sie erfuhr, dass er in den letzten sechs Wochen keine wahllosen Wörter mehr gesagt hatte und auch nicht grundlos wütend geworden war. Sie betrachtete ihren Sohn mit neu entdecktem Stolz und einem ungeheuren Gefühl der Erleichterung. Wir beide waren uns nun endgültig darüber im Klaren, dass es die richtige Entscheidung gewesen war, seine Geräteeinstellung zu ändern. Bisher hatten wir nur einen flüchtigen Blick auf Olivers Wissen, seine Hartnäckigkeit und sein Potenzial erhascht und konnten es kaum erwarten, weitere Botschaften von ihm zu hören: Vielleicht gab es ja noch viel mehr, was er uns schon seit Langem mitzuteilen versuchte! Von da an öffnete ich mich in jeder Sitzung innerlich für alles, was er vielleicht wusste oder mir erklären wollte. Kein Wort, keine Formulierung, kein Satz war tabu. Ich aktivierte immer wieder neue Tasten seines Kommunikationsgeräts. Und Oliver bildete jeden Tag eigene Zwei- und Drei-Wort-Sätze, beschrieb die Menschen in seinem Leben mit Adjektiven wie »gemein« und »nett«, sagte: »Lustig«, nachdem er sich seine Lieblingsvideos angeschaut hatte, und erklärte mir sogar: »Sprachtherapeutin krank«, als ich wieder zur Arbeit kam, nachdem ich eine Grippe gehabt hat.

Meine Professoren hatten mir beigebracht, wie wichtig es ist, an die Sprachkompetenz von Kindern zu glauben, die mit

AAC-Geräten arbeiten. Und das bedeutet, grundsätzlich von der Prämisse auszugehen, dass *jeder* etwas lernen kann und *jeder* etwas zu sagen hat. Man kann das Kommunikationspotenzial eines Kindes unmöglich kennen, wenn man ihm nicht die dazu nötigen Werkzeuge und Möglichkeiten gibt. Für alle anderen Therapeuten war Oliver ein hoffnungsloser Fall gewesen: Er konnte nur Knöpfe mit vollständigen Sätzen drücken, um ein paar Wünsche auszudrücken. Wenn er nicht bekam, was er wollte, schrie er oft und trat wütend um sich, um seine Frustration abzureagieren. Doch hinter all diesen Verhaltensweisen steckte einfach nur ein unverstandenes Kind mit enormem Potenzial. Dieser Junge brauchte lediglich eine Chance, etwas zu lernen, die richtigen Werkzeuge und jemanden, der an ihn glaubte. Während meiner Vorlesungen und Seminare an der Universität hatte ich unmöglich begreifen können, wie wichtig es ist, solche Kompetenzen bei Kindern vorauszusetzen. Doch als ich nun sah, was geschah, als wir Oliver eine echte Chance gaben, Wörter zu lernen, und an seine Fähigkeiten glaubten, veränderte sich unser ganzes Leben. Denn von da an betrachtete ich ihn und alle anderen Patienten in meiner Gruppe aus dieser positiven Perspektive. Seither habe ich nie wieder von vornherein Vermutungen darüber angestellt, was ein Kind wissen oder lernen kann und was nicht. Wir müssen allen Kindern – unabhängig von ihren Beeinträchtigungen – eine Möglichkeit zum Lernen geben. Wir müssen an ihr *Potenzial* glauben und nicht an ihre Einschränkungen. Ich fand es faszinierend zu beobachten, was Kinder alles sagen können, wenn man ihnen eine echte Chance zum Lernen gibt. Ich war begeistert von der transformativen Kraft der unterstützten Kommunikation und wollte sie in Zukunft unbedingt noch viel öfter einsetzen als bisher.

KAPITEL 2

Ozzie und Truman

Dingdong. Die Glocke, die am Haustürknauf hing, läutete. Ozzie, einer der beiden Goldendoodles, die mein Freund Jake und ich gemeinsam als Hundesitter betreuten, schaute uns von der Fußmatte her erwartungsvoll an.

Jake kauerte sich vor Ozzie hin, um sein weißes zotteliges Fell zu kraulen. »Willst du schon wieder raus, alter Freund?«, fragte er. »Du warst doch gerade erst draußen.«

Ozzie hob seine Pfote und schlug damit wieder an die Klingel. Er und sein Kumpel Truman, ein schwarzer Goldendoodle, waren darauf trainiert worden, eine Glocke zu läuten, wenn sie Gassi gehen mussten. Wir hängten die Glocke an unseren Haustürknauf, weil das bei den beiden Hunden zu Hause genauso war.

»Ozzie läutet wirklich gern die Glocke. Vielleicht möchte er spazieren gehen«, sagte ich. »Willst du sie alle beide mitnehmen?« Kaum hatte er das Wort »Spazieren« gehört, sprang Truman von der Couch und kam zu Jake und Ozzie an die Tür.

»Sieht aus, als ob er einverstanden wäre«, sagte Jake. »Na, dann wollen wir euch mal die Leinen anlegen.«

Kapitel 2

In Omaha ging der Winter in diesem Jahr allmählich zu Ende. Schmuddelige Haufen aus geschmolzenem Schnee säumten die Ränder der Vorgärten in unserer Nachbarschaft. Ozzie und Truman hechelten mit heraushängenden Zungen los – glücklich, draußen zu sein und eine neue Gegend erkunden zu dürfen.

Ozzie und Truman gehörten meiner früheren Logopädie-Supervisorin Mandy. Als ich hörte, dass Mandy und ihre Familie über das Wochenende verreisen wollten, nutzte ich die Gelegenheit, um auf ihre beiden lieben, treuherzigen Hunde aufzupassen. Ich hatte die beiden schon ein paar Monate vorher gehütet und war begeistert von ihren unterschiedlichen Charakteren. Ozzie war ziemlich anpassungsfähig und hatte keine Probleme mit Veränderungen. Außer seinem Klingeln, wenn er hinauswollte, bereitete er uns keine große Mühe. Er war einfach da und leistete uns Gesellschaft. Truman dagegen wirkte energiegeladen, ängstlich und nervös. Er schien immer ein bisschen unsicher zu sein und sich nie so richtig entspannen zu können.

Jake beobachtete die beiden Hunde genauso gespannt wie ich. Wir gingen jetzt schon seit elf Monaten miteinander und waren gerade zusammengezogen. Jake, der ursprünglich aus einer kleinen Stadt im Norden von Minnesota stammte, war vor ungefähr fünf Jahren nach Omaha gezogen, um als Finanzanalyst bei einem großen landwirtschaftlichen Unternehmen zu arbeiten. Seine Kindheit hatte er auf dem Land verbracht, und seine Eltern hatten einen 50 Kilo schweren schwarzen Labrador namens Kirby gehabt. Kirby streifte den ganzen Tag durch die Wälder hinter Jakes Haus und schlief nachts in einem Schuppen. Er jagte im Teich nach Fischen und holte Basebälle, die Jake und seine Eltern tief in den Wald hineinschlugen, damit er sie anschließend suchen konnte. Mit Hunden Gassi oder spazieren zu gehen war für Jake etwas völlig Neues.

Als Kind wollte ich unbedingt einen Hund haben; doch wegen meines Asthmas war das leider nicht gegangen. Statt eines echten vierbeinigen Freundes sammelte ich in meiner Kindheit unzählige Plüsch- und Roboterhunde. Als ich in die zweite Klasse ging, überraschten meine Eltern mich mit einer Dosenschildkröte. Ich führte Shellie in unserem Vorgarten spazieren, sah zu, wie sie Löcher ins Funkienbeet meiner Mutter grub, fütterte sie, badete sie und streichelte ihren rot gesprenkelten Kopf, wenn sie ihn aus ihrem Panzer hervorstreckte. Doch auch wenn ich sie noch so sehr wie einen Hund behandelte und noch so viele Spielzeughunde sammelte – ich sehnte mich trotzdem weiter nach einem Welpen.

Zum Glück bekam ich im Alter von zehn Jahren grünes Licht von meinem Arzt: Endlich durfte ich einen Hund haben. Sofort begann ich, mich über Welpen zu informieren, und schrieb einen herzzerreißenden Aufsatz, um meine Eltern davon zu überzeugen, sich einen Hund anzuschaffen. Schließlich hatte ich jahrelang auf diese Chance gewartet; also *musste* ich meine Eltern ganz einfach dazu überreden. Kurz nachdem ich ihnen meinen Aufsatz vorgelesen hatte, holten wir unser neues Familienmitglied nach Hause: einen süßen, verspielten Boxerwelpen namens Wrigley.

Das Leben mit Hund war zauberhaft. Dieses kleine, sabbernde Lebewesen auf seinen wackeligen Beinen wurde zu einem festen Bestandteil unserer Familie. Wrigleys Intelligenz versetzte uns alle in Erstaunen. Zum Beispiel hatte sie schon bald heraus, wann meine älteren Schwestern das Haus verließen, um zu Semesterbeginn wieder aufs College zu gehen. Sobald sie eine von ihnen mit einem Koffer aus dem Keller kommen sah, wich sie bis zu ihrer Abreise nicht mehr von ihrer Seite. Manchmal legte sie sich sogar in die Koffer meiner Schwestern, während sie packten. Nachdem sie abgereist waren, verbrachte Wrigley den Rest des Tages zu einer Kugel zusammengerollt auf ihren Betten. Das schien ihr Ritual zu sein, das ihr half, sich damit abzufinden, dass meine Schwestern eine Zeit lang nicht wiederkommen würden.

Wrigley wusste auch, dass meine Mutter als Einzige konsequent die Regel »Keine Hunde auf dem Sofa« vollstreckte. Wenn mein Vater allein mit uns zu Hause war, hüpfte Wrigley ungeniert auf die Couch, um mit uns zu kuscheln – bis sie das Auto meiner Mutter vorfahren hörte. Dann flüchtete sie vom Tatort und legte sich in ihr Bettchen, als sei nichts geschehen. Wir lachten alle herzlich darüber und hüteten unser gemeinsames Geheimnis. Meine Schwestern und ich ermutigten Wrigley gern dazu, sich zu uns auf die Couch zu setzen, wenn meine Mutter im oberen Stockwerk oder in einem anderen Zimmer war, indem wir auf die Kissen klopften und sagten: »Na komm schon, Mädchen, spring rauf.« Dann schaute Wrigley sich zuerst ein paarmal vorsichtig um, ob die Luft rein war.

Wrigley wollte immer im Hinterhof spielen oder sich sonnen. Wenn wir fernsahen, stand sie vor der Tür und winselte so lange, bis wir sie rausließen. Wenn sie eine Glocke gehabt hätte, um zu klingeln, wenn sie ins Freie wollte – so wie Ozzie und Truman –, hätte sie ganz bestimmt jedes Mal gebimmelt. Und vor ihrem Abendspaziergang war sie immer ganz aufgeregt: Sobald meine Mutter nach ihrem Kopfhörer griff und ihre Tennisschuhe anzog, spitzte Wrigley die Ohren und lief zu ihrer Leine hinüber, die im Flur hing. Und wenn meine Mutter schließlich fragte, ob sie spazieren gehen wolle, wackelte Wrigley vor Aufregung mit ihrem ganzen Körper hin und her und winselte so lange, bis es losging. Sie war so intelligent und ausdrucksstark!

Leider starb Wrigley, ein paar Monate bevor wir die beiden Goldendoodles zu hüten begannen. Ich war seit ihrem Tod nur ein- oder zweimal zu meinem Elternhaus in Aurora (Illinois) zurückgekehrt und hatte festgestellt, dass jetzt alles ganz anders war als früher. Über dreizehn Jahre lang war ich daran gewöhnt gewesen, dass Wrigley mich jedes Mal mit Küsschen begrüßte, wenn ich nach Hause kam, sich im Bett an mich kuschelte und durchs Haus rannte, wobei ihr immer ein Spielzeug aus dem Maul hing. Erst jetzt, als ich bemerkte, wie still es nach ihrem Tod in unserem Haus geworden war, wurde mir klar, was für eine wichtige Rolle sie für unsere Familie gespielt hatte.

Als Jake, ich und die Goldendoodles wieder nach Hause kamen, machten wir es uns zu viert auf der Couch gemütlich.

Doch dann sprang Truman plötzlich wieder herunter und stand mitten im Wohnzimmer. »Was ist denn los, Truman?«, fragte ich. Er fing an zu winseln wie ein verängstigtes Kind. »Hm. Mal sehen, ob du Wasser brauchst«, sagte ich. Er folgte mir in die Küche. »Nö, du hast genug Wasser. Und wir waren gerade draußen, also musst du eigentlich auch nicht schon wieder Gassi gehen. Und du hast dein ganzes Frühstück aufgegessen, du müsstest eigentlich satt sein.«

Es musste irgendeinen Grund dafür geben, dass er sich so aufregte. Woran dachte er – was wollte er mir mitteilen? Sehnte er sich nach einem bestimmten Spielzeug, das wir hier nicht dabeihatten? Wollte er wieder nach Hause zurück? War er gestresst?

Truman winselte weiter. *Ob er seine Familie vermisst?,* fragte ich mich. Ich hockte mich vor ihn hin, schaute ihm in die Augen und streichelte sein Gesicht. »Was ist denn los, Kumpel?« Truman und ich kehrten ins Wohnzimmer zurück. »Ich weiß auch nicht, was er hat. Hoffentlich ist alles okay mit ihm«, sagte ich zu Jake. Truman tat mir so leid. Es ist so frustrierend, wenn man etwas mitzuteilen versucht und einen niemand versteht.

»Och, dem geht's gut. Der will bestimmt nur spielen!« Jake sprang von der Couch auf und jagte Truman die Treppe hinauf und wieder hinunter. Ehe ich mich's versah, rannten Jake, Ozzie und Truman im Kreis herum durch Wohnzimmer, Küche, Flur und Esszimmer, und die Krallen der Hundepfoten schlitterten über den Holzboden. Ich hielt mich abseits und genoss das lustige Schauspiel; doch irgendwie ließ mir die Sache einfach keine Ruhe. Jake hatte die Hunde zwar abgelenkt, aber ich wusste immer noch nicht, was Truman eigentlich wollte.

Am nächsten Morgen ließen Jake und ich die Hunde im Hinterhof herumlaufen, während wir Pfannkuchen buken.

»Dieses Haus wäre eigentlich hervorragend für einen Hund geeignet«, sagte ich.

»Was meinst du damit?«

»Wir haben einen schönen eingezäunten Hof, einen Flur und jede Menge Platz. Ideal für einen Hund!« Bevor ich bei Jake eingezogen war, hatte er zusammen mit zwei Freunden in diesem Haus gewohnt. Diese Freunde hatten zwei Jahre lang versucht, Jake zur Anschaffung eines Hundes zu überreden – aber er wollte nicht. Deshalb erwähnte ich dieses Thema nur ganz nebenbei, um herauszufinden, wie er dazu stand.

»Genau! Das Haus eignet sich hervorragend zum Hundesitting«, stimmte er mir zu.

»Ja, aber …« Ich zögerte. »Was hältst du davon, wenn wir uns einen eigenen Hund anschaffen?«

Jake lachte leise vor sich hin. Erst seine Mitbewohner und jetzt seine Freundin … Irgendwie schien ihn dieses Thema zu verfolgen. »Das wäre schon lustig, aber da gibt es auch eine ganze Menge zu bedenken. Hunde machen viel Arbeit, kosten viel Geld, und dann könnten wir auch nicht mehr so ohne Weiteres irgendwohin reisen«, gab er zu bedenken.

Ich war sehr enttäuscht von seiner Antwort, und Jake fiel mein plötzlicher Stimmungsumschwung auf. »Wir werden ganz bestimmt eines Tages einen Hund haben«, sagte er. »Aber wir sind doch gerade erst zusammengezogen, lass uns noch ein bisschen damit warten.«

Meine Gefühle sagten mir in diesem Augenblick, wie gern

ich wieder einen Hund gehabt hätte. Ich hatte gar nicht damit gerechnet, dass Jakes absolut vernünftige Antwort mich so sehr ärgern würde. Ich wollte deshalb keinen Streit anfangen, die Sache aber auch nicht einfach auf sich beruhen lassen. Also versuchte ich es nach ein paar Minuten mit einer anderen Strategie.

»Aber rein theoretisch betrachtet – was für einen Hund könntest du dir für uns vorstellen?«, fragte ich.

»Einen, der lebhaft, aber nicht zu groß ist. Ozzie und Truman sind einfach irgendwie zu groß für dieses Haus«, sagte er. »In Mandys Haus passen sie prima hinein.« Die hohen Decken in Mandys Haus passten tatsächlich besser zu zwei so großen Hunden.

Ich stellte mir vor, wie wir einen 15 oder 20 Kilo schweren, verspielten Hund aus einem Tierheim adoptierten. Es gab so viele Hunde, die ein liebevolles Zuhause brauchten, und ich wollte einem davon helfen. Meine beiden älteren Schwestern hatten ihre ersten Hunde aus dem Tierheim geholt und großartige Erfahrungen damit gemacht.

Jake brachte unsere Pfannkuchen ins Esszimmer.

»Ich habe eine Idee. Lass uns auf der Webseite der Nebraska Humane Society nachsehen, was für Hunde die da haben«, schlug ich vor.

Jake lachte. »Aber warum sollen wir das tun, wenn wir doch gar nicht auf der Suche nach einem Hund sind?«

»Weil es Spaß macht. Warum sollen wir uns nicht Bilder von Hunden anschauen und überlegen, welcher uns gefallen würde? Das kann doch nicht schaden.« Ohne Jake die Chance zu einer Antwort zu geben, rannte ich nach oben, um meinen Laptop zu holen. Jake aß sein Frühstück und schaute kaum auf den Bildschirm – bis sein Blick auf ein Bild von sechs oder sieben schokobraunen Labradorwelpen fiel, die zusammen in einem Einkaufswagen kauerten.

»Schau nur mal, wie süß die Welpen sind, Christina!« Jake schnappte sich meinen Laptop und zoomte ihre Gesichter heran. Was war hier los? Jake sollte doch eigentlich der praktisch denkende Mensch von uns beiden sein.

»Ja, sie sind sehr süß, aber wir werden uns auf gar keinen Fall einen Welpen anschaffen«, widersprach ich.

»Warum nicht? Dadurch würden wir uns doch die schönste Zeit entgehen lassen. Außerdem, wie könnte man so einem süßen kleinen Gesicht widerstehen?« Jake zoomte die jungen Hunde noch näher heran.

»Welpen machen so viel Arbeit.«

Jake war erst vier Jahre alt gewesen, als seine Familie Kirby nach Hause brachte. Ich war älter, als wir Wrigley anschafften; und ich wusste noch genau, wie lange es gedauert hatte, sie stubenrein zu bekommen, und dass man sie nicht länger als ein paar Stunden hintereinander allein lassen konnte. Ein paar Wochen lang hatte mein Vater jede Nacht neben ihrem Zwinger geschlafen, und wir hatten sie monatelang ständig beaufsichtigen müssen.

»Ich weiß gar nicht, wie wir das schaffen sollten«, gab ich zu bedenken. »Schauen wir uns lieber wieder die ausgewachsenen Hunde an.« Während wir durch die Seiten scrollten, wies Jake mich stets auf jeden Welpen hin; und ich konzentrierte mich weiterhin auf meine Mission, nach einem erwachsenen Hund Ausschau zu halten.

Später am Nachmittag packten Jake und ich im oberen Stockwerk noch ein paar Umzugskisten aus. Meine Eltern wollten nächste Woche zu Besuch kommen, also mussten wir das Haus vor ihrer Ankunft fertig eingerichtet haben. Während unserer Arbeit hörten wir von unten wieder das *Dingdong-Dingdong*. Ich ging ins Wohnzimmer, sah Ozzie, der mich erwartungsvoll anschaute, neben der Glocke sitzen und wollte mit ihm Gassi gehen. Doch statt mitzugehen, lief Ozzie zurück zur Tür und läutete wieder die Glocke. Nachdem sich dieses verwirrende Spiel zwei- oder dreimal wiederholt hatte, fiel mir auf, dass seine Wasserschüssel leer war. »Ach so, du hast Durst?« Ozzie leckte sich die Lippen und lief zu seiner Schüssel. Er und Truman schlabberten abwechselnd einen großen Schluck Wasser aus der Schüssel.

Eigentlich sollte das Läuten der Glocke nur bedeuten, dass die beiden Hunde hinauswollten; aber offenbar schien Ozzie sie jedes Mal zu läuten, wenn er irgendein Bedürfnis hatte. Ich fragte mich, ob er die Glocke für *alle* Botschaften an uns benutzte, weil das seine einzige Kommunikationsmöglichkeit war. Das machte mich neugierig. Was hatten Ozzie und Truman uns an diesem Wochenende wohl noch alles mitteilen wollen? *Vielleicht hatten sie die Glocke geläutet, um uns zu signalisieren, dass sie Hunger oder Durst hatten oder spielen wollten? Oder sie wollten, dass wir sie streichelten oder mit ihnen irgendwohin fuhren? Wenn sie nur eine einzige Glocke hatten, um sich mitzuteilen – woher sollten wir dann wissen, was sie vielleicht sonst noch von uns gewollt hatten?* Doch meine Gedanken wandten sich schnell wieder einer dringlicheren Aufgabe zu: nämlich, alle meine Kleider irgendwie in den Wandschrank hineinzubekommen.

Nachdem Mandy Ozzie und Truman wieder abgeholt hatte, saßen Jake und ich schweigend in unserem Wintergarten. Mein Vater hat immer gesagt, dass man sich ein Leben ohne Hund nicht mehr vorstellen kann, wenn man einmal einen gehabt hat. Sobald man sich an die bedingungslose Liebe, Verspieltheit und Kameradschaft eines Hundes gewöhnt hat, kommt einem das Leben ohne vierbeinigen Freund langweilig und unvollständig vor. Ich weiß noch, dass ich schon wenige Tage nach der Anschaffung von Wrigley so empfand. Obwohl ich zehn Jahre lang keinen Hund besessen hatte, konnte ich mir ein Leben ohne dieses Tier plötzlich nicht mehr vorstellen. Bin ich früher wirklich heimgekommen, ohne dass mich jemand freudig begrüßt hat? Habe ich früher wirklich allein im Garten gespielt? Was haben wir vor Wrigley in unserer Familie überhaupt zusammen unternommen?

Da Jake mit einem Hund aufgewachsen war, der draußen im Freien schlief, erlebte er jetzt zum ersten Mal, wie leer ein Zuhause ohne Hund sein kann.

»Und was machen wir jetzt?«, fragte Jake. »Das Leben ohne die beiden fühlt sich so komisch an.«

»Kein Problem«, sagte ich lächelnd. »Wir können uns ja noch mehr Hunde anschauen.«

KAPITEL 3

Ein schokoladenbrauner Welpe

An dem Abend, als Ozzie und Truman uns verließen, war Jake schließlich damit einverstanden, dass wir uns nach Hunden umsahen. In den nächsten zwei Tagen brachte ich fast jede freie Minute damit zu, mich durch Online-Listen zur Adoption freigegebener Hunde in Nebraska, Iowa, Illinois und Kansas zu scrollen und Tierfinder-Apps auf meinem Smartphone zu durchsuchen. Unser idealer vierbeiniger Freund konnte überall sein. Ich wollte uns nicht die Chance verbauen, ihn oder sie zu finden, indem wir den Radius unserer Suche einschränkten. Wir hörten erst auf zu scrollen, als wir eine einjährige Promenadenmischung namens »Colt« entdeckten. Colt lebte in einem Tierheim, das ungefähr eine Stunde von uns entfernt lag. Er war gut erzogen, aber noch ziemlich jung, und lächelte auf allen Fotos.

Jake und ich beantworteten sämtliche Fragen in dem Bewerbungsformular des Tierheims mühelos und voller Zuversicht. Anscheinend erfüllten wir alle Erwartungen, die an potenzielle Hundebesitzer gestellt wurden: solide finanzielle Verhältnisse, als Kind mit Hunden aufgewachsen, großer umzäunter Garten, aktiver Lebensstil und viel Platz in unserem Haus. Außerdem gaben wir Mandys Kontaktinformationen an, damit das Tierheim sich bei ihr danach erkundigen konnte, wie gut wir uns um Ozzie und Truman gekümmert hatten. Wahrscheinlich hätten Jake und ich diesen Antrag innerhalb von zwanzig Minuten ausfüllen können; aber wir saßen über eine Stunde lang auf der Couch in unserem Wintergarten und kosteten die Vision unseres zukünftigen Lebens mit Hund in vollen Zügen aus.

Die letzte Frage war die einzige, die mich ein bisschen aus dem Konzept brachte: »Unter welchen Umständen würden Sie es erwägen, ein Haustier abzugeben?« Dazu fiel mir nur eine einzige Situation ein: wenn wir eines Tages ein Baby bekämen und der Hund dem Kind etwas tun würde. Aber musste ich das wirklich schreiben? Ich dachte mir, es könne nicht schaden, so ehrlich wie möglich zu sein. Also gab ich meine Antwort ein, drückte auf »Senden« und ging ins Bett. Beim Einschlafen dachte ich: *Heute Abend könnte die Geschichte unseres Lebens mit einem vierbeinigen Gefährten beginnen.* Ich konnte es kaum erwarten, von dem Tierheim zu hören und den Rest dieser Geschichte zu erfahren.

Als ich am nächsten Morgen aufwachte, befand sich bereits eine Antwort in meinem Posteingang. Die Adoptionskoordinatorin schrieb, dass unsere Chancen gut stünden. Es stehe nur noch eine offizielle Besprechung mit dem übrigen Adoptionskomitee an; dann werde sie sich wieder bei uns melden, um einen Besuchstermin für das Wochenende zu vereinbaren.

Von da an war Colt in Gedanken bereits mein Hund. Ich

hatte keinen Zweifel daran, dass wir ihn mit nach Hause nehmen würden. Ich rief meine Eltern an, um ihnen von unseren spannenden neuen Plänen zu berichten, veranstaltete mit Jake ein Brainstorming darüber, wo wir sein Bettchen und seine Schüsseln unterbringen sollten, und sprach mit meinen Freunden über kein anderes Thema mehr. Doch am Freitagabend wurde ich allmählich nervös. Das Tierheim hatte sich immer noch nicht bei uns gemeldet, um einen Besuchstermin zu vereinbaren. *Womöglich ist er bereits von anderen Leuten adoptiert worden?*, fragte ich mich.

Als meine Eltern am nächsten Tag ankamen, hatten wir immer noch keine Nachricht vom Tierheim, obwohl ich es inzwischen noch einmal angemailt hatte. Erst am Sonntagmorgen, als wir unsere Jacken anzogen, um zum Brunch zu gehen, leuchtete auf meinem Handy-Display eine Benachrichtigung von Gmail auf. Meine Eltern und Jake drängelten sich alle erwartungsvoll um mich herum. Ich las die Nachricht laut vor:

> »Die Mitglieder unseres Komitees haben Bedenken, weil Sie den Hund womöglich wieder abgeben würden, wenn Sie Nachwuchs bekommen. Das ist einer der häufigsten Gründe, warum Hunde an Tierheime abgegeben werden: dass die Familie dann nicht mehr in der Lage ist, die Bedürfnisse des Hundes – Erziehung, Zeit und Aufmerksamkeit – zu erfüllen und die Gewöhnung an das neue Familienmitglied zu bewältigen. Daher können wir Ihre Bewerbung leider nicht berücksichtigen, danken Ihnen aber trotzdem für Ihr Interesse.«

Ich war wie am Boden zerstört. Das musste ein Missverständnis sein. Ich schrieb sofort eine Mail an das Tierheim, in der ich klarstellte, was ich mit meiner Antwort gemeint hatte: Ich würde eine Abgabe des Hundes nur dann *in Erwägung ziehen*, wenn der Hund sich als aggressiv und gefährlich für ein Kind erwies, rechnete aber in keiner Weise mit so etwas, sondern sei einfach nur ehrlich gewesen.

Alles, was an diesem Tag sonst noch passierte, passte genau zu unserer gedrückten Stimmung: Es regnete in Strömen, wir mussten fast zwei Stunden lang auf unser Essen im Brunch-Restaurant warten, das Tierheim antwortete mir nicht, und alle anderen Hunde, an denen Jake und ich auch nur das geringste Interesse zeigten, waren bereits vergeben. Die Sache schien aussichtslos zu sein.

Später am Abend kamen meine Eltern, Jake und ich noch einmal kurz nach Hause, um uns fürs Abendessen umzuziehen, für das wir ebenfalls einen Tisch in einem Restaurant reserviert hatten. Ich verkündete, dass ich an diesem Wochenende keine Tiervermittlungs-Apps mehr durchsuchen würde. Ich glaube, ich hatte mir inzwischen alle zu adoptierenden Hunde im Alter von einem bis vier Jahren im ganzen Bundesstaat Nebraska angesehen. Nun wollte ich die restliche Zeit mit meinen Eltern genießen und mich auf etwas anderes konzentrieren als auf die Suche nach einem Hund, die mich ja doch nur in eine Sackgasse nach der anderen führte. Vielleicht war jetzt gerade einfach nicht der richtige Zeitpunkt dafür.

Als ich meinen Vater während des Abendessens ansprach, achtete er nicht auf mich, sondern starrte auf sein Handy.

»Dad?«

»Das müsst ihr euch unbedingt ansehen«, grinste er und reichte mir sein Smartphone. Jake und ich schauten uns verwirrt an und warfen einen Blick auf das Display. Es zeigte ein Foto von vier entzückenden Welpen, die auf dem Rand einer blauen Wanne standen. Drei der vier kleinen Hunde waren gefleckt und gesprenkelt; doch ein Welpe in der Mitte hatte glattes schokoladenbraunes Fell mit einer auffallend weißen Brust. Dieses Hundebaby sprang uns auf den ersten Blick ins Auge.

»Das sind die süßesten Welpen, die ich je gesehen habe«, sagte ich. »Komm mal gucken, Mom!«

Jake nahm mir das Smartphone aus der Hand. »Wo sind diese Hunde? Wo kommt die Anzeige her?«, fragte er.

»Craigslist«, sagte mein Vater. »Ich habe gerade nach Hunden in Omaha gesucht.«

Die Anzeige lautete »Catahoula/Heeler-Welpen. Ein Rüde, drei Hündinnen.« Es gab vier Fotos von den Welpen und zwei von den Elterntieren. Die einzige andere Information war eine Telefonnummer. Kein Preis, keine Beschreibung der Hunde – gar nichts.

Ich beschloss anzurufen. Nach meinen negativen Erfahrungen vom Wochenende rechnete ich ohnehin damit, dass keine Antwort kommen würde – oder ich würde womöglich erfahren, dass alle Welpen bereits vergeben waren. Nervös tigerte ich im Wohnzimmer auf und ab und kaute auf meinen Nägeln herum, bis nach dem vierten Klingeln endlich eine Frau abnahm. Es stellte sich heraus, dass ihr Catahoula zusammen mit dem Blueheeler ihres Bruders Welpen bekommen hatte. Die drei weiblichen Welpen waren noch zu haben, und sie konnte sie nach dem Abendessen auf den Hy-Vee-Parkplatz in unserer Wohngegend bringen, damit wir sie uns ansahen. Plötzlich hatte meine ganze Verzweiflung sich in nichts aufgelöst.

Abends aßen wir in unserem Lieblingsrestaurant »Stirnella«, starrten auf die Welpenfotos und googelten »Catahoulas«, »Blue Heelers« und »Catahoula-Blue-Heeler-Mix«. Der Catahoula ist der Staatshund von Louisiana und wird als »intelligent, energisch, eigenständig, neugierig, liebevoll und freundlich« beschrieben.[1] Sein Fell ist normalerweise gefleckt, kann aber bei einer bestimmten Variante, dem »roten Catahoula«, auch bräunlich rot sein. Auf dem Foto der Anzeigenwebseite Craigslist sah die Mutter so aus, als könnte es sich dabei um einen roten Catahoula handeln. Blue Heelers (auch unter dem Namen »Australian Cattle Dogs« bekannt) sind Hütehunde und gelten als »intelligent, aktiv, wachsam, fleißig, aufgeweckt und gute Beschützer«.[2] Obwohl Jake und ich es kaum noch erwarten konnten, die Welpen zu begutachten, nahmen wir uns fest vor, eine rationale Entscheidung zu treffen. Denn eigentlich hatten wir uns ausgemalt, wie unser Leben mit einem *erwachsenen* Hund aussehen würde und nicht mit der Erziehung eines Welpen. Wir wollten verantwortungsbewusst handeln und uns genau überlegen, ob das auch wirklich funktionieren konnte, bevor wir eine Entscheidung trafen. Also beschworen Jake und ich uns gegenseitig, dass wir die Welpen an diesem Abend kennenlernen und selbst, wenn sie uns gefielen, erst einmal darüber schlafen würden, bevor wir eine endgültige Entscheidung trafen.

Morgen würden wir uns dann einen Tag freinehmen, um unser Haus für unseren neuen Lebensgefährten vorzubereiten und einen der Welpen nach Hause zu holen. Nach dem Abendessen rannten wir so schnell wie möglich zum Auto, um in dem Märzregen nicht nass zu werden.

»Nur damit das allen klar ist: Wir werden heute Abend keinen Welpen kaufen. Wir schauen uns die Tiere in Ruhe an und entscheiden dann«, sagte ich. »Darin sind wir uns doch alle einig, oder?«

Mein Vater lachte vom Rücksitz aus. »Was habe ich dir immer gesagt, Christina? Niemand schaut sich Welpen *einfach nur an.*« Als ich einen Blick in den Rückspiegel warf, sah ich, wie meine Mutter aus dem Fenster schaute und versuchte, ihr Grinsen hinter vorgehaltener Hand zu verbergen. Irgendwie wusste sie anscheinend, dass gleich etwas ganz Besonderes passieren würde.

»Da wären wir«, sagte ich. Das riesige rote Hy-Vee-Schild an der Vorderseite des Gebäudes beleuchtete den dunklen, nebligen Parkplatz. Ich stellte unseren Wagen in der hintersten Ecke des Parkplatzes ab und wartete. Nach ein paar Minuten fuhr ein Auto vor und parkte direkt hinter uns. Jake drückte mir die Hand und lächelte, und wir schauten alle wie gebannt aus dem Fenster. Eine dunkelhaarige Frau stieg aus dem Auto, drei Welpen an ihr hellblaues Sweatshirt geschmiegt.

Die Frau reichte meiner Mutter den schokobraunen, mir einen hellbraun-weiß gepunkteten und Jake einen Welpen mit geflecktem braunem Fell.

»Puh, ich kann sie gar nicht halten«, rief meine Mutter. Der schokobraune Welpe sprang von ihr weg an meine Brust und leckte mir immer wieder das Gesicht ab.

Ich lachte und schaute diesem winzig kleinen, niedlichen Geschöpf tief in die Augen. Warum fand sie es nur so aufregend, von einem völlig fremden Menschen wie mir im Arm gehalten zu werden? Sie tanzte fast vor Freude darüber, endlich auf meinem Schoß gelandet zu sein. Aber vielleicht empfand sie ja genauso wie ich: Mir kam es so vor, als würde ich einen alten Freund wiedersehen, statt jemanden zum ersten Mal zu treffen.

»Jake, pass auf, sie kommt zu dir.« Das schokoladenbraune Hündchen leckte mir noch einmal übers Gesicht und sprang dann direkt in Jakes Arme.

Er schaute ihr liebevoll in die goldbraunen Augen. »Du bist das fröhlichste kleine Mädchen, das ich je gesehen habe.«

Jake und ich schlossen diesen schokobraunen kleinen Welpen sofort ins Herz. Sie hüpfte zwischen uns hin und her, wedelte vor Freude und schlug uns dabei immer wieder mit ihrem Schwanz ins Gesicht. Sie hatte gar kein Interesse daran, was die anderen Welpen, meine Eltern oder die Züchterin taten. Sie hatte nur Augen für Jake und mich – wir drei traten in eine eigene kleine Welt ein. Nur die Notwendigkeit zu entscheiden, was wir denn nun tun sollten, riss uns aus unserer Verzückung heraus.

»Ich bin ganz begeistert von ihr«, sagte ich zu Jake. »Was meinst du?«

»Ich finde sie auch toll. Aber lass uns bei unserem Plan bleiben. Wir können sie auch morgen noch holen, wenn wir unsere Meinung bis dahin nicht geändert haben.«

Ich küsste die kleine Hündin auf den Kopf und flüsterte ihr ins Ohr, dass schon alles gut werden würde. Dann gab ich sie der Züchterin zurück. Als sie merkte, dass wir uns zum Gehen anschickten, wurden ihre Augen ganz traurig, und sie streckte ihre Vorderpfoten nach uns aus. Auch als die Züchterin zum Auto zurückging, schaute sie uns immer noch nach. Das zerriss mir fast das Herz. »Ich kann gar nicht mehr hinsehen!« Schnell wandte ich mich ab und sprang ins Auto. Warum um alles in der Welt hatte ich gesagt, dass wir heute Abend nicht gleich eine Entscheidung treffen würden? Diese Hündin war genau das, was wir brauchten, und wir ließen sie einfach so gehen. »Ich glaube, das ist der Grund, warum es mit Colt nicht geklappt hat«, erklärte ich meinen Eltern und Jake. »*Sie* ist die Richtige für uns.«

Auf der Heimfahrt schwärmten Jake und ich von dem kleinen braunen Welpen, und ich wünschte mir, sie säße jetzt schon auf meinem Schoß. Als wir unser großes, leeres Haus betraten, überkam uns eine geradezu panische Angst: Womöglich würde sie noch jemand anders begutachten und adoptieren, bevor wir sie morgen holen kamen? Ich wusste, dass ich in dieser Nacht kein Auge zutun würde.

»Es ist mir egal, wie lange es dauert, sie zu erziehen, oder wie viel Arbeit das macht. Ich will sie, und ich weiß, dass wir für alle Probleme eine Lösung finden werden«, sagte ich zu Jake.

Jake rief seine Eltern an, um sie nach ihrer Meinung zu fragen. Dieses Gespräch bestätigte uns in unserer Entscheidung. Am Ende des Telefonats sagte Jake: »Na gut, dann holen wir sie eben gleich heute Abend!«

Meine Eltern brachen in Jubelschreie aus, und ich schrieb der Züchterin eine verzweifelte SMS mit der Frage, ob sie noch einmal zu dem Parkplatz zurückkommen könnte. Es war schon nach 21 Uhr, und ich war mir nicht sicher, ob sie gleich antworten würde oder erst am nächsten Morgen. Wir saßen um den Wohnzimmertisch herum und starrten wie gebannt auf mein Smartphone. Plötzlich leuchtete das Display auf: eine E-Mail von dem Tierheim! Genau in dem Augenblick, als wir uns für einen anderen Hund entschieden hatten, schrieben sie zurück, sie hätten meine Bewerbung überdacht, und wir könnten Colt nun doch adoptieren, wenn wir wollten. Aber das änderte nichts mehr an unserer Entscheidung. Wir hatten uns auf den kleinen schokoladenbraunen Welpen fixiert.

Innerhalb weniger Minuten antwortete die Züchterin, dass wir die Hündin abholen könnten; also sprangen wir alle wieder ins Auto. Als wir in den Parkplatz einbogen, hatte es aufgehört zu regnen, und die Züchterin wartete draußen vor dem Auto mit unserem kleinen Mädchen. Als sie mich sah, wedelte sie sofort mit dem Schwanz und wollte zu mir hinüber. »Ich hatte dir doch gesagt, dass alles gut wird«, flüsterte ich ihr ins Ohr. »Du kommst jetzt mit zu uns nach Hause.«

Jake und ich drückten den Welpen an uns, während Vater in den Supermarkt lief, um ein Hundebett, Futter und ein paar Spielsachen zu besorgen.

»Habt ihr euch schon einen Namen für sie überlegt?«, fragte meine Mutter.

»Wie wäre es mit Stella?«, schlug Jake vor.

»Das ist genau der richtige Name«, stimmte ich zu. »Stella, unser kleiner Stern. Wir haben dich so lieb.«

Endlich hatten wir unser neues Familienmitglied gefunden, und ich war der glücklichste Mensch auf der Welt. Jetzt gehörte sie uns, und wir konnten sie großziehen, in Ruhe kennenlernen und liebgewinnen.

KAPITEL 4

Kommunikation findet ständig statt

Am nächsten Tag saß ich an meinem Arbeitsplatz auf dem Boden, stapelte abwechselnd Bauklötze mit der blonden Zweijährigen, die ich gerade untersuchte, und sprach mit ihrer Mutter über Sprachentwicklung. Es gibt viele sprachliche Meilensteine, die Kleinkinder erreichen, noch ehe sie anfangen, Wörter zu bilden. Wörter sind nur eine von vielen Ausdrucksmöglichkeiten. Eltern haben weniger Angst, wenn man ihnen klarmacht, welche Fähigkeiten ihr Kind bereits zeigt – wenn sie erkennen, auf welchen anderen Wegen es kommuniziert, und wissen, auf welche Meilensteine in seiner Entwicklung sie als Nächstes achten müssen. Obwohl die Tochter dieser Frau noch nicht sprechen konnte, hatte ich in der letzten Stunde, die wir miteinander verbrachten, schon eine ganze Menge über ihre Sprachkompetenz gelernt.

»Wir werden das alles noch ausführlicher besprechen, wenn ich die Beurteilung auswerte und meinen Bericht darüber schreibe; aber ich kann Ihnen jetzt schon sagen, dass ich heute viele vielversprechende Beobachtungen bei ihrer Tochter gemacht habe«, sagte ich. »Sie hat sich mit diesen neuen Spielsachen beschäftigt, hat mit mir gespielt und bei verschiedenen Aktivitäten durch Blickkontakt und Gesten mit mir kommuniziert. Das sind alles sehr wichtige Voraussetzungen für das Erlernen von Wörtern. Wir sind also in vielerlei Hinsicht auf dem richtigen Weg. Haben Sie momentan noch irgendwelche Fragen an mich?«

Die Mutter holte tief Luft. »Eigentlich möchte ich nur wissen, wann sie anfangen wird zu sprechen?«

In diesem ersten Jahr meiner Arbeit als Logopädin hatte ich schnell gelernt, dass dies immer die erste und wichtigste Frage ist, die Eltern mir stellen, wenn ich Kinder mit Sprachverzögerungen begutachtete. Anfangs hatte mich das nervös gemacht. Ich wusste nicht, wie ich den Eltern klarmachen sollte, dass man dafür unmöglich einen genauen Zeitrahmen angeben kann, dass es in den vorsprachlichen Fähigkeiten eines Kindes aber viele Indikatoren gibt, die zeigen, wie nah es dem Sprechen von Wörtern in seiner Entwicklung bereits gekommen ist. Zwischen den Therapiesitzungen brachte ich viele Stunden mit dem Einüben von Antworten an die Eltern meiner kleinen Patienten zu. Ich wollte realistisch sein, sie aber trotzdem nicht entmutigen. Und ich wollte ihnen klarmachen, wie dringend notwendig eine Behandlung war, aber gleichzeitig optimistisch sein, was die Möglichkeiten ihres Kindes anging.

»Man kann niemals genaue Zeitangaben machen; aber das Großartige an der Sprachentwicklung ist, dass es sich dabei um einen allmählichen Prozess mit vielen Meilensteinen handelt«, erklärte ich. »Das ist ungefähr so, als wolle man genau vorhersagen, wann eine Blume blühen wird. Wenn noch nicht mal ein Stiel aus dem Boden hervorgesprossen ist, werden wir wahrscheinlich in allernächster Zukunft keine Blüte sehen. Denn wir wissen, dass zunächst einmal bestimmte Entwicklungsschritte erfolgen müssen, bevor eine Pflanze eine Blüte bildet. Aber wenn an der Spitze eines Stiels eine Knospe zu sehen ist, können wir sagen, dass so ziemlich alle Voraussetzungen für eine Blüte erfüllt sind, dass die Blume also demnächst aufblühen wird. Wenn wir die Ergebnisse meiner Beurteilung miteinander durchgehen, werde ich Ihnen genau zeigen, an welchem Punkt seiner Entwicklung Ihr Kind gerade steht und welche Schritte es erst noch durchlaufen muss, bevor wir damit rechnen können, dass es seine ersten Wörter sagt.«

Nachdem ich Mutter und Tochter zur Rezeption begleitet hatte, um den nächsten Termin mit ihnen zu vereinbaren, holte ich schnell meinen Schlüsselbund vom Schreibtisch. Gestern, an unserem ersten Tag mit Stella, war Jake nicht zur Arbeit gegangen. Wir brauchten diese Zeit, um eine Logistik zu entwickeln, wie wir alle paar Stunden mit ihr rausgehen konnten, ohne dass das mit unseren Arbeitszeiten kollidierte. Mein letzter Termin endete heute erst um halb acht, während Jake einen typischen Achtstundentag hatte. Er ging jetzt morgens zeitiger ins Büro, um abends früher fertig zu sein, und wir kamen beide zu unterschiedlichen Mittagszeiten nach Hause. Bevor wir Stella bekamen, hatte ich mich immer darüber geärgert, dass ich spätere Arbeitszeiten hatte als die meisten anderen Menschen. Jetzt kam es mir wie ein Geschenk vor, dass unsere Arbeitszeiten so unterschiedlich waren – nur so konnten wir uns beide abwechselnd um Stella kümmern.

Als ich nach Hause kam und unsere Schlafzimmertür öffnete, saß Stella kerzengerade in ihrem Zwinger und wartete darauf, dass ich sie hinausließ. »Hallo, Stella, mein Mädchen!« Sie wedelte wie verrückt mit dem Schwanz, sprang an mir hoch, leckte mir immer wieder das Gesicht ab und ließ sich auf meinen Schoß plumpsen. »Hallo, mein Schatz. Ich hab dich auch vermisst.« Mit einer Hand streichelte ich Stellas Bauch, mit der anderen befühlte ich prüfend die Handtücher, die wir in ihrem Zwinger ausgelegt hatten. *Gott sei Dank!*, dachte ich erleichtert. Sie waren alle trocken. Ich hatte mir schon den ganzen Vormittag Sorgen darüber gemacht, wie Stella auf den ersten Tag unserer Abwesenheit reagieren würde.

»Juhu, Stella, braves Mädchen! Komm, wir gehen raus.« Ich trug sie die Treppe hinunter. »Raus, raus, wir gehen raus!« Ich wiederholte wichtige Wörter immer mehrfach, damit Stella sie mit der Zeit wiedererkannte und richtig darauf reagieren lernte. Schon als Kind hatte ich unsere Hündin stets gefragt: »Wrigley, willst du raus?«, und sie war daraufhin prompt zur Hintertür gerannt, wenn sie Gassi gehen musste oder spielen wollte. Nach genügend Wiederholungen sollte also auch Stella in der Lage sein, »Raus« mit dem Gassigehen in unserem Garten zu assoziieren. Als die Hündin sich ins Gras hockte, lobte ich sie noch überschwänglicher, als ich es vorher für ihre trockenen Handtücher getan hatte. »Braves Mädchen, Stella!« Ich kraulte sie hinter den Ohren und gab ihr einen Kuss auf die Stirn. »Komm, wir gehen wieder rein.«

Ich sah der acht Wochen alten Stella gern dabei zu, wie sie

unser Haus erkundete – wie ein Abenteurer, der zum ersten Mal unerforschtes Terrain betritt. Sie schnüffelte überall herum, hob jedes Spielzeug auf und ließ es wieder fallen und horchte auf alle neuen Geräusche. Jedes Detail ihrer neuen Umgebung interessierte sie. Neugierig näherte sie sich ihren Näpfen und streckte die Pfote nach der Wasserschüssel aus. »Oh, du brauchst Wasser? Na gut, dann wollen wir mal Wasser holen, Stella.« Innerhalb von nur zwei Tagen konnte Stella die Funktion ihres Futter- und ihres Wassernapfs auseinanderhalten. Sie tapste sogar mit der Pfote nach dem Wassernapf, um mir zu signalisieren, dass sie Durst hatte – so gut funktionierte ihre Kommunikation inzwischen schon. »Danke, dass du es mir gezeigt hast, Mädchen. Hier.« Stella begann zu schlabbern, noch ehe ich meine Hand wegziehen konnte.

Nonverbale Kommunikation spielt in der Sprachentwicklung eine sehr wichtige Rolle. Sie ist nicht nur ein wichtiger Meilenstein auf dem Weg zum Gebrauch von Wörtern; wissenschaftliche Untersuchungen zeigen auch direkte Zusammenhänge zwischen dem Gestenrepertoire eines Kindes und seinem späteren Wortschatz.[3] Das bedeutet, dass Kinder sich durch Gesten verständigen, noch bevor sie in der Lage sind, ein Wort für das betreffende Konzept zu verwenden. Ein Kind, das hochgenommen werden möchte, hat wahrscheinlich seine Arme emporgereckt, um diesen Wunsch zu kommunizieren, bevor es anfing, das Wort »hoch« zu verwenden.

»So, Stella, jetzt ist es wieder Zeit für ein kleines Schläfchen«, sagte ich. »Jake kommt in ein paar Stunden zum Spielen nach Hause, das verspreche ich dir.« Stella trottete in ihren Zwinger und schnupperte nach dem Leckerli, das ich für sie hineingeworfen hatte. Ich schloss die Tür und ließ die Playlist mit beruhigender Musik weiterspielen, die ich für sie erstellt hatte. Ich wollte nicht, dass Stella sich einsam fühlte, wenn wir weg waren. »Tschüs, Stella, ich hab dich lieb.« Stella blickte mir nach, als ich hinausging. Wie konnte ich dieses kleine Gesicht allein zurücklassen?

Als ich wieder in der Klinik war, blätterte ich meine Begutachtung der Sprachkompetenz eines Kleinkindes durch, das ich gerade untersucht hatte. Da kam mir eine Idee. *Wenn Stella bereits im Alter von acht Wochen durch Gesten kommuniziert – was für andere Kommunikationsfähigkeiten hat sie dann womöglich noch, die sich mit denen von Kleinkindern überschneiden?* Ich schaute mir die vorsprachlichen Fähigkeiten von Kleinkindern, die in die Kategorien »Interaktion«, »Pragmatik«, »Spiel«, »Sprachverständnis« und »Sprachausdruck« unterteilt waren, genauer an. Beim Durchblättern der Seiten wurde mir schnell klar, dass es in jedem dieser Bereiche Parallelen zu Stellas Kommunikationsverhalten gab. Hier ein paar Beispiele von Meilensteinen, die mir auffielen, als ich Stella erst zwei Tage lang kannte:[4]

- »Winselt, um Aufmerksamkeit zu bekommen.« Stella weint nach Jake und mir, vor allem nachts.
- »Dreht den Kopf in die Richtung, aus der eine Stimme kommt.« Wenn Jake und ich mit Stella sprechen, wendet sie den Kopf und schaut uns an.
- »Weiß im Voraus, wann sie gefüttert wird.« Wenn wir zu

dem Regal gingen, in dem wir ihr Futter aufbewahrten, stand Stella sofort neben ihrem Fressnapf und wartete auf die Fütterung.

- »Hält Blickkontakt.« Stella schaute uns in die Augen, wenn wir mit ihr spielten oder redeten.
- »Versucht, mit erwachsenen Menschen in Interaktion zu treten.« Stella ließ ihr Spielzeug vor uns auf den Boden fallen, winselte und bellte, um Kontakt mit uns aufzunehmen.
- »Reagiert auf die Aufforderung ›Komm her‹.« Stella lernte gerade, auf Kommando zu uns zu kommen: Wenn wir in die Hocke gingen und uns auffordernd auf die Schenkel klopften, lief sie sofort zu uns hin.
- »Zeigt den Wunsch, mit Menschen zusammen zu sein.« Stella folgte uns überallhin. Wenn ein lautes Geräusch sie erschreckte, sprang sie auf meinen Schoß.
- »Gibt Laute von sich, um Aufmerksamkeit zu erlangen.« Stella bellte und winselte, um unsere Aufmerksamkeit auf sich zu lenken.
- »Sucht nach dem Sprecher.« Wenn Jake oder ich von einem anderen Zimmer aus mit ihr zu sprechen begannen, lief sie los, um uns zu suchen.
- »Spielt ›Apportieren‹ mit Bezugsperson.« Paradoxerweise ist das auch eines der ersten Spiele, die Kleinkinder lernen: hinter einem Ball herzulaufen und ihn den Eltern zurückzubringen. Stella lernte gerade das Gleiche: Sie jagte ihrem Ball hinterher und brachte ihn uns in ungefähr 50 Prozent aller Fälle.
- »Erkundet Spielzeug.« Stella probierte jedes Spielzeug

aus, das wir ihr gaben. Sie lernte, welche Gegenstände ihr gehörten und welche nicht.

- »Gebraucht Gesten, um jemanden um etwas zu bitten.« Stella rollte sich auf den Rücken, wenn sie am Bauch gestreichelt werden wollte, und tapste mit der Pfote nach ihrem Wassernapf, um mir zu sagen, dass ich ihn wieder auffüllen sollte.

All diese subtilen Verhaltensweisen sind eigentlich Indikatoren für die Sprachentwicklung eines Kindes. Doch all das und noch viel mehr beobachtete ich auch bei Stella. Deshalb fragte ich mich: *Wie groß ist die Chance, dass Stella Sprache erlernen und gebrauchen kann?*

Als ich an diesem Tag von meiner Arbeit nach Hause kam, spielte Stella ausgelassen mit Jake. Jake drückte auf einen rosa Plastikball und ließ ihn dann quer durchs Wohnzimmer springen. Als Stella den hohen Quietschton hörte, ließ sie den Tennisschuh, den sie gerade ins Maul genommen hatte, fallen und stürzte sich auf ihr neues Spielzeug.

»Braves Mädchen, Stella! Braves Mädchen spielt mit seinem Spielzeug«, sagte ich.

Stella ließ ihren Ball ein paarmal quietschen. Doch als ihr Blick auf unsere Efeupflanze fiel, die auf einem Beistelltisch stand, ließ sie den Ball wieder fallen, sprang auf die Pflanze zu und schlug mit ihren Pfoten nach den Blättern.

»Stella, nein«, sagte ich energisch. Da hörte sie auf, sich mit der Pflanze zu beschäftigen, und schaute mich an.

»Braves Mädchen! Spiel mit deinem Spielzeug.« Ich rollte den Ball direkt vor sie hin, um sie von der Pflanze abzulenken. Sie ließ sich von dem neuen Spielzeug ködern und rannte mit dem Ball im Maul durchs Wohnzimmer.

»Ja, braves Mädchen, Stella. Brave Stella«, sagte ich.

Jake war beeindruckt. Ich wollte Stella beibringen, was ihr gehörte und was nicht, indem ich sie jedes Mal lobte, wenn sie sich mit ihrem Spielzeug beschäftigte. Wenn sie sich dagegen einer Pflanze, einem Schuh oder einem Kissen näherte, sagte ich: »Nein«, lenkte ihre Aufmerksamkeit auf etwas, womit sie stattdessen spielen konnte, und zeigte ihr meine Freude, wenn sie sich daraufhin tatsächlich für eines ihrer Spielzeuge entschied. Ich dachte wieder an die Beurteilung der Sprachkompetenz von Kleinkindern zurück. Eine der Verständnisfähigkeiten wird folgendermaßen beschrieben: »Reagiert in 50 Prozent aller Fälle auf ›Nein‹.«[5] Auch Stella fing schon nach einem zweitägigen Aufenthalt bei uns an, auf das Wort »Nein« zu reagieren. Ich begann in Gedanken, die Liste der sprachlichen Kompetenzen abzuhaken, die unser Hund mit kleinen Kindern gemeinsam hatte.

Später lief Stella auf die Treppe zu, und Jake und ich folgten ihr auf dem Fuß. Sie setzte ihre rechte Pfote auf die erste Treppenstufe und zog sie dann wieder auf den Boden zurück. Dann ließ sie ihre linke Pfote ein paar Sekunden lang über der Stufe schweben und senkte sie wieder. Zum Schluss drehte Stella sich zu mir um, schaute wieder auf die Treppe und winselte.

Ich nahm sie auf den Arm, trug sie die Treppe hinauf und analysierte dabei, was Stella gerade getan hatte: Sie wollte mir zeigen, dass sie Hilfe beim Ersteigen der Treppe brauchte; also lenkte sie meine Aufmerksamkeit mit ihrem

Blick auf die Stufen. Und sie kombinierte diese Geste sogar mit einer Lautäußerung, indem sie winselte. Das ist eine Fähigkeit, die man als »Joint Attention« (»gemeinsame Aufmerksamkeit«) bezeichnet – eine Kommunikationsform, die Kinder entwickeln, bevor sie Wörter sagen können. Ich erwähne sie jeden Tag in meinen Therapiesitzungsnotizen.

Joint Attention ist ein wichtiges Kommunikationselement. Damit ist gemeint, dass zwei Personen sich auf dasselbe Objekt oder dieselbe Aktivität fokussieren: Eine lenkt die Aufmerksamkeit verbal oder nonverbal auf das Objekt, und die andere reagiert darauf, indem sie es anschaut. Jedes Mal, wenn wir zu jemandem sagen: »Hey, guck dir das an«, und dabei auf den betreffenden Gegenstand zeigen, praktizieren wir Joint Attention. Wenn Kleinkinder diese Fähigkeit der gemeinsamen Aufmerksamkeit entwickeln, kommunizieren sie zuerst durch Blickkontakt oder andere Gesten, dann verbinden sie eine Geste mit einer Lautäußerung, und schließlich benutzen sie Wörter, um die Aufmerksamkeit ihres Gegenübers zu wecken.[6] Stella hatte gerade eine Geste mit einer Lautäußerung verbunden. Das passiert normalerweise, kurz bevor ein kleines Kind seine ersten Wörter gesagt.

An diesem Abend fiel mir Stellas Fähigkeit der gemeinsamen Aufmerksamkeit in allen möglichen Situationen auf: Sie praktizierte sie nämlich nicht nur dieses eine Mal auf der Treppe, sondern setzte ständig Blickkontakt und Lautäußerungen ein, um mir oder Jake zu zeigen, was sie wollte oder wie wir mit ihr spielen sollten. Als sie neben uns auf der Couch saß, ließ Stella zum Beispiel ihr Spielzeug auf den Boden fallen. Dann schaute sie zuerst auf das Spielzeug hinunter und anschließend wieder zu mir hoch, um mir zu zeigen, dass ich es aufheben sollte.

»Soll ich mit dir spielen?« Ich hob ihr Spielzeug auf und warf es in die Luft. Stella biss ein paarmal hinein, ließ es dann wieder auf den Boden fallen und schaute erneut zu mir hoch. Sie wollte dieses Spiel, das sie gerade erfunden hatte, wiederholen. Das ist so, wie wenn ein Baby lernt, wie man »Kuckuck« spielt, und sich dann immer wieder die Augen zuhält, um das Spiel von Neuem zu initiieren. Nach dem dritten Mal fing ich an, so zu reagieren, als wäre Stella ein Kind.

Statt in ganzen Sätzen mit ihr zu sprechen, benutzte ich immer nur einzelne Wörter. Wenn Kinder sprechen lernen, ist es wichtig, mit ihnen auf einer Ebene zu kommunizieren, die etwas oberhalb ihrer derzeitigen Ausdrucksmöglichkeiten liegt. Kann ein Kleinkind noch nicht sprechen, sage ich Wörter wie »will«, wenn es nach einem Spielzeug greift. Bin ich im Begriff, das Spielzeug wieder zu aktivieren, sage ich: »Mehr«, und wenn wir die Spielsachen zum Schluss aufräumen, sage ich: »Fertig.« Sobald das Kind anfängt, einzelne Wörter zu sagen, beginne ich, mit ihm in Zwei-Wort-»Sätzen« zu sprechen, zum Beispiel »Will Spielzeug«, »Mehr spielen«, »Fertig spielen« – und so weiter. Mit dieser Strategie führe ich dem Kind die nächste Kommunikationsebene vor, ohne es mit komplexen Sätzen zu überfordern, die es erst mühsam auseinandernehmen muss.

Jedes Mal, wenn Stella ihr Spielzeug fallen ließ und mich anschaute, sagte ich: »Spielen«, bevor ich es aufhob und ihr gab. Stella und ich erfanden gemeinsam ein Spiel und stellten eine Verbindung zueinander her. Ich beobachtete sie und hörte ihr zu, und sie beobachtete *mich* und hörte *mir* zu. Wenn sie ihr Spielzeug fallen ließ, ohne mich anzuschauen oder einen Laut von sich zu geben, griff ich nicht danach. Ich sagte erst dann wieder: »Spielen«, wenn sie mir durch einen Blick nach unten oder ein Winseln signalisierte, dass sie weiterspielen wollte. Auf diese Weise fügte ich das dazugehörige Wort zu ihrem nonverbalen Wortschatz hinzu. Nach unserer fünfminütigen Spielsitzung begann Stella jedes Mal, mit dem Schwanz zu wedeln, wenn ich »Spielen« sagte. Nachdem sie dieses Wort so oft gehört und mit mir und ihrem Spielzeug gespielt hatte, begann sie gedanklich vorwegzunehmen, was als Nächstes passieren würde. Dadurch, dass ich auf ihre gestische Aufforderung hin »Spielen« sagte und anschließend tatsächlich mit ihr spielte, begann Stella die Bedeutung dieses Wortes zu verstehen.

Kommunikation findet ständig statt, man muss nur eine geschärfte Wahrnehmung dafür entwickeln. An einem meiner ersten Studientage baten meine Professoren für das Fachgebiet »Unterstützte Kommunikation« uns, unsere Beobachtungen zu notieren, während sie uns ein kurzes Video von einer Sprachtherapiesitzung zeigten. Als sie die Zettel mit unseren Notizen einsammelten, geriet ich in Panik. *Worauf hätte ich bei dieser Sitzung achten sollen?,* fragte ich mich. Ich wusste ja noch gar nichts. Peinlich berührt gab ich mein fast leeres Blatt Papier ab. Am letzten Tag des Semesters spielten unsere Professoren uns dann noch einmal denselben Videoclip vor. Wieder sollten wir alles aufschreiben, was uns auffiel. Diesmal konnte mein Stift kaum mit meinen Gedanken mithalten. Ich beobachtete, wie sich eine intensive Kommunikation zwischen diesem Teenager und seiner Logopädin entspann. Ich merkte nicht einmal, dass es dasselbe Video war wie in unserer ersten Stunde. Das fiel mir erst später auf, als unsere Professoren uns unsere Notizen vom ersten Unterrichtstag zurückgaben.

Einer meiner sechs Aufzählungspunkte vom ersten Tag lautete schlicht und einfach: »Dieser Junge benutzt ein Kommunikationsgerät.« Ganz anders an unserem letzten Tag: Jetzt füllte ich eine ganze Seite mit Kommentaren zu seiner Gestik und Wortwahl, seinen Lautäußerungen, den verschiedenen Kommunikationsfunktionen und den Reaktionen des Therapeuten auf seine Wörter. Mir fiel auf, welche Sprachförderungsstrategien sich als wirksam erwiesen und welche nicht, wie selbstständig der Junge agierte, wie lange er brauchte, um die Sätze seines Therapeuten zu verarbeiten; und ich bemerkte auch, wann er abgelenkt war, wann er konzentriert wirkte, welche Anforderungen offenbar zu leicht und welche zu schwierig für ihn waren. Ungläubig verglich ich meine beiden Listen miteinander. Diese fünf Minuten hatten mir so vieles verraten. Und dabei hatte sich an dem Videoclip gar nichts verändert – nur meine Wahrnehmung.

Die ersten paar Tage, in denen ich mich um Stella kümmerte, waren für mich genauso aufschlussreich wie dieser letzte Unterrichtstag. Ich habe schon mit vielen Welpen gespielt – aber nicht mehr, seit ich Logopädin bin. Stella war sicherlich nicht der einzige Welpe, der all diese auch für die menschliche Sprachentwicklung typischen Meilensteine zeigte. Aber meine Sichtweise hatte sich verändert, seit ich diese Informationen erworben hatte und sie bei meiner Arbeit tagtäglich anwendete. Stella kommunizierte schon nach diesen paar Tagen ständig mit mir. Wenn sie ein Kind wäre, würde ich damit rechnen, bald ihre ersten Worte zu hören zu bekommen - aber sie konnte ja keine verbale Sprache erlernen. Welches Verhalten würde sie wohl als Nächstes zeigen?

Mir schwirrte der Kopf vor lauter Ideen. Hunde können Wörter verstehen. Wrigley kannte alle unsere Namen und die Bedeutungen verschiedener Wörter: »spazieren gehen«, »raus«, »Käse«, »Leckerli«, »Zwinger«, »spielen«, »Spielzeug« und sicherlich auch noch viele andere. Immer wenn sie uns eines dieser Wörter sagen hörte, wandte sie uns ihren Kopf zu, wedelte mit dem Schwanz und lief zu dem betreffenden Ort. Und genau wie Wrigley warten die meisten Hunde den ganzen Tag auf Lieblingswörter wie »Gassi« oder »Leckerli«. Stella, ein zwei Monate alter Welpe, zeigte bereits über 50 Prozent der vorsprachlichen Fähigkeiten, die neun Monate alte Babys beherrschen, bevor sie ihre ersten Wörter sagen! Aber zum Glück verfügen wir inzwischen über Technologien, um Wörter auf verschiedene Arten zu artikulieren - nicht nur verbal.

Die Ära der elektronischen Kommunikationsgeräte begann in den 1960er-Jahren. Damals fiel einem ehrenamtlichen Mitarbeiter eines Krankenhauses auf, dass die einzige Verständigungsmöglichkeit für gelähmte Patienten darin bestand, eine Glocke zu läuten. Also erfand er eine Schreibmaschine, die durch Ein- und Ausatmen in einen Schwanenhalsschalter betrieben werden konnte.[7] In den 1980er-Jahren gab es bereits verschiedene große, tragbare Sprachausgabegeräte, um behinderten Menschen aller Altersgruppen, die der verbalen Sprache nicht mächtig waren, das Sprechen zu ermöglichen. Und im Jahr 2010, als das Apple iPad auf den Markt kam, waren AAC-Kommunikationssysteme in Form von Apps plötzlich sehr viel weiter verbreitet und für jedermann erschwinglich. *Was wäre, wenn wir Stella Zugang zu mehr Wörtern verschaffen würden?*, fragte ich mich. *Ob sie wohl mit einem AAC-Gerät arbeiten könnte?*

Die ganze Nacht über gingen Jake und ich abwechselnd mit Stella nach draußen, wenn wir durch ihr Winseln geweckt wurden. Es war unmöglich festzustellen, ob sie winselte, weil sie Angst hatte und bei uns sein wollte, oder ob sie wirklich Gassi gehen musste. Irgendetwas wollte sie uns sagen – ich wusste nur nicht, was.

Ich nahm Stella auf den Arm. »Komm, wir gehen raus«, sagte ich und trug sie die Treppe hinunter in den Garten. Meine Hausschuhe knirschten auf den gefrorenen Grashalmen, und ich stand fröstelnd in der stockfinsteren Nacht. »Na, komm schon, Stella, mach Gassi.«

Doch Stella setzte sich einfach nur hin, lehnte sich an mein Bein und schaute unverwandt zu mir hoch. Sogar sie schien sich zu fragen, warum wir mitten in der Nacht hier draußen waren.

»Na gut, wahrscheinlich musstest du gar nicht Gassi. Komm, wir gehen wieder rein.« Eine Stunde später wurden wir erneut durch ihr Winseln geweckt. »Mal sehen, ob sie in ein paar Minuten von allein aufhört«, sagte ich. »Vielleicht schläft sie ja wieder ein.« Gerade als ich dabei war einzunicken, weckte Jake mich auf.

»Riechst du das?«, sagte er. »Ich glaube, ihr ist ein Malheur passiert.« Jake sprang aus dem Bett und schaltete das Licht an. »Ja, tatsächlich. Komm, wir legen ein paar neue Handtücher für sie aus.«

Als ich am nächsten Morgen wieder bei der Arbeit war, besuchte ich meine Kollegin und Freundin Grace in ihrem Büro. Grace war ebenfalls Logopädin in ihrem ersten Berufsjahr und teilte meine Begeisterung für unterstützte Kommunikation. Wir besuchten gemeinsam Kongresse zu diesem Thema, experimentierten in unserer Freizeit mit verschiedenen Geräten und arbeiteten bei allen Kindern, die wir betreuten, mit AAC.

»Warum können Hunde keine unterstützte Kommunikation nutzen?«, fragte ich sie.

»Wer sagt denn, dass sie das nicht können?«

»Keine Ahnung. Aber meinst du nicht, dass Hunde wenigstens ein paar verschiedene Wörter mithilfe eines Geräts sagen könnten? Ich habe mir mal diese Sprachbeurteilungen von Kleinkindern angeschaut und bemerkt, dass Stella sich ganz ähnlich verhält wie diese Kinder.«

»Na klar. Warum auch nicht? Recherchiere doch einfach mal ein bisschen. Ich bin sicher, dass es irgendwo Informationen darüber gibt«, meinte Grace.

Ich stimmte ihr zu, denn ich ging davon aus, dass es sicherlich unheimlich viele wissenschaftliche Untersuchungen über unterstützte Kommunikation bei Hunden gab. In den letzten Jahren haben tatsächlich mehrere Forschungsarbeiten bestätigt, dass Hunde Wörter verstehen. Im Jahr 2010 beschrieb ein pensionierter Professor namens Dr. John Pilley in einem Fachartikel, wie er seinem Border Collie Chaser beibrachte, die Namen von über 1000 verschiedenen Spielzeugen zu unterscheiden.[8] Dr. Pilley nutzte bei seiner Arbeit Informationen darüber, wie Kinder die Bedeutung von Wörtern erlernen. Er veröffentlichte auch noch eine weitere wissenschaftliche Untersuchung, in der er erklärte, wie Chaser lernte, Sätze zu verstehen, die ein Präpositionalobjekt, ein Verb und ein direktes Objekt enthielten.[9] Chaser verstand also nicht nur einzelne Wörter, sondern auch ihre Bedeutung in Kombination miteinander.

Eine Untersuchung aus dem Jahr 2016 bewies sogar, dass Hunde nicht nur auf den Tonfall von Menschen reagieren, wie viele Forscher bis dahin angenommen hatten: Sie können die Bedeutung eines Wortes und die Sprachmelodie getrennt voneinander erfassen, genau wie wir Menschen.[10] Einer der Autoren dieser Untersuchung schrieb dazu, dass »Hunde sowohl das, was wir sagen, als auch die Art und Weise, *wie* wir es sagen, auf eine Art verarbeiten, die der Arbeitsweise des menschlichen Gehirns verblüffend ähnlich ist«.[11]

Der nächste logische Schritt müsste eigentlich darin bestehen, dass man Hunden die Möglichkeit gibt, Wörter zu sagen, dachte ich mir, nachdem ich über all diese Forschungsergebnisse gelesen hatte. Es gibt so viele wissenschaftliche Untersuchungen über die Effektivität verschiedener Formen von unterstützter Kommunikation – wann man sie einführen soll, warum sie funktioniert, welche Sprachförderungsstrategien sinnvoll und welche Ergebnisse zu erwarten sind –, aber leider nur für uns Menschen. Doch ich wollte erfahren, was die Forschung über das Thema »Unterstützte Kommunikation bei Hunden« zu sagen hat.

Also suchten wir im Internet nach »Untersuchungen zur unterstützten Kommunikation bei Hunden«, »Sprachtherapie bei Hunden«, »Kommunikationsgeräte für Hunde« und »Einsatz von Sprache bei Hunden«. Das Naheliegendste, was wir finden konnten, waren Diskussionen von Firmen über Kommunikationsgeräte, die möglicherweise in der Lage waren, das Winseln oder Bellen oder die Gesten eines Hundes in für Menschen verständliche Worte zu übersetzen. Aber das war nicht das, wonach ich suchte. Denn das wäre so etwas Ähnliches wie ein Gerät, das unsere Mimik und Gestik scannt und diese dann in verbale Sätze übersetzt – also etwas ganz anderes, als wenn man seine eigenen Worte sagen und seine individuellen Gedanken ausdrücken kann. Ich wollte Stella die Möglichkeit geben, die Wörter, die sie uns den ganzen Tag über sagen hörte und auf die sie auch bereits richtig reagierte, selbst zu verwenden. Wenn sie diese Wörter verstehen konnte, sollte sie auch eine Möglichkeit erhalten, sie zu benutzen.

»Verdammt noch mal«, sagte ich, nachdem ich mich durch vier Seiten mit Forschungsergebnissen geklickt hatte und trotzdem immer noch nicht weitergekommen war. »Eigentlich dachte ich, dass es so etwas geben müsste. Ich bin sicher, dass Stella solch ein Gerät benutzen könnte, wenn sie eines hätte.«

»Lass uns später weiter brainstormen«, schlug Grace vor.

»Es gibt alle möglichen Arten von unterstützter Kommunikation.«

Als Grace und ich am nächsten Tag eine freie halbe Stunde hatten, beschäftigten wir uns wieder mit unseren Ideen zur unterstützten Kommunikation bei Hunden. *Wie könnte man Stella physischen Zugang zu Wörtern ermöglichen?* Und: *Was ließe sich leicht überprüfen?* Das waren unsere beiden wichtigsten Fragen. Die Symbole auf den Tablets, die Grace und ich bei unserer Arbeit mit Kindern am häufigsten benutzten, waren zu klein für Stellas Pfote oder Nase. Wir erwogen kurz die Idee eines Eye-Gaze-Systems. (Dieses Gerät ist so kalibriert, dass es das Wort für das Symbol sagt, auf das der Benutzer ein paar Sekunden lang schaut.) Aber Eye-Gaze-Geräte sind sehr teuer, und ich wusste ja noch nicht einmal, wie ein Bildschirm in Stellas Augen aussah.

Manche Kinder mit ausgeprägten motorischen Problemen arbeiten mit einer Methode namens »Switch-Scanning«, statt direkt mit dem Finger auf ein Symbol zu tippen. Dabei drückt man auf einen großen Knopf, der mit dem ausgewählten Symbol auf einem Kommunikationsgerät verbunden ist und es aktiviert. Der Benutzer scannt sich per Knopfdruck durch die verschiedenen Optionen auf dem Bildschirm und tippt dann, nachdem er das gewünschte Wort gefunden hat, zweimal auf den Knopf; oder er drückt einen zweiten Knopf, um es auszuwählen. Diese Idee erschien uns sehr vielversprechend – vorausgesetzt, dass wir dieses Gerät so programmieren könnten, dass es einzelne Wörter sagte.

»Moment mal – wie wäre es mit einem BIGMack?«, schlug

Grace vor. Der BIGMack hat insofern Ähnlichkeit mit dem »Easy«-Button von Staples, als man mehr oder weniger alles in ihn einprogrammieren kann. Nur leider kostete ein BIG-Mack über 100 Dollar; also googelte ich nach »programmierbaren AAC-Knöpfen« in der Hoffnung, eine kostengünstigere Lösung zu finden. »Hey, schau dir mal die hier an«, sagte Grace und zeigte auf den Bildschirm.

Unter dem Suchbegriff »Lernhilfen« klickte ich auf einen Link namens »programmierbare Sprachknöpfe«: eine Packung mit vier Knöpfen, jeder in einer anderen leuchtenden Farbe. »Wow, die sind ja viel billiger«, staunte ich. »Die werde ich auf jeden Fall mal ausprobieren! Das Schlimmste, was dabei passieren könnte, ist, dass Stella sie nicht benutzen kann. Und dann weiß ich wenigstens Bescheid.«

Tipps und Tricks für das Sprachtraining Ihres Hundes

- **Achten Sie darauf, auf welche Weise Ihr Hund bereits mit Ihnen kommuniziert,** zum Beispiel, ob er winselt, bellt, »pfotelt«, mit dem Schwanz wedelt oder Ihre Aufmerksamkeit mit Blicken auf irgendwelche Gegenstände zu lenken versucht. Sobald Sie wissen, wann und wie Ihr Hund versucht, Ihnen etwas mitzuteilen, können Sie darauf reagieren und sich überlegen, welche Wörter Sie ihm beibringen sollen.

- **Reagieren Sie auf die Kommunikationsversuche Ihres Hundes, so gut Sie können.** Wir alle sind eher bereit zu kommunizieren, wenn wir wissen, dass unser Gesprächspartner auf uns reagiert und uns versteht. Es ist genauso wichtig, auf die nonverbale Kommunikation Ihres Hundes zu reagieren wie auf die Wörter, die er später gebrauchen wird. Bauen Sie eine solide Grundlage für Ihre Kommunikation auf, indem Sie Ihren Hund beobachten, seine Gewohnheiten kennenlernen und auf ihn reagieren, wenn er versucht, Ihnen etwas mitzuteilen.

- **Bringen Sie bestimmte Wörter mit den Kommunikationsversuchen Ihres Hundes in Verbindung:** Ich fing zum Beispiel an, jedes Mal »Spielen« zu sagen, wenn Stella zu ihrem Spielzeug hinunterschaute und mich anschließend auffordernd ansah. Das Gleiche sollten Sie auch tun: Sagen Sie ein Wort, das zu der Aktivität Ihres Hundes oder dazu passt, was er Ihnen Ihrer Meinung nach mitteilen will. Wenn Sie nicht sicher sind, was Sie sagen sollen, fragen Sie sich einfach: *Was passiert gerade?*

KAPITEL 5

Nur noch einen knappen Meter bis zum Ziel

Eine Woche nachdem wir Stella adoptiert hatten, riss ich die Schachtel mit den programmierbaren Sprachknöpfen auf, die mir gerade geliefert worden war. Die schwarzen Oberseiten der Knöpfe passten genau in meine Handfläche. Neben jedem Knopf war eine kleine rote Taste für das Aufnehmen der Wörter angebracht. Lautsprecher und Batteriefach befanden sich an der Unterseite. Ich drückte mehrmals hintereinander auf einen Knopf: Offenbar ließen sich die Knöpfe leicht betätigen, was für mein Vorhaben sehr wichtig war.

Stella wog zu diesem Zeitpunkt noch nicht einmal fünf Kilo. Natürlich würde sie im Lauf des kommenden Jahres wachsen und kräftiger werden; aber ich wollte, dass sie von Anfang an Erfolgserlebnisse mit ihren Knöpfen hatte. Es ist wichtig, ein AAC-System zu wählen, das den Benutzer nicht vor physische Probleme stellt, das er mit ein bisschen Übung gut erlernen kann und das ihm auch eine weitere Sprachentwicklung in der Zukunft ermöglicht. Die gelieferten Knöpfe erfüllten all diese Kriterien. Die Kraft, mit der Stella mit der Pfote nach ihrem Spielzeug und der Wasserschüssel geschlagen hatte, sollte mehr als ausreichen, um die Sprachknöpfe zu drücken; und auch wenn Stella ausgewachsen war, würden die Knöpfe für ihre Pfoten nicht zu klein sein.

Ich empfand die gleiche Vorfreude und positive Erwartung, die mich immer erfüllt, bevor ich ein neues AAC-Gerät an einem meiner Patienten ausprobiere. Es ist eine Zeit voller ungeahnter Möglichkeiten – eine Zeit der Hoffnung auf alles, was die Zukunft bringen könnte. Selbst wenn es daraufhin nicht sofort zu einem großen Durchbruch in der Kommunikation kommt (was meistens nicht der Fall ist), begeben wir uns doch auf eine gemeinsame Entdeckungsreise, die uns auf lange Sicht nur weiterbringen kann. Es ist, als würde man ins Auto steigen und auf eine große Reise quer über den Kontinent gehen. Man weiß, dass man das Ziel seiner Reise nicht am ersten Tag erreichen kann und stundenlang unterwegs sein wird. Aber man sieht doch immer wieder Schilder, die einem zeigen, dass man in die richtige Richtung fährt. Man durchquert verschiedene Länder, sieht immer wieder neue Landschaften und kann Sehenswürdigkeiten, von denen man bisher nur gelesen hat, endlich mit eigenen Augen bewundern. Im schlimmsten Fall stellt man fest, dass man eigentlich doch lieber woandershin möchte, und stellt sein GPS auf einen neuen Zielort ein. Doch selbst dann ist man seinem Ziel immer noch näher, als wenn man zu Hause geblieben wäre und sich gefragt hätte, wie der Rest der Welt wohl aussehen mag.

Ich fand ein paar Batterien. Wir konnten also zuerst mal mit *einem* Knopf anfangen – und Stellas wichtigstes Kommunikationsbedürfnis erfüllen: Sie brauchte eine Möglichkeit, uns mitzuteilen, wann sie Gassi gehen musste. Stella lebte nun schon seit einer Woche bei uns und wusste, dass die Hintertür unserer Küche in den Garten führte. Sie lief zwar noch nicht von sich aus zur Tür, um uns zu signalisieren, dass sie rausmusste; aber sie begann zumindest in diese Richtung zu gehen, wenn Jake oder ich »Raus« sagten. Da Stella also allmählich anfing, auf das Wort »Raus« zu reagieren, wollte ich ihr auch Gelegenheit geben, es selbst zu benutzen. Also hielt ich die Aufnahmetaste gedrückt und sagte »Raus« ins Mikrofon.

Ich legte den grünen Sprachknopf direkt neben die Hintertür in der Küche. Die Farben der Knöpfe würden für Stella ohnehin keine Rolle spielen, da Hunde nur zwei verschiedene Farben erkennen können; sie sehen also nicht das gleiche Farbspektrum wie die meisten Menschen. Das Sehvermögen von Hunden lässt sich mit dem eines rot-grün-farbenblinden Menschen vergleichen. Da Stella noch sehr klein war, blieb uns nie viel Zeit, wenn sie uns signalisierte, dass sie Gassi gehen musste: Sobald es so weit war, mussten wir das so schnell wie möglich erkennen und sie dann sofort hinausbringen. Wenn sie erst einmal anfing, am Boden herumzuschnüffeln, erledigte sie todsicher ein paar Sekunden später ihr Geschäft. Wenn Stella also in der Lage wäre, »Raus« zu sagen, könnten wir sie innerhalb von ein paar Sekunden in den Garten hinauslassen. Wenn wir den Knopf allerdings weit weg von der Tür platzierten, würde ihr auf dem Weg nach draußen wahrscheinlich öfter ein Malheur passieren.

Nun konnte ich offiziell mit der Erforschung meiner großen Frage beginnen: *Was wird wohl passieren, wenn ich mei-*

nen Welpen einer Sprachtherapie unterziehe? In meiner Fantasie verwandelte unsere Küche sich bereits in einen Behandlungsraum. Ich setzte mich neben die Tür, um mich mit Stella auf Augenhöhe zu befinden. Jake lehnte am Tresen wie die meisten Eltern, die zum ersten Mal eine logopädische Sitzung ihres Kindes beobachten: Sie verfolgen das Geschehen gespannt, haben aber vorläufig noch eine gewisse Scheu davor mitzumachen.

Stella lief zu unserem Vorratsschrank und hob den Kopf, um an dem untersten Regal mit Müslischachteln, Brot und Keksen zu schnuppern. Ich kroch zu ihr hinüber und versuchte, sie von den Lebensmitteln abzulenken. »Schau mal, Stella!« Dann kroch ich zur Tür zurück und zeigte auf den Knopf. Stella schaute zuerst zu Jake, dann zu mir, richtete ihren Blick schließlich wieder auf den Vorratsschrank und endlich auf die Tür. Vielleicht warf sie dabei auch einen Blick auf den Sprachknopf; aber es war deutlich zu erkennen, dass sie ihn nicht bewusst betrachtete. Ich verlangsamte mein Sprechtempo, artikulierte jede einzelne Silbe und machte zwischen jedem Wort eine Pause.

»Raus«, sagte ich verbal und per Knopfdruck zugleich. »Raus. Komm, wir gehen raus!« Stella starrte auf die geschlossene Hintertür, hatte den Knopf auf dem Boden aber immer noch nicht bemerkt. Ich drückte auf den Knopf, um ihr noch einmal das Wort »Raus« vorzuführen, und öffnete gleich darauf die Tür. »Na komm schon, Mädchen!« Stella folgte mir und trottete die drei Stufen in unseren Hof hinunter.

»Juhu! Stella raus. Raus!«

Jake kam uns nach. »Ist das normal?«, fragte er. »Ich glaube, sie hat den Knopf gar nicht beachtet.«

»Das ist kein Problem. Es braucht Zeit, bis Kinder anfangen, auf ein Gerät zu achten oder sich darauf zu konzentrieren, was ich tue. Ich bin sicher, dass auch Stella ein Weilchen brauchen wird, bis es so weit ist. Zumindest hört sie immer noch auf meine Wörter und stellt Assoziationen zwischen dem Gehörten und dem her, was als Nächstes passiert.«

Wenn ich Kindern Wörter beibringe, setze ich dabei zwei wichtige Strategien ein: Erstens variiere ich die Art, wie ich mit meinen Patienten spreche, immer wieder ein bisschen, und zweitens schaffe ich ein sprachförderndes Umfeld. Wenn Kinder an einer Sprachverzögerung oder -störung leiden, können sie keine sprachlichen Konzepte erfassen, indem sie Menschen in ihrem Umfeld auf natürliche Weise sprechen hören. Sie brauchen gezielte Interventionen, um bestimmte Konzepte zu erlernen. Die Art, wie ich mit Stella in der Küche gesprochen hatte, ist eine Kombination aus zwei der effektivsten evidenzbasierten Sprachtherapietechniken, die es gibt: *unterstützter Sprach-Input* und *gezielte Sprachstimulation.*

Unterstützter Sprach-Input bedeutet, dass man mithilfe des AAC-Systems Wörter artikuliert und diese Wörter *gleichzeitig* auch verbal ausspricht. Wissenschaftliche Untersuchungen zeigen, dass die gleichzeitige Verwendung von gesprochener Sprache und Gerätesprache die rezeptiven *und* expressiven Sprachfähigkeiten des Schülers verbessert,[12] und zwar aus mehreren wichtigen Gründen: Erstens neigt der Sprecher dazu, seine Sprechgeschwindigkeit zu verlangsamen, wenn er zwischen dem verbalen Aussprechen eines Wortes und der Arbeit mit einem Gerät hin und her wechseln muss. Dieses langsamere Sprechtempo gibt dem Schüler mehr Zeit, das Gehörte zu verarbeiten. Zweitens dient der unterstützte Sprach-Input dem Schüler als *Modell*: Er hört, wie ein bestimmtes Wort verbal ausgesprochen wird, hört und sieht aber gleichzeitig auch noch eine andere Art, dieses Wort zu gebrauchen, und beobachtet, wie das Wort in dazu passenden Kontexten verwendet wird.

Gezielte Sprachstimulation bedeutet, bestimmte Zielwörter, die für das aktuelle Geschehen relevant sind, mehrfach zu wiederholen. Innerhalb einer einzelnen Interaktion oder Aktivität sollte ein solches Wort mindestens fünfmal wiederholt werden, ehe man sich etwas anderem zuwendet. Bevor Stella und ich in den Garten gingen, hatte ich verbal und per Knopfdruck fünfmal »Raus« gesagt; und als wir im Garten waren, sagte ich dieses Wort noch zwei weitere Male. Das bedeutet, dass Stella während der 30 Sekunden, in denen ich die Tür öffnete und mit ihr in den Garten ging, insgesamt siebenmal das Wort »Raus« hörte. Wenn wir sechsmal am Tag mit Stella Gassi gingen, würde sie dieses Wort also ungefähr 42-mal zu hören bekommen; und wenn wir zehnmal am Tag mit ihr hinausgingen (was in dieser Phase des Stubenreinheitstrainings realistischer war), würde sie an einem Tag siebzigmal das Wort »Raus« hören, und zwar stets in einem dazu passenden Kontext.

Schon allein die Variation der Art und Weise, wie wir mit Kindern sprechen, und die Häufigkeit, mit der wir ihnen in passenden Situationen bestimmte Wörter präsentieren, spielt für ihre Sprachentwicklung eine wichtige Rolle. Eine im *Journal of Speech and Hearing Research* veröffentlichte wissenschaftliche Untersuchung zeigt, wie drastisch die Unterschiede zwischen den Sprachfähigkeiten von Kleinkindern vor und nach einer gezielten Sprachstimulation sein können. Am Ende der viermonatigen Studie umfasste der expressive Wortschatz der Kinder um über 400 Prozent mehr Wörter als zu Beginn des Experiments. Außerdem produzierten die Kinder während einer typischen Spielsitzung um 257 Prozent mehr Äußerungen als vor Beginn der Therapie. Das sind enorme Unterschiede. Die Ergebnisse der Experimentalgruppe waren signifikant besser als die Statistiken der Kontrollgruppe, in der während dieser vier Monate keine Intervention durchgeführt wurde.[13]

Bei Kleinkindern, die spät sprechen lernen, ist es viel wahrscheinlicher, dass sie neue Wörter verstehen und sagen, wenn man bei ihrer Therapie häufig mit gezielter Sprachstimulation arbeitet. Außerdem lernen AAC-User viel eher, ihr Gerät zu benutzen, wenn die Erwachsenen um sie herum ebenfalls damit arbeiten.[14] Ich wusste nicht, ob Stella jemals lernen würde, Wörter zu sagen, aber ich wollte ihr zumindest eine möglichst große Chance dazu geben. Und falls mein Vorhaben überhaupt gelingen sollte, waren die für Kinder effektivsten Sprachlehrstrategien wahrscheinlich auch für Stella der beste Einstieg ins Erlernen von Wörtern.

Am Ende der Woche hatte Stella noch keinerlei Fortschritte gezeigt. Wir machten mit unserer Hündin ihren ersten Spaziergang durch unser Viertel und beobachteten, wie sie nach ihrem ersten Bad aus der Badewanne zu klettern versuchte; nur den Knopf neben der Hintertür unserer Küche nahm sie leider überhaupt nicht wahr. Bei Kindern war ich so etwas gewöhnt: Manchmal dauerte es Wochen, bis ein Kind anfing, das Gerät, das ich bei seiner Therapie benutzte, überhaupt zu bemerken. Dieses Wissen motivierte mich zum Weitermachen, obwohl ich nach ein paar Tagen immer noch keinerlei Anzeichen eines Fortschritts sah. Hätte ich nicht schon vorher Kindern das Sprechen beigebracht und dabei mit AAC-Systemen gearbeitet, so hätte ich wahrscheinlich ziemlich bald das Handtuch geworfen. Doch dank dieser Erfahrung gab ich nicht auf, sondern kaufte trotz dieses anfänglichen Misserfolgs noch ein paar Batterien und programmierte zwei weitere Wörter für Stella. (Am liebsten hätte ich alle vier Wörter programmiert, aber leider war der vierte Sprachknopf kaputt.) Ich war gespannt, ob sich durch die Verwendung von drei Tasten statt einer wohl etwas an Stellas Lernprozess verändern würde.

Eine ähnliche Situation hatte ich erlebt, als ein dreijähriger autistischer Junge in meine Gruppe überwechselte. Dieser Junge hatte noch nie ein Wort gesprochen, sondern quietschte immer nur, wenn ihn irgendetwas aufregte, und grunzte, wenn er frustriert war. Seine vorige Klinikärztin schrieb, dass sie bei ihm fünf Monate lang nur einen einzigen Knopf ausprobiert hatte. Dieser Knopf war so programmiert, dass er damit »Mehr« sagen konnte. Der Junge zeigte keinerlei Fortschritte; daher zweifelte sie an seiner Fähigkeit, überhaupt unterstützte Kommunikation zu erlernen.

Als ich dann anfing, mit ihm zu arbeiten, integrierte ich ein Gerät mit robustem Sprachsystem in unsere Therapie, mit dem ein Schüler Tausende von Wörtern erlernen kann. Innerhalb eines Monats nach der Umstellung sagte der Junge mithilfe seines Tablets bereits ein paar Wörter, zum Beispiel *»Hoch«*, wenn er nach oben gehen wollte, *»Gefällt«*, wenn er sich über ein Spielzeug freute, das ich mitgebracht hatte, *»An«*, wenn seine Ergotherapeutin ihm beim Anziehen seiner Schuhe half, *»Haben«*, wenn ich ihm ein Spielzeug geben sollte, an das er nicht herankam, und *»Mehr«*, wenn er wollte, dass ich sein Lieblingsspielzeug wieder in Gang setzte. Statt sein Gerät immer nur dann in Aktion zu sehen, wenn es sinnvoll war, »Mehr« zu sagen, beobachtete er, wie ich das Gerät ständig für viele verschiedene Wörter benutzte. Mehr Kontakt mit einem AAC-Gerät führt zu mehr Lernprozessen.

Ich wollte Wörter auswählen, die für Stella eine Bedeutung hatten. Schon nachdem wir unsere Hündin mehrere Wochen lang beobachtet und uns mit ihr beschäftigt hatten, wussten wir, dass Stella wahnsinnig gern spielte. Sie initiierte oft irgendein Spiel mit uns. Egal, ob sie Jake rund um den Esstisch jagte, ihren Ball vom Sofa fallen ließ, damit ich ihn aufhob, oder einem Spielzeug hinterherrannte – für sie gab es nichts Schöneres, als mit Jake und mir herumzutollen. Also programmierte ich das Wort »Spielen« in den orangefarbenen Knopf ein und stellte ihn im Wohnzimmer neben ihren Spielzeugkorb. Ein Verb wie »spielen« bietet mehr Lernmöglichkeiten als Substantive wie »Ball« oder »Spielzeug«; denn dieses Wort konnte Stella gebrauchen, um uns zu beliebig vielen verschiedenen Spielen aufzufordern und nicht nur zu einem einzigen.

Das nächste Konzept, dessen Einführung ich für sinnvoll hielt, war »Wasser«. Ich versuchte zwar, immer darauf zu achten, wann Stellas Wassernapf leer war; aber manchmal merkte ich das leider erst durch Zufall und hoffte dann immer, dass sie nicht schon zu lange Durst gehabt hatte. Wenn Stella eine Möglichkeit hätte, »Wasser« zu sagen, wüsste ich sofort, wann sie durstig war, und könnte es auch hören, wenn sie von einem anderen Zimmer aus nach mehr Wasser verlangte, statt mehr oder weniger zufällig zu beobachten, wie sie ihren Wassernapf mit der Pfote anstupste.

Stella wusste bereits sehr genau, wie ich ihren Wassernapf auffüllte. Sie stupste ihren Napf an, hielt ihren Blick auf mich gerichtet, während ich ihn zum Spülstein trug, und stellte sich dann immer genau da auf, wo ich den Napf normalerweise hinstellte. Ich drückte den pinkfarbenen Knopf, um »Wasser« zu sagen, und stellte den Wassernapf dann direkt neben ihre Futterschüssel.

Da Kinder normalerweise zuerst Wörter sagen, für die sie bereits Gesten haben, war die Einführung von »Spielen« und »Wasser« für Stella sinnvoll. Denn sie benutzte bereits Gesten für diese beiden Konzepte, indem sie ihre leere Wasserschüssel mit der Pfote anstupste. Auch ihre Spielsachen tapste sie an und schaute anschließend zu mir hoch oder lenkte meine Aufmerksamkeit durch Blicke auf ein bestimmtes Spielzeug, das ich aufheben sollte. Ich konnte es kaum erwarten herauszufinden, ob Stella die gleiche Gesten-zu-Wort-Progression zeigen würde wie kleine Kinder.

Da wir nun mit drei Knöpfen statt einem arbeiteten, kam Stella in den nächsten Tagen viel mehr mit Sprache und mit ihrem AAC-System in Berührung als vorher. Jedes Mal, wenn wir an Stellas Näpfen vorbeigingen und sahen, dass sie Wasser trank, sagten wir »Wasser« und drückten im Vorbeigehen auf den entsprechenden Knopf. Jake jagte Stella um den Esszimmertisch und blieb dann kurz stehen, um auf »Spielen« zu drücken, bevor es in die nächste Runde ging. Oder ich hob Stellas Spielzeugkorb hoch und drückte jedes Mal auf »Spielen«, wenn ich ein neues Spielzeug herausholte. Bevor wir mit Stella spazieren gingen, drückten wir auf »Raus«. Als meine Freundin Grace zum Mittagessen zu uns kam, drückten wir während des Essens immer wieder Stellas Knöpfe für »Spielen« oder »Raus«, je nachdem, was gerade zur jeweiligen Situation passte. Stella hörte also nun jeden Tag dieselben wenigen Wörter von mehreren Personen in verschiedenen Zusammenhängen.

Kleine Erfolge zu feiern spielt bei der Arbeit eines Logopäden eine wichtige Rolle. Signifikante Veränderungen in der Kommunikation brauchen Zeit. Auf dem Weg zu einem neuen Meilenstein gibt es immer wieder viele kleine Schritte, die uns zeigen, dass wir auf dem richtigen Weg sind. Wenn wir diese Erfolge feiern, ermutigen wir das Kind damit, es weiterhin zu versuchen, und inspirieren auch sein Behandlungsteam und seine Eltern dazu, weiter mit ihm zu arbeiten. Ungefähr anderthalb Wochen nachdem wir Stella mit den Knöpfen bekannt gemacht hatten, erlebten wir unseren ersten kleinen Erfolg. Ich holte gerade einen Snack aus dem Kühlschrank, und als ich mich umdrehte, sah ich, wie Stella an der Hintertür stand und den »Raus«-Knopf betrachtete – und zwar völlig unaufgefordert, ohne dass ich ihn zuvor benutzt, darauf gezeigt oder »Raus« gesagt hatte. Sie schaute ganze fünf Sekunden lang auf den Knopf hinunter. Ich schloss die Kühlschranktür und hockte mich neben sie.

»Ja! Braves Mädchen, Stella«, sagte ich und streichelte ihren Kopf. Stella wedelte mit dem Schwanz und leckte mir das Gesicht ab. Sie war ganz aufgeregt, als ich ihr sagte, dass sie ihre Sache gut gemacht hatte. »Raus«, sagte ich verbal und drückte dabei gleichzeitig auf den Knopf. »Komm raus.« Dieses Mal beobachtete Stella mich genau, als ich auf den Knopf drückte.

Ich konnte zwar nicht erkennen, was in Stellas Kopf vorging, als sie vor dem Knopf stand und ihn ansah. Vielleicht wollte sie meine Aufmerksamkeit erregen, damit ich mit ihr nach draußen ging, oder sie war einfach nur neugierig auf diesen Gegenstand, der da auf dem Boden lag. Wie auch immer – es war mir egal. Mein Lob zeigte Stella jedenfalls, dass ich mit ihrem Verhalten zufrieden war, was sie hoffentlich dazu bringen würde, sich auch in Zukunft weiter mit ihren Knöpfen zu beschäftigen.

Als wir wieder hineingingen, rannte Stella durchs Haus und kramte in ihrem Spielzeugkorb. Sie zog ihr gelbes Lieblingsspielzeug heraus, warf es in die Luft und ließ es dann direkt vor meine Füße fallen. Daraufhin drückte ich auf den »Spielen«-Knopf.

Stella legte den Kopf schief und betrachtete den Knopf.

Das war das zweite Mal hintereinander, dass sie die Knöpfe irgendwie wahrzunehmen schien.

Statt Stella in solchen Augenblicken zu einer weiteren Beschäftigung mit ihren Sprachknöpfen zu drängen, lobte ich sie dafür, dass sie überhaupt Interesse daran zeigte, und führte ihr die Benutzung der Knöpfe immer wieder vor. Fast zwei Wochen lang hatte Stella gar nicht bemerkt, dass wir immer wieder auf ihre Knöpfe drückten; vielleicht war ihr nicht einmal aufgefallen, dass sie da waren. Bis jetzt hatte sie alle anderen Gegenstände in ihrem Umfeld erkundet – nur die Knöpfe nicht. Ich hoffte, dass sie sich in Zukunft noch mehr dafür interessieren würde.

Leider hatte Stella nach zwei Wochen, in denen wir in fast allen passenden Situationen immer wieder auf ihre Sprachknöpfe gedrückt hatten, höchstens zwei der Knöpfe angeschaut, sie anschließend aber wieder ignoriert und zeigte auch sonst keinerlei Anzeichen für einen Fortschritt. *Wie lange soll ich noch so weitermachen?*, fragte ich mich. Wir wissen, dass alle Kinder irgendwie sprechen lernen, egal wie lange es dauert. Bei Kindern stellt man sich also gar nicht erst die Frage, ob man aufgeben soll oder nicht. Bei Hunden dagegen wissen wir nicht so viel über diesen Prozess des Spracherwerbs. *Vielleicht dauert das Monate? Und werden die Erfolge, die ich damit erziele, den Zeitaufwand überhaupt wert sein? Oder werde ich mit meinen Bemühungen niemals weiterkommen?*

Vielleicht ist das der Grund, warum es keine wissenschaftlichen Untersuchungen zum Einsatz von unterstützter Kommunikation bei Hunden gibt. Vielleicht hören die Ähnlichkeiten zwischen der Sprachkompetenz von Hunden und Menschen genau an diesem Punkt auf – beim Verstehen von Wörtern und der Umschreibung von Konzepten durch Gesten. In den nächsten Tagen führte ich Stella ihre Wörter nicht mehr so oft vor wie am Anfang: Jetzt sagte ich nur noch ein Mal: »Spielen«, »Raus« oder »Wasser«, und drückte dann auf den entsprechenden Knopf. Aber ich wiederholte das nicht mehr so oft und präsentierte ihr die Wörter auch nicht mehr in jeder dazu passenden Situation. Manchmal, wenn Stella es besonders eilig hatte, lief ich mit ihr nach draußen, ohne vorher auf den »Raus«-Knopf zu drücken. Oder ich füllte zwischendurch schnell ihren Wassernapf auf, ohne sie vorher das Wort »Wasser« hören zu lassen. Denn inzwischen rechnete ich nicht mehr mit Fortschritten und nahm mir vor, es einfach als positive Überraschung zu betrachten, falls sich bei Stella in dieser Hinsicht doch noch irgendetwas tun sollte. Ich gab meine Bemühungen, ihr das Sprechen beizubringen, zwar nicht völlig auf, aber es hatte nicht mehr die oberste Priorität für mich. *Wenn sie tatsächlich irgendwann mal auf einen Knopf drückt – fantastisch. Aber wenn nicht, ist das auch nicht so schlimm,* so dachte ich inzwischen.

In seinem Buch *Denke nach und werde reich* erzählt Napoleon Hill die berühmte Geschichte von einem Mann namens Mr Darby, der in der Zeit des Goldrauschs nach Gold schürfte. Er fand eine Goldader ganz nah unter der Erdoberfläche, fuhr nach Hause, um das Geld für die Maschinen zum Abbau zu besorgen, und kehrte dann zu der Mine zurück.

Er förderte das sichtbare Gold – beinah so viel, um den Leuten, die ihm Geld für die Maschinen geliehen hatten, alles zurückzuzahlen. Nach seinen Berechnungen sollte es weiter unten noch viel mehr Gold geben. Er grub und bohrte, grub und bohrte, aber es war kein Gold mehr zu finden. Da gab Mr Darby die Suche auf, verkaufte seine Maschinen und kehrte nach Hause zurück. Doch der Mann, der Mr Darby seine Ausrüstung abgekauft hatte, grub an einer anderen Stelle noch ein Stückchen weiter und entdeckte eine reiche Goldader, die ihm Millionen Dollar einbrachte. Mr Darby hatte aufgegeben – nur einen knappen Meter von einem lebensverändernden Goldfund entfernt.[15] Einer der Hauptgründe, warum Menschen scheitern, ist laut Hill die Tatsache, dass der erste Misserfolg solch einen Unmut verursacht, dass man aufhört, es überhaupt zu versuchen. Ein Fehler, vor dem man nicht genug warnen kann.[16]

Ein paar Tage später, zu Beginn der dritten Woche unseres Knopf-Experiments mit Stella, hatte ich ihr den ganzen Tag über noch kein einziges Wort vorgeführt. Stella saß auf der Couch auf meinem Schoß, sprang dann hinunter und trottete in die Küche.

Ich folgte ihr bis zur Hintertür, wo sie stehen blieb. Stella schaute auf den »Raus«-Sprachknopf hinunter, dann zu mir hoch und wieder auf den Knopf. Diesmal war ihr Blick unmissverständlich: Sie wollte mir damit sagen, dass ich auf den Knopf drücken sollte – so ähnlich wie damals, als sie mich mit Blicken aufforderte, ihr die Treppe hinaufzuhelfen. Ich drückte sofort mit dem Fuß auf »Raus« und lief mit ihr in den Hinterhof, wobei ich sie ständig lobte. Stella hockte sich hin und machte Gassi, sobald ihre Pfoten das Gras berührten.

Wenn Kinder lernen, ihre AAC-Geräte zu benutzen, greifen sie oft nach meiner Hand und drücken damit auf ein Symbol. Meiner Erfahrung nach kommt dieser Entwicklungsschritt immer kurz bevor ein Kind mit seinen eigenen Fingern auf einen Sprachknopf drückt; offenbar braucht das Kind zu diesem Zeitpunkt noch ein bisschen Hilfe, bevor seine Hand selbst den Weg zum Ziel findet. Ganz ähnlich hatte Stella sich soeben verhalten. Nach ihrem auffordernden Blick war mein Enthusiasmus wieder aufs Neue geweckt. Unsere kleine Hundedame wusste also, dass ich bisher immer den »Raus«-Knopf gedrückt hatte, bevor ich mit ihr nach draußen ging! Und als sie nun Gassi gehen musste, lenkte sie meine Aufmerksamkeit auf den Knopf, um mich über ihr Bedürfnis zu informieren.

Als ich am nächsten Tag von der Arbeit nach Hause kam, saß Jake in der Küche und lächelte. »Du hattest recht, sie nimmt die Knöpfe jetzt tatsächlich wahr«, sagte er.

»Wieso? Was macht sie denn? Habe ich irgendwas verpasst?«

»Warte eine Minute, gleich wirst du es selbst sehen.«

Ich setzte mich auf den Küchenboden und ließ Stella auf meinem Schoß herumkrabbeln. Das war immer meine größte Freude, wenn ich nach einem langen Arbeitstag nach Hause kam. »Hallo, mein Mädchen, schön, dich zu sehen!« Ich küsste Stella zwischen ihren Ohren auf die Stirn und stand auf. Stella lief in der Küche hin und her, schnüffelte unter den Schränken herum, und nach ein paar Minuten trottete sie zu ihrem »Raus«-Knopf und schaute ihn unverwandt an. Als nichts passierte, ging Stella dreimal daran vorbei. Dann stellte sie sich wieder davor, duckte ihren Oberkörper, bellte den Knopf an und schaute anschließend zum Türknauf hinüber.

»Das hat sie heute schon drei- oder viermal gemacht. Immer wenn ich auf den Knopf drücke, wedelt sie mit dem Schwanz und beobachtet mich so lange, bis ich ihr die Tür aufmache.«

Stella kombinierte also gleich mehrere Gesten mit einer Lautäußerung! Das ist sogar noch beeindruckender als die Kombination einer einzelnen Geste mit einer Lautäußerung (was bei Kindern normalerweise direkt vor dem Aussprechen eines Wortes passiert). Das erinnerte mich ans Scharadespielen: Dabei denkt man sich alle möglichen Gesten für ein Wort aus, ohne es jedoch auszusprechen. Vielleicht waren wir ja tatsächlich nur noch einen knappen Meter von unserem Ziel entfernt. Vielleicht brachten unsere Bemühungen uns jetzt endlich weiter!

Tipps und Tricks für das Sprachtraining Ihres Hundes

- **Erzählen Sie Ihrem Hund in einzelnen Wörtern und kurzen Sätzen, was in seinem Umfeld passiert.** Sprechen Sie darüber, was Ihr Hund gerade tut, was Sie gerade tun oder was gleich passieren wird.

- **Wiederholen Sie Ihre Äußerungen.** Versuchen Sie, ein Wort mindestens fünf- bis zehnmal zu sagen, bevor Sie zu etwas anderem übergehen. Je öfter Ihr Hund ein Wort im richtigen Kontext hört, umso schneller erlernt er seine Bedeutung.

- **Programmieren Sie Wörter in Ihr Gerät ein, die im Alltag Ihres Hundes häufig vorkommen und für sein Leben relevant sind.** Denken Sie daran, dass ein allgemeiner Begriff wie »spielen« häufiger vorkommt und für seinen Spracherwerb wertvoller ist als der Name eines bestimmten Spielzeugs.

- **Knüpfen Sie Ihre Lektionen an typische Aktivitäten Ihres Hundes.** Bevor Sie mit ihm Gassi oder spazieren gehen, ihn füttern, mit ihm spielen, ihm Wasser geben oder ihn am Bauch kraulen, nehmen Sie sich kurz Zeit, um ihm mehrmals zu sagen, was Sie gerade tun.

- **Nutzen Sie sowohl verbale Sprache als auch die Sprachknöpfe, um mit Ihrem Hund zu reden.** Immer wenn Sie auf einen Knopf drücken, um ein Wort zu sagen, zeigen Sie ihm dadurch, wie man diesen Knopf richtig benutzt.

- **Bringen Sie Ihrem Hund gleich von Anfang an mehrere Wörter bei.** Je mehr Sie ihm zeigen, umso mehr lernt er.

- **Achten Sie auf kleine Veränderungen darin, wie Ihr Hund mit den Knöpfen umgeht, darauf reagiert und damit kommuniziert.** Wahrscheinlich wird er nicht von heute auf morgen lernen, mithilfe von AAC richtig zu kommunizieren. Das ist sowohl bei Menschen als auch bei Hunden so und völlig normal. Achten Sie auf kleine Meilensteine – zum Beispiel, wenn Ihr Hund die Knöpfe anschaut, Sie bei ihrer Benutzung beobachtet, neben den Knöpfen steht oder sie anbellt. Loben Sie ihn jedes Mal, wenn Sie sehen, dass er sich mit den Knöpfen beschäftigt.

KAPITEL 6

Wir reden miteinander!

Stella hatte sich in diesem ersten Monat, seit wir sie adoptiert hatten, schon sehr verändert. Sie war etliche Zentimeter größer geworden und hatte gelernt, die Treppe hinauf- und hinunterzulaufen. Außerdem schlief sie jetzt die ganze Nacht durch, ohne dass Jake neben ihrem Zwinger lag, hatte ein paar Welpenkameraden gefunden und fing allmählich an, zu jedem unserer Freunde eine andere Beziehung aufzubauen. Stella interessierte sich ungeheuer für Menschen. Sie begrüßte jeden, der in unser Haus kam, mit freudigem Schwanzwedeln, bei dem ihr ganzer Körper mitwackelte, und ließ sich dann auf den Schoß des Besuchers fallen in der Hoffnung, dass er ihr den Bauch kraulen würde. Sie beobachtete uns ganz genau und verfolgte all unsere Bewegungen. Jake, unsere Freunde und ich fanden es sehr interessant zu beobachten, wie Stella mit jedem von uns ein bisschen anders umging.

Wenn unsere temperamentvolle Freundin Jenna zu Besuch kam, die gern mit unserer Hündin spielte, geriet Stella zum Beispiel völlig aus dem Häuschen: Sie rannte wie wild im Kreis herum und forderte Jenna auf, ihr hinterherzujagen, indem sie ihren Oberkörper auf den Boden duckte und dann wegrannte. Wenn Jenna sich auf den Boden setzte, kletterte Stella auf sie drauf und küsste ihr das Gesicht ab. Aber jedes Mal, wenn unsere sanfte, ruhige Freundin Alex vorbeikam, schmiegte Stella sich in ihre Arme und sah ungeheuer glücklich aus. Und wenn Jenna und Alex gleichzeitig bei uns zu Besuch waren, lachten wir uns alle fast kaputt darüber, wie Stella abwechselnd die wilde und die zärtliche Seite ihrer Persönlichkeit zeigte: Sie setzte sich neben Alex und leckte ihr liebevoll die Hand; dann sprang sie zu Jenna hinüber, bellte und rannte zu ihrem Spielzeugkorb. In ihrem Inneren prallten zwei Welten aufeinander. Wenn ich unsere Hündin bei diesem Verhalten beobachtete, erinnerte mich das an die Partys, bei denen Freunde aus verschiedenen Bereichen meines Lebens am selben Ort versammelt waren; auch da kamen immer wieder verschiedene Seiten meines Charakters zum Vorschein, je nachdem, mit wem ich gerade zu tun hatte.

Genauso war es auch bei Wrigley gewesen: Sie verstand es hervorragend, Menschen zu durchschauen und ihr Energieniveau an die verschiedenen Charaktere in ihrem Umfeld anzupassen. Als ich noch ein schmächtiges elfjähriges Mädchen war, ließen meine Eltern mich bei Spaziergängen nur ungern Wrigleys Leine halten; denn sie war sehr kräftig und strotzte nur so vor Energie, zog ständig an ihrer Leine und hätte mich leicht umwerfen können, falls es ihr plötzlich einfallen sollte, einem Eichhörnchen hinterherzujagen. Doch zum großen Erstaunen unserer ganzen Familie passierte genau das Gegenteil: Wrigley lief plötzlich langsamer und ging die ganze Zeit bei Fuß, wenn ich ihre Leine hielt. Sie wusste, dass sie sanfter mit mir umgehen musste. Etwas ganz Ähnliches geschah, als Wrigley ein Wochenende im Haus meiner Großeltern verbrachte, weil wir verreist waren. Damals ging mein Großvater auf einen Angelausflug und ließ Wrigley eine Nacht lang allein bei meiner Großmutter. Die Hündin hatte schon oft im Haus meiner Großeltern übernachtet und schlief dann immer in ihrem eigenen Bett im Wohnzimmer; doch in dieser Nacht nahm Wrigley vor dem Schlafengehen ihr Bettchen ins Maul und zog es bis zu der Tür, die zum Schlafzimmer meiner Oma führte. Dort blieb sie die ganze Nacht und bewachte meine Großmutter. Unsere ganze Familie staunte darüber, wie genau Wrigley ihr Umfeld wahrnahm und wie sie ihr Verhalten aus eigenem Antrieb daran anpasste.

In den ersten vier Wochen, die Stella bei uns lebte, entfaltete sich ihre Persönlichkeit von Tag zu Tag mehr. Sie hielt sich zwar gern bei Jake und mir auf, war aber auch sehr eigenständig und neugierig. Sie war folgsam und intelligent, zeigte jedoch keinen blinden Gehorsam gegenüber unseren Wünschen. Fremden gegenüber verhielt sie sich freundlich und aufgeschlossen, stand aber vielen neuen Gegenständen oder Geräuschen skeptisch gegenüber. Mir wurde klar, dass es schwierig war, Stella mit nur ein oder zwei Adjektiven zu beschreiben. Aber ich kann ja auch nicht den ganzen Charakter eines Freundes oder Familienangehörigen in nur wenigen Worten vollständig schildern. Stella ist eine vielschichtige Persönlichkeit, so wie wir alle. Wenn Freunde oder Familienmitglieder, die Stella noch nicht kannten, fragten, was für ein Hund sie denn sei, gab es eigentlich nur ein Wort, mit dem ich ihr Wesen kurz und knapp beschreiben konnte: »temperamentvoll«.

Nun, da Stella sich plötzlich für ihre Sprachknöpfe interessierte, führte ich ihr die Wörter wieder jeden Tag vor, und zwar bei fast jeder Gelegenheit. Jetzt wirkte sie nicht mehr geistesabwesend, wenn ich auf einen Knopf drückte und das dazugehörige Wort sagte, sondern beobachtete aufmerksam, wie ich mit dem Fuß oder der Hand ihre Sprachknöpfe aktivierte. Sie wedelte mit dem Schwanz und schaute zur Tür, zum Wassernapf oder zu einem Spielzeug – je nachdem, welches Wort ich gerade benutzte. Allmählich schien sie zu begreifen. Ich hatte das Gefühl, an den Bewegungen ihres Kopfes, ihrem Gesichtsausdruck und ihrem Schwanzwedeln genau zu erkennen, wie sie sich die Bedeutungen der Knöpfe zusammenreimte. Inzwischen fragte ich mich nicht mehr, ob es wohl Monate dauern würde, bis Stella einen ihrer Knöpfe selbstständig benutzen konnte, oder ob sie überhaupt jemals sprechen lernen würde. Stattdessen verhielt ich mich so, als ob dieser Meilenstein unweigerlich eines Tages eintreten musste; denn das war der nächste logische Schritt in ihrer Entwicklung.

Eines Tages, als Jake und ich zu Abend aßen, lag Stella im Wohnzimmer auf dem Boden und kaute auf ihrem Spielseil herum. Wir saßen so, dass wir sie im Blick hatten, um sicherzugehen, dass sie keinen Unsinn anstellte. Plötzlich ließ Stella ihr Spielzeug auf den Boden fallen, stand auf und begann in Richtung Küche zu laufen. An unserem Esszimmertisch angekommen hielt sie kurz inne und nahm Blickkontakt mit uns auf. Sobald sie unsere Aufmerksamkeit geweckt hatte, lief sie weiter – wie ein kleines Kind, das sich vergewissert, ob seine Eltern ihm auch wirklich zuschauen, bevor es etwas Neues ausprobiert. Jake und ich lehnten uns über den Tisch, um sie durch die geöffnete Tür beobachten zu können. Stella blieb vor dem »Raus«-Knopf stehen und schaute nach unten wie ein Kind, das an der vordersten Kante eines Sprungbretts steht und sich überlegt, ob es den Sprung ins Wasserbecken wagen soll. Dann hob sie ihre rechte Pfote. Ich hielt den Atem an. Stella tapste mit der Pfote nach dem Knopf und verfehlte ihn um ungefähr 15 Zentimeter. Jake und ich warfen uns einen Blick zu und sprangen auf.

»Braves Mädchen, Stella«, sagte ich auf dem Weg in die Küche. »Du schaffst es! Braves Mädchen.«

Stella wedelte mit dem Schwanz und hob wieder die Pfote. Sie schlug dreimal hintereinander zu und verfehlte den Knopf bei jedem Versuch erneut um 15 Zentimeter. »Ja, du bist ganz nah dran! Da ist er.« Ich zeigte auf den Knopf in der Hoffnung, ihr mit diesem kleinen Hinweis weiterhelfen zu können.

Bei der unterstützten Kommunikation arbeitet man sich am besten sukzessive von der kleinsten bis zur größten Hilfestellung vor.[17] Wissenschaftler haben eine Hierarchie dafür entwickelt: Man beginnt mit der einfachsten Hilfestellung (zum Beispiel, indem man dem Schüler mindestens zehn Sekunden mehr Zeit zum Überlegen gibt) und geht dann dazu über, auf das Gerät zu zeigen oder es anzutippen. Wenn der Schüler immer noch nicht darauf reagiert, führt man ihm das Wort erneut vor. Ich empfehle, niemals den

Finger eines Kindes zu führen, um ihm die Suche nach der richtigen Taste abzunehmen, oder die Pfote eines Hundes zu ergreifen und damit auf den gewünschten Knopf zu drücken. Das wäre das Gleiche, wie wenn man einem Menschen die Wörter aus dem Mund nehmen wollte, was unmöglich ist. Schüler, die mit unterstützter Kommunikation arbeiten, sollten ihre Worte ebenso frei wählen dürfen wie jeder andere.

Mit den einfachsten Methoden zur Anregung der Kommunikation zu beginnen und dem Schüler dann bei Bedarf nach und nach immer weiter auf die Sprünge zu helfen ist viel sinnvoller, als ihm gleich von Anfang an zu viel Hilfestellung zu geben. Denn dadurch wird er womöglich von der Hilfe des Lehrers abhängig und wartet darauf, dass dieser ihm vorgibt, wann er ein bestimmtes Wort sagen soll, statt eigenständig kommunizieren zu lernen. Wenn man dem Schüler dagegen möglichst wenig Hilfestellung gibt, schafft man eine solide Grundlage für einen eigenständigen, funktionalen Sprachgebrauch.

Stella blickte zu mir hoch und dann wieder zu Jake hinüber. *Soll ich gleich mit ihr rausgehen oder ihr ein bisschen mehr Zeit geben, damit sie es noch mal versuchen kann?*, fragte ich mich. Sie war jetzt schon so nah dran. Ich wollte nicht gleich mit ihr in den Garten rennen und diese wertvolle Lernchance vertun. Andererseits wollte ich sie darin bestätigen, dass sie kurz davor war, den richtigen Knopf zu drücken. Das Unterrichten von Sprache ist wie ein Tanz – eine ständige Suche nach dem goldenen Mittelweg zwischen ausreichender geistiger Verarbeitungszeit und schneller Reaktion, zwischen dem Loben des Schülers bei Fortschritten und dem Drängen auf die Erreichung des nächsten Meilensteins, zwischen zu viel und zu wenig Hilfe. Selbst wenn Sie alle Strategien und Hilfsmittel kennen, ist die Entscheidung, welche Sie von Fall zu Fall ausprobieren sollen, eine Kunst, in der man sich nur durch Übung und gründliches Nachdenken verbessern kann.

»Da, Stella, da«, sagte ich und tippte auf den Knopf. Stella kam langsam zu mir herüber, hockte sich hin und machte direkt neben dem Knopf eine Pfütze. Jake kam herbeigelaufen, um Stella auf den Arm zu nehmen und in den Garten zu bringen.

»Tja, das war zu 100 Prozent unsere Schuld und nicht Stellas«, seufzte ich. *Warum hatte ich unbedingt gleich alles erreichen wollen?*

Auch wenn Stellas Versuch, »Raus« zu sagen, danebengegangen war und sie ihr Geschäft schließlich doch auf dem Küchenfußboden verrichtet hatte, war das alles doch ein gutes Zeichen gewesen. Stella hatte uns gezeigt, dass sie die Knöpfe nicht nur wahrnahm, sondern zumindest anfing, ihren Zweck zu verstehen: Wenn sie Gassi gehen musste, teilte sie uns das mit, indem sie zu dem Knopf hinüberlief und ihn zu drücken versuchte. Sie zeigte also eine eindeutige Kommunikationsabsicht. Dass Stella inzwischen versuchte, in einem so passenden Kontext von sich aus »Raus« zu sagen, war ein großer Fortschritt. Mir war es egal, wenn unser zwölf Wochen alter Welpe noch nicht so gut zielen konnte. Ich freute mich darüber, dass sie wusste, was sie zu tun hatte, wenn sie rausmusste.

In der Nacht darauf schüttelte Jake mich an der Schulter,

um mich aufzuwecken. Ich hatte mich tief unter meiner Bettdecke vergraben. »Christina, Christina, wach auf. Stella hat ihr erstes Wort gesagt!«, rief er.

»Was?« Schlaftrunken tastete ich nach dem Nachttisch, um die Lampe einzuschalten. Es war Viertel nach elf. Offenbar hatte ich erst seit ungefähr einer halben Stunde geschlafen.

Aufgeregt hielt Jake mir das Display seines Handys vors Gesicht. »Hier, ich habe alles für dich mitgeschrieben«, sagte er. »Oder warte, ich lese es dir lieber vor.« Er riss mir das Handy wieder aus der Hand.

Ich konnte mir ein Lächeln nicht verkneifen, als ich mich in unserem Bett aufsetzte und Jake mir die wunderbarste Gutenachtgeschichte erzählte, die ich in meinem Erwachsenendasein je gehört hatte. Nachdem er sich ein bisschen beruhigt hatte, begann er:

> »Stella war am 30.4.2018 um 23.00 Uhr wach und strotzte vor Energie. Sie trottete zur Küchentür und setzte sich davor; also stand ich auf, wartete und schaute sie an. Sie saß ganz geduldig da und blickte abwechselnd zur Tür und zu mir. Nach ungefähr dreißig Sekunden (ohne zu winseln oder zu bellen) sah sie mich an, wurde ein bisschen unruhig und schaute dann auf den Knopf. Sie hob ihre Pfote und schlug damit auf den Knopf! Ich war so geschockt, dass ich gar nicht wusste, was ich sagen sollte. Stella drückte den Knopf gleich noch ein zweites Mal und schaute dann erwartungsvoll zu mir hoch. Ich öffnete die Tür, lobte sie dabei die ganze Zeit, und sie lief sofort raus und pinkelte! Wir sind insgesamt fünf Minuten draußen

> geblieben, und sie hat dabei auch gleich noch ein Häufchen gemacht! Dann gingen wir wieder rein. Kaum waren wir zwei Minuten drinnen, ging sie wieder zur Tür, bellte und tapste mit der Pfote nach dem Knopf! Also habe ich sie noch einmal nach draußen gebracht, und sie rannte im Garten herum. Sie hatte einfach zu viel Energie, um schlafen zu gehen. Stella macht so große Fortschritte, ich bin wahnsinnig stolz auf sie!«

Begeistert fiel ich Jake um den Hals. An diesem Abend war ich auf ihn genauso stolz wie auf unsere Hündin. Denn er hatte wirklich alles richtig gemacht – und das ohne jede logopädische oder pädagogische Erfahrung. Das hier war völliges Neuland für ihn. Es war schon spätnachts, und Jake hätte Stella einfach nur kurz rauslassen können, damit sie noch ein letztes Mal ihr Geschäft machen konnte. Stattdessen war er ungeheuer geduldig: Er gab Stella die Zeit und die Chance, selbst zu sagen, was sie wollte, und reagierte genau richtig auf ihre Kommunikation, indem er Begeisterung zeigte, mit ihr rausging und sie sich austoben ließ. Ich wünschte, ich wäre an diesem Abend noch ein halbes Stündchen länger wach geblieben, um das persönlich mitzuerleben. Vor allem aber war ich sehr froh darüber, dass Jake das ehrfürchtige Staunen erleben durfte, das einen überkommt, wenn man einem anderen Geschöpf bei der Entwicklung einer neuen Fähigkeit zusieht und weiß, dass man ihm dabei geholfen hat. Es gibt kaum ein schöneres Gefühl!

Als ich am nächsten Abend von der Arbeit nach Hause kam, war ich fest entschlossen, Stella mit eigenen Augen

»Raus« sagen zu sehen. Jake zufolge hatte sie dieses Wort seit gestern Abend kein zweites Mal mehr gebraucht. Nach dem Abendessen führte ich Stella ungefähr eine halbe Stunde lang immer wieder das Wort »Raus« vor und ging dann mit ihr zum Spielen in den Hof. Und jedes Mal, wenn ich dieses Wort aussprach, schaute Stella mit schräg gelegtem Kopf und verwirrtem Gesichtsausdruck zu mir hoch. Wir waren noch nie so oft hintereinander draußen gewesen wie an diesem Abend!

Bei meiner Arbeit bringt es mich immer wieder fast zum Wahnsinn, wenn Eltern krampfhaft versuchen, ihr Kind zu einem bestimmten Zeitpunkt zu einer bestimmten Äußerung zu bewegen, nur um mir etwas zu beweisen. Dann sage ich ihnen stets in freundlichem, beruhigendem Ton: »Okay, okay. Ich glaube Ihnen. Ich bin sicher, er/sie wird das Wort sagen, wenn es für ihn/sie sinnvoll ist«, und versuche das Gespräch auf ein anderes Thema zu lenken. Doch jetzt wurde mir klar, dass ich mich genau zu dem gleichen Verhalten verleiten ließ, das mir bei den Eltern meiner Patienten immer so auf die Nerven ging. Stella würde schon wieder »Raus« sagen, wenn es für sie sinnvoll beziehungsweise erforderlich war. Jeder Kommunikation liegt eine freie Entscheidung zugrunde.

Ich setzte mich zu Jake auf die Wohnzimmercouch und versuchte, mich mit einer Folge der Serie »Das Büro« (»The Office«) abzulenken. Stella spielte mit einem Plüschbären; dann schlüpfte sie aus dem Wohnzimmer in die Küche. Mir fiel erst auf, dass sie weg war, als ich ein einzelnes hohes Bellen hörte, das Stella normalerweise anstimmte, um uns zu rufen, wenn sie unsere Aufmerksamkeit wecken wollte. Als ich in die Küche kam, lief Stella vor ihrem Knopf hin und her, drehte sich zu mir um und schaute dann auf den Knopf hinunter. Ich wartete ein paar Sekunden, um zu sehen, ob sie aus eigenem Antrieb »Raus« sagen würde. Doch Stella lief nur zu mir hinüber und dann wieder zu ihrem Knopf zurück.

»Raus?«, fragte ich.

Stella bellte.

Ich ging zu dem Knopf und tippte die Oberseite leicht mit dem Zeh an, um ihr zu zeigen, was sie als Nächstes tun könnte. Stella schaute mir in die Augen, trottete dann ebenfalls zu dem Knopf, hob die Pfote und drückte darauf.

»Ja, komm, lass uns rausgehen.« Ich öffnete die Tür, und bevor ich zu Stella in den Hinterhof hinausging, rief ich Jake zu: »Sie hat es schon wieder gesagt!«

Prompt hockte Stella sich ins Gras und verrichtete ihr Geschäft. Es war genau so, wie ich vermutet hatte: Sie wartete, bis es für sie sinnvoll war, »Raus« zu sagen. Das war sehr viel eindrucksvoller und befriedigender, als wenn sie das Wort einfach nur gesagt hätte, um mir einen Gefallen zu tun. Jake und ich feierten diesen nächsten Kommunikationserfolg, indem wir Stella um den Verandatisch herumjagten. Nach ein paar Runden fiel ihr auf, dass ich die Tür offen gelassen hatte, und sie tippelte in die Küche zurück. Als ich ihr folgte, drehte sie sich zu mir um, schaute mir wieder in die Augen und sagte noch zweimal hintereinander: »Raus.« Dann hüpfte sie wieder die Treppe hinunter, um weiter mit Jake draußen im Hof zu spielen.

Stella entdeckte gerade, was sie alles konnte. »Das ist wirklich unglaublich«, sagte ich.

Ich war außer mir vor Freude darüber, dass Stella jetzt insgesamt fünfmal »Raus« gesagt hatte, als sie Gassi gehen musste oder draußen herumlaufen und spielen wollte. Es verblüffte mich, wie absichtsvoll sie mit uns kommunizierte – wenn das auch nur aus einem ziemlich banalen Anlass geschah. Sie drückte nicht einfach nur auf einen Knopf und ging dann weg, sondern brachte ihren Wunsch hinauszugehen zuerst durch Bellen, dann durch Blickkontakt und schließlich dadurch zum Ausdruck, dass sie neben dem Knopf hin und her lief. Dann ging sie von dieser rein gestischen Verständigung dazu über, direkt vor meinen Augen ein Wort zu gebrauchen. Das Wörtchen »Raus« war gewissermaßen das Sahnehäubchen auf einem bereits randvollen Kommunikations-Eisbecher.

Einen Monat lang hatte Stella uns zugehört und beobachtet, wie wir »Raus« sagten. Durch unser Vorbild lernte sie, was nach diesem Wort immer gleich passierte. So wirkungsvoll ist die Arbeit mit kleinen Hinweisen und das Vorführen von Wörtern in passenden Situationen! Ein Wort zu kennen und zu wissen, *wie man es benutzt*, sind zwei völlig verschiedene Fähigkeiten. Ich fand es sehr ermutigend zu sehen, dass Stella das Wort »Raus« bisher immer nur in sinnvollen Kontexten gebraucht hatte. Daraus irgendwelche Schlussfolgerungen zu ziehen war zwar noch sehr verfrüht; aber ich war trotzdem gespannt, was als Nächstes passieren würde. *Wird sie diese Fähigkeit auch beibehalten? Oder wird sie das Interesse daran verlieren, nachdem sie heraus-*

gefunden hat, worum es dabei geht?, fragte ich mich. Würde Stella ihren »Raus«-Knopf von jetzt an für alle ihre Wünsche oder Bedürfnisse benutzen, oder würde sie seine Bedeutung von anderen Wörtern unterscheiden können? Und würde sie nun auch bald anfangen, ihre anderen Wörter zu sagen, oder würde das noch einen weiteren Monat dauern?

Zu meinem Erstaunen erfuhr ich die Antworten auf einige dieser Fragen viel schneller, als ich erwartet hatte. Glücklich und außer Atem von der Verfolgungsjagd auf dem Hinterhof kehrten Stella, Jake und ich ins Wohnzimmer zurück. Stella mit ihrer unerschöpflichen Energie war aber immer noch nicht müde, sondern steckte die Nase in ihren Spielzeugkorb. Ich rief ein paarmal: »Spielen!«, während sie nach dem gewünschten Spielzeug suchte.

Stella holte einen Ball aus dem Korb und blieb regungslos stehen. Sie schaute zu mir hinüber (ich hatte mich inzwischen auf die Couch gesetzt), dann wieder nach unten und hielt den Ball dabei immer noch im Maul. Mit selbstbewusstem Schwung schlug sie mit ihrer Pfote auf den »Spielen«-Knopf.

»Warst du das?«, fragte Jake.

»Nein, das war *sie*«, lächelte ich. »Spielen? Ja, komm spielen. Braves Mädchen!« Ich sprang auf und ließ Stellas Ball quer durchs Zimmer springen. Ein paar Minuten später sagte Stella wieder: »Spielen«, nachdem sie ihren Ball fallen gelassen und ihr Spielseil aufgehoben hatte.

Nachdem ich wochenlang mit Stella geredet, ihr Wörter vorgeführt und ihre Kommunikationsmuster beobachtet hatte, sprachen sie und ich in dieser Nacht zum ersten Mal dieselbe Sprache.

Stella hatte zunächst einmal eine Phase des Sprach-Inputs gebraucht, in der sie – wie alle Kinder – Wörter hören und sehen musste, bevor sie in die Sprach-Output-Phase eintreten konnte. Nun, da wir es bis hierher geschafft hatten, war ich so begeistert, dass ich kaum noch Augen und Ohren für irgendetwas anderes hatte. Ich klappte meinen Laptop auf und tippte die Einzelheiten ihrer Kommunikationsereignisse ein. Denn ich wollte mich mein Leben lang an diese Nacht erinnern – an das erste Mal, als mein Welpe in menschlicher Sprache mit mir redete.

Ein paar Tage nachdem Stella ihre ersten zwei Wörter gesagt hatte, stand ich in der Küche und schlang hastig meinen Marmeladentoast hinunter. Ich würde zu spät zur Arbeit kommen, weil ich dreimal so lange mit Stella draußen geblieben war wie sonst, um sie trotz des Regens zum »Gassimachen« zu ermuntern. Denn ich wusste: Wenn sie ihr Geschäft jetzt nicht erledigte, würde ihr später ein Malheur in unserem Haus passieren, das ich wegputzen musste. Während ich meinen Teller in die Spülmaschine räumte, vernahm ich das vertraute Schlürfen von Stella, die einen großen Schluck Wasser trank.

Plötzlich hörte das Geräusch auf. Sie schaute auf den pinkfarbenen Knopf rechts neben ihrem Wassernapf. Dann blickte sie zu mir hoch und anschließend wieder auf den Knopf. Ich warf einen Blick auf ihren Napf und stellte fest, dass sie ihn leer getrunken hatte. Nach ein paar weiteren Sekunden des Schweigens schlich ich mich auf Zehenspitzen heran und kauerte mich neben den »Wasser«-Knopf.

Damit gab ich ihr einen subtilen Hinweis darauf, was sie jetzt tun könnte. Solche Hinweise funktionieren genau so, wie wenn man beispielsweise versucht, sich an die Hauptstadt von Montana zu erinnern: Man überlegt und überlegt, und wenn dann jemand sagt: »Sie fängt mit H an«, fällt es einem sofort ein: »Helena!« Man ist nicht ganz von allein darauf gekommen, sondern hat einen kleinen Anstoß dazu gebraucht.

Stella verstand meinen Hinweis: Sie hob ihre Pfote, schlug auf den Knopf und sagte zum ersten Mal in ihrem Leben: »Wasser«, als ihr Napf leer war. Ich füllte ihren Napf auf, und Stella trank noch ein bisschen. Sie hatte nun offiziell alle drei Knöpfe benutzt. Ich platzte fast vor Stolz.

Am nächsten Tag zeigte ich meinen Kollegen die Videos, in denen die kleine Stella drei verschiedene Sprachknöpfe benutzte, um »Raus«, »Spielen« und »Wasser« zu sagen. Grace war ganz begeistert von dieser Neuigkeit. Schließlich hatte sie mir bei der Suche nach diesen Knöpfen geholfen und mich fast immer begleitet, wenn ich in der Mittagspause nach Hause fuhr, um Stella zum Gassigehen in den Hof hinauszulassen. Sie hatte zusammen mit mir Brainstormings veranstaltet und Stellas Fortschritte beobachtet.

Ich ging davon aus, dass auch all meine anderen Kollegen begeistert sein oder sich zumindest für dieses Thema interessieren würden. Ich stellte mir vor, dass diese Videos von meinem süßen kleinen Welpen, der so fleißig mit seinen AAC-Knöpfen kommunizierte, andere Therapeuten dazu inspirieren würden, bei ihrer Arbeit ebenfalls öfter Kommunikationsgeräte einzusetzen und stolz darauf zu sein, wie wirksam diese Sprachtherapie ist.

Doch abgesehen von einem Lächeln, einem »Wie niedlich« oder »Ooh« reagierten die meisten Kollegen, denen ich meine Videos vorführte, entweder verwirrt oder desinteressiert. Einer fragte, wie ich die Hündin denn dazu gebracht hätte, die Knöpfe zu drücken, und eine andere Kollegin sagte einfach nur: »Cooler Trick«, und wandte sich dann wieder ihrem Computer zu.

Im Nachhinein betrachtet hätte ich mich eigentlich nicht über die Reaktionen meiner Kollegen wundern dürfen. Leider haben die meisten Sprachtherapeuten wenig bis gar keine Erfahrung mit unterstützter Kommunikation; und das war auch in dieser Klinik so. Glücklicherweise hatte es an der Universität, an der ich studierte, einen hervorragenden Kurs über unterstützte Kommunikation gegeben. Nicht alle Studienprogramme für Logopäden bieten umfassende Kurse zu augmentativer und alternativer Kommunikation; den meisten Sprachtherapeuten bleibt nichts anderes übrig, als sich erst in der Praxis mit dieser ungewohnten Technologie vertraut zu machen.

Grace und ich hatten in den letzten neun Monaten verzweifelt versucht, unser Wissen über unterstützte Kommunikation an unsere Kollegen weiterzugeben und sie mit unserer Begeisterung anzustecken. Gemeinsam manövrierten wir uns durch den komplizierten Prozess der Beantragung von Zuschüssen für AAC-Geräte hindurch und luden Vertreter von Geräteherstellern zu Gesprächen mit den Mitarbeitern unserer Klinik ein. Wir kamen an unseren freien

Tagen zur Arbeit, um ein vollständiges Handbuch zu diesem Thema und Gebrauchsanleitungen zu verfassen, in denen Schritt für Schritt erklärt wurde, wie man unterstützte Kommunikation einsetzt. Wir führten sogar AAC-Beurteilungen für die Patienten anderer Therapeuten durch, schrieben lange Berichte darüber und erledigten den ganzen dazugehörigen Papierkram, während wir gleichzeitig natürlich auch noch die Kinder behandeln mussten, die uns im Rahmen unserer Vollzeittätigkeit zugewiesen wurden – alles in der Hoffnung, dass dadurch mehr Kinder sprechen lernen und mehr Therapeuten diese Erfolge ermutigend finden würden. Einige Vorgesetzte lobten unsere Arbeitsmoral; doch leider konnten wir anscheinend niemanden dazu inspirieren, sich für unterstützte Kommunikation an unserem Arbeitsplatz einzusetzen, egal, wie sehr wir uns darum bemühten.

Es kümmerte mich nicht, ob meine Kollegen erkannten, welches Potenzial meinen Erfolgen mit Stella innewohnte, oder begriffen, was für eine spannende Entdeckung dies für das Gebiet der Sprachtherapie sein könnte. In meinem Herzen und meinem Verstand war mir klar, dass das, was ich zurzeit bei Stella beobachtete, etwas ungeheuer Faszinierendes war. Wenn überhaupt, zeigten mir die verwirrten Reaktionen meiner Mitarbeiter lediglich, wie weit wir mit unserem Fachgebiet noch kommen mussten. Ich hoffte, eines Tages Teil einer Bewegung zu sein, die für mehr Verständnis und Akzeptanz der unterstützten Kommunikation warb und sich dafür einsetzte, überall mit diesem Hilfsmittel zu arbeiten, wo es gebraucht wurde – auch bei Hunden.

Tipps und Tricks für das Sprachtraining Ihres Hundes

- **Rechnen Sie anfangs mit einer Phase des Sprach-Inputs.** Ihr Hund muss zunächst einmal Wörter hören, um sie lernen zu können; und er muss sehen, wie andere mit seinem AAC-Gerät arbeiten, um den Umgang damit zu erlernen. Dieser Prozess wird sicherlich einige Zeit dauern.

- **Führen Sie Ihrem Hund immer dann Wörter vor, wenn er mit Ihnen kommuniziert.** Sobald Sie sehen, dass er sich durch Gesten, Winseln oder Bellen mit Ihnen zu verständigen versucht, geben Sie ihm das Wort dafür vor, was er Ihnen Ihrer Meinung nach gerade sagen möchte. Diese Koppelung von sinnvollen Wörtern mit den Kommunikationsversuchen Ihres Hundes ist eine sehr wirksame Strategie.

- **Verwenden Sie sinnvolle Signale, um seine Aufmerksamkeit auf die Knöpfe zu lenken.** Wenn eine lange Pause, in der Sie auf seine Reaktion warten, nicht ausreicht, können Sie sich beispielsweise neben den Knopf stellen, auf ihn zeigen oder ihn antippen. Machen Sie nach diesem Hinweis wieder eine Pause. Wenn Ihr Hund dann immer noch nicht anfängt, sich mit den Knöpfen zu beschäftigen, führen Sie ihm das Wort vor und fahren Sie erst dann mit Ihrer jeweiligen Aktivität fort.

- **Präsentieren Sie die Wörter in dazu passenden Kontexten.** Führen Sie Ihrem Hund nur dann ein Wort vor, wenn es für das jeweilige Geschehen relevant ist.

- **Reagieren Sie auf seine Kommunikation.** Wenn Ihr Hund ein Wort sagt, reagieren Sie entsprechend! Versuchen Sie von Anfang an, die Kommunikationsversuche Ihres Hundes so gut wie möglich zu würdigen. Auch wenn er keine Wörter benutzt, reagieren Sie trotzdem weiterhin auf alle anderen Kommunikationsformen, die er zeigt. Verweigern Sie ihm kein Futter, kein Wasser, keine Spielzeiten, keine Ausflüge nach draußen und auch sonst nichts, um ihn zum Sprechen zu nötigen. Geben Sie ihm einfach immer wieder ein bis zwei Minuten lang Zeit, sich zu überlegen, welches Wort er benutzen will.

KAPITEL 7

Endlich selbstständig!

In den Wochen, nachdem Stella ihre ersten Wörter gesagt hatte, befand ich mich in einem Zustand ständiger Euphorie. Der Sommer war endlich in Omaha angekommen, Stella sagte jeden Tag mindestens ein Wort, wozu sie immer weniger Hilfestellung brauchte, und ich erhielt ein Schreiben von der American Speech and Hearing Association (ASHA), die mir mein Zertifikat für klinische Kompetenz ausstellte. Nach vier Jahren Grundstudium, zwei Jahren Aufbaustudium und einem einjährigen klinischen Stipendium war ich nun endlich staatlich geprüfte Logopädin; das heißt, ich durfte praktizieren, ohne dass ein Vorgesetzter meine Therapiesitzungen beobachtete und meine Dokumentation prüfte. Ich hatte schon lange von dem Tag geträumt, an dem ich eine voll ausgebildete, staatlich geprüfte Therapeutin sein würde – und nun war dieser Tag endlich gekommen. Ich war stolz auf den Beruf, den ich gewählt hatte, stolz auf meine Arbeit und stolz auf das, was ich als Nächstes tun konnte: Jetzt durfte ich endlich arbeiten, wo ich wollte, und meine professionelle Meinung äußern, ohne dass irgendjemand sie vorher absegnen musste. Endlich brauchte ich nicht mehr zu beweisen, dass ich wusste, was ich tat. Durch drei Buchstaben neben meinem Namen veränderte sich meine ganze Denk- und Arbeitsweise: Ich schickte mehr E-Mails an die Therapeuten in den Schulen der Kinder, um über meine Beobachtungen und Empfehlungen zu berichten, meldete mich zu einem Fortbildungskurs in unterstützter Kommunikation an, den ich im nächsten Monat zusammen mit Grace besuchen wollte, und begann zu überlegen, wo ich als Nächstes arbeiten wollte. Natürlich konnte ich an meiner jetzigen Klinik bleiben; aber die Welt und ihre Arbeitsmöglichkeiten erschienen mir so unendlich groß.

Stella lief immer noch oft neben einem Knopf hin und her, bellte oder starrte ihn an. Wenn ich sie dabei beobachtete, gab ich ihr manchmal verbal ein Stichwort, zum Beispiel: »Was willst du?« Anschließend gab ich ihr mindestens fünfzehn Sekunden lang Zeit zu antworten. Wissenschaftliche Untersuchungen zeigen, dass Menschen, die mit AAC arbeiten, ihre Geräte eher nutzen, wenn ihr Kommunikationspartner zehn bis 45 Sekunden lang darauf wartet.[18] Durch diese Wartezeit signalisiert man dem Schüler, dass er jetzt an der Reihe ist, etwas zu sagen. Außerdem erhält er dadurch mehr Zeit, das Geschehen zu verarbeiten und zu entscheiden, was er als Nächstes tun soll.

Also tat ich einfach gar nichts. Stella stand mit dem Rücken zu mir und betrachtete ihren Knopf und ihre Näpfe. Ich zählte in Gedanken: »Zwölf, dreizehn, vierzehn, fünfzehn, sechzehn …«, damit ich nicht in Versuchung geriet, zu schnell einzugreifen.

»Wasser«, sagte Stella schließlich, leckte sich die Lefzen

und wedelte mit dem Schwanz, weil sie es kaum noch erwarten konnte, dass ich ihren Napf wieder auffüllte.

Das war der stärkste Hinweis, den wir Stella in ihrem jetzigen Entwicklungsstadium geben konnten, damit sie eines ihrer Wörter benutzte: Wir warteten einfach lange genug, um ihr eine echte Chance zu bieten, das gewünschte Wort zu sagen. Es ist ein ganz natürlicher Impuls, dass Erwachsene sofort einspringen und helfen oder die Reaktion des Schülers vorwegnehmen wollen, um irgendetwas möglichst schnell zu erledigen. Wir müssen uns erst einmal daran gewöhnen, still zu sein und Geduld zu haben, bevor wir mit echten Fortschritten rechnen können.

Eines Morgens, als ich mir im oberen Stockwerk unseres Hauses die Zähne putzte, ging ich in Gedanken den vor mir liegenden Arbeitstag durch und suchte in meiner Fantasie schon die Spielsachen aus, die ich aus den Regalen nehmen würde, wenn ich in der Klinik ankam, als ich plötzlich in meiner Planung unterbrochen wurde.

»Raus«, hörte ich von unten jemanden sagen.

Jake war schon weg. Dieses Wort konnte also nur eines bedeuten: Stella sprach zum ersten Mal völlig selbstständig. Die Zahnbürste immer noch im Mund, rannte ich die Treppe hinunter, um nach Stella zu suchen, die neben ihrem Knopf stand und zur Hintertür hinüberstarrte.

»Willst du raus? Ja! Braves Mädchen, Stella.«

Stella wedelte mit dem Schwanz und sprang aufgeregt im Kreis herum. Kaum hatte ich die Tür geöffnet, stürmte sie nach draußen und jagte einem Eichhörnchen hinterher, das auf unserem Holzzaun saß.

Das war das erste Mal, dass Stella aus eigenem Antrieb ein Wort gesagt hatte – ohne jede Hilfestellung und ohne dass ich es ihr vorher vorgesprochen hatte. Das war ein wichtiger Meilenstein, den es zu feiern galt. Vor diesem Morgen hatte sie mindestens ein oder zwei kleine Hinweise dazu gebraucht. Das ist völlig normal und läuft auch bei Kindern so ab, egal, ob sie mit einem Kommunikationsgerät oder verbal sprechen lernen. Kinder brauchen Unterstützung, bevor sie ohne fremde Hilfe etwas Neues tun können. Das ist genauso, wie wenn ein Baby laufen lernt: Es muss sich erst mal an Möbeln oder an seinen Eltern festhalten, bevor es ohne jede Stütze ein paar Schritte gehen kann.

Es war sowohl für Stella als auch für mich hilfreich, dass ich – auch wenn ich mich im oberen Stockwerk befand – immer gleich genau wusste, was sie wollte. Wenn sie gebellt hätte und zu mir nach oben gekommen wäre, hätte ich nicht gewusst, warum. Und wenn sie einfach nur stumm an der Küchentür gestanden wäre, hätte ich sie von oben nicht sehen und nicht wissen können, dass sie etwas von mir wollte. Wir konnten ihre Bedürfnisse viel schneller erfüllen, wenn sie in der Lage war, uns genau zu sagen, was sie brauchte.

Nachdem Stella ihr erstes eigenständiges Wort verwendet hatte, erreichte sie bald das Stadium, in dem sie alle drei Wörter ohne fremde Hilfe oder Anregung sagen konnte. Sie sagte fast jedes Mal: »Raus«, wenn sie Gassi gehen musste oder draußen spielen wollte. Darüber freuten Jake und ich uns sehr, weil ihr dadurch viel seltener ein Malheur im Haus passierte. Und wenn sie merkte, dass ihr Napf leer war, sagte sie: »Wasser.«

Ich war sehr beeindruckt von der Art und Weise, wie Stella anfing, das Wort »Spielen« selbstständig zu benutzen. Sie konnte sich mit ihren Spielsachen beschäftigen, wann immer sie wollte. Der Korb mit ihrem Spielzeug stand auf dem Boden und war für sie jederzeit problemlos erreichbar. Aber Stella fing an, »Spielen« zu sagen, wenn Jake und ich gerade mit anderen Dingen beschäftigt waren – zum Beispiel wenn wir zu Abend aßen, mitten in einem tiefgründigen Gespräch steckten oder am Computer saßen. Wenn wir unsere Aktivität nicht sofort unterbrachen, sobald sie mit einem Spielzeug im Maul auf uns zukam, drückte sie auf den »Spielen«-Knopf und kam dann wieder zu uns hinübergelaufen. An manchen Abenden sagte Stella dieses Wort zehn- bis zwanzigmal. Wörter wurden zu einem neuen Kommunikationswerkzeug für sie.

Eines Abends Anfang Juni saß Stella vor dem Herd und sah mir beim Kochen zu. Ich spürte, wie sie jede meiner Bewegungen mit Blicken verfolgte. Alle paar Sekunden rückte sie ein Stückchen näher an mich heran, um sich zu vergewissern, dass ich ihre Anwesenheit auch wirklich wahrnahm. Plötzlich ertönte ein lautes, dröhnendes Geräusch aus dem Vorgarten. Stella rannte ins Wohnzimmer, sprang auf die Couch, spähte durch die Fensterscheibe und sah, wie Jake den Vorgarten mähte. Als er aus ihrem Blickfeld verschwand, bellte Stella dreimal und sprang dann wieder von der Couch herunter. Sie zwängte ihren Kopf zwischen die Jalousie und das Fenster unserer Haustür. Sobald Jake wieder in Sichtweite kam, wedelte sie mit dem Schwanz und bellte erneut. Dann rannte Stella durch die Küche zurück, sagte: »Raus«, und raste wieder zur Haustür. Sie blieb auf der Fußmatte stehen und drehte sich zu mir um, um zu sehen, ob ich ihre Aufforderung auch wirklich gehört hatte und befolgte.

Natürlich ließ ich alles, was ich gerade in der Küche getan hatte, stehen und liegen, um mit ihr in den Vorgarten zu gehen, obwohl ich wusste, dass sie den Rasenmäher hasste. Dies war das erste Mal, dass Stella sich in ihrem Gebrauch des Wortes »Raus«nicht auf den Hinterhof beschränkte, sondern es in einem allgemeineren Sinn verwendete. Das machte mich überglücklich. Wenn Stella gedacht hätte, dass alle drei Knöpfe die gleiche Bedeutung haben, und einfach denjenigen gedrückt hätte, der ihr am nächsten lag, um meine Aufmerksamkeit zu erregen, hätte sie sich für den »Spielen«-Knopf entschieden, der nur einen halben Meter von der Haustür entfernt auf dem Boden lag. Oder sie hätte den »Wasser«-Knopf drücken können, der sich auf dem Weg zur Küche befand. Aber sie tat nichts dergleichen, sondern rannte bis zum anderen Ende des Hauses, um »Raus« zu sagen.

Stella stürmte durch die Haustür, bellte abwechselnd den Rasenmäher an und kehrte wieder zu mir zurück, um mich zu beschützen. Als Jake die lärmende Höllenmaschine endlich ausschaltete, wackelte sie vor Freude mit dem ganzen Körper. Eigentlich wollte Stella nur in den Garten gehen, um Jake zu sehen (und ihn womöglich vor dem Rasenmäher zu retten). Sie ahnte nicht, dass sie einen riesigen Meilenstein in der Entwicklung ihrer kommunikativen Fähigkeiten erreicht und dass ich einen ersten bescheidenen Eindruck von ihren ungeheuren Ausdrucksmöglichkeiten gewonnen hatte.

Wenn ich Therapieziele für ein Kind formuliere, ist immer mindestens eine Zielsetzung mit dabei, bei der es darum geht, dass das Kind in der Lage sein sollte, Sprache in vielen verschiedenen Kommunikationsfunktionen zu verwenden. Um etwas zu bitten oder etwas zu verlangen, ist zwar oft die wichtigste Kommunikationsfunktion, die man kleinen Kindern beibringen möchte; aber wir müssen uns vor Augen halten, *warum* wir überhaupt sprechen – und dafür gibt es viele verschiedene Gründe. Wir kommunizieren,

- um bestimmte Dinge oder Handlungen zu erbitten,
- sie abzulehnen oder dagegen zu protestieren,
- zu kommentieren, was gerade passiert,
- Ideen und Gefühle mitzuteilen,
- Fragen zu stellen,
- Fragen zu beantworten,
- Objekte zu benennen,
- die Handlungen anderer Menschen in die gewünschte Richtung zu lenken,
- Witze zu machen,
- Geschichten zu erzählen – und vieles andere mehr.

Als ich auf die Idee kam, Stella ein paar Wörter beizubringen, stellte ich mir zunächst einfach nur vor, dass sie diese Wörter benutzen würde, um uns um etwas zu bitten – uns mitzuteilen, was sie wollte oder brauchte. Erst später – am Tag vor unserer Abreise in den Urlaub – kam ich auf die Idee, Stella bei verschiedenen Kommunikationsfunktionen zu unterstützen.

Ich goss gerade meine Zimmerpflanzen, und Stella stand neben mir. Seit dem Alter von acht Wochen fand Stella diese allwöchentliche Tätigkeit äußerst faszinierend. Sie folgte mir von Zimmer zu Zimmer und von Pflanze zu Pflanze, wobei ihr Blick ständig zwischen dem Schnabel der Gießkanne und der Erde hin und her wanderte. Doch diesmal verließ sie mich bereits, als ich mit dem Gießen der ersten Pflanze fertig war. Ungefähr fünf Sekunden später hörte ich sie »Wasser« sagen und lachte leise in mich hinein: Bestimmt hatte der Anblick des Wassers sie daran erinnert, dass sie Durst hatte! Ich ging durch den Flur und sah, wie Stella zu mir zurückkam.

»Brauchst du Wasser, Mädchen?«

Doch wie ich kurz darauf feststellte, war ihr Wassernapf voll, und sie hatte keinen Schluck daraus getrunken. Stattdessen kehrte Stella zusammen mit mir in den Wintergarten zurück und beobachtete mich weiter beim Pflanzengießen: Das heißt, sie hatte vorhin nicht darüber gesprochen, was sie *wollte*, sondern sich über etwas geäußert, was gerade *geschah*.

Dies war das erste Mal, dass Stella ein Wort sagte, ohne einen von uns beiden um einen bestimmten Gegenstand oder eine bestimmte Handlung zu bitten: Sie lief aus dem Wintergarten den ganzen Flur entlang ins Esszimmer, nur um mir zu erzählen, was in der Welt um sie herum vor sich ging. Es war sicherlich nicht einfach oder bequem für sie, mir ihre Gedanken mitzuteilen; aber sie tat es trotzdem. Sofort schickte ich Grace eine SMS und berichtete ihr, was gerade geschehen war. Was für Kommunikationsfunktionen könnte

Stella wohl sonst noch nutzen? Was für Dinge nahm sie in ihrer Welt wahr, für die sie keine Worte hatte?

Am nächsten Tag fuhren Jake, Stella und ich im Auto zu einem Haus am Michigansee in Wisconsin, wo meine Familie jedes Jahr ihren Sommerurlaub verbrachte. Meine Eltern mieteten immer dasselbe Ferienhaus für die mittlerweile acht Erwachsenen, zwei Hunde und ein Baby, die zu unserer Familie gehörten. Die Haustür ging auf eine schmale Schotterstraße hinaus, die auf beiden Seiten von kilometerlangen tiefen Wäldern gesäumt war. Die Hintertür führte in einen großen, grasbewachsenen Garten mit einer Steintreppe, über die man zum Sandstrand des Michigansees gelangte. Das war unsere kleine Auszeit von der Realität. Wir verbrachten unsere Tage größtenteils damit, uns zu entspannen, zu lesen, miteinander zu plaudern und die Natur zu genießen. Abends spielten wir Brettspiele und rösteten Marshmallows am Lagerfeuer unter dem Sternenhimmel, denn der Handyempfang war schlecht, und es gab weder Internet noch Kabelfernsehen. Diese Woche war stets eine Chance für uns alle, uns von unserem hektischen Leben zu erholen, wieder enger miteinander in Kontakt zu treten, unsere Gedanken schweifen zu lassen und unsere Batterien neu aufzuladen.

Dieses Jahr gab es sogar noch mehr, worauf ich mich freuen konnte: Zum ersten Mal würde Jake mit von der Partie sein, und Stella würde ihren ersten Strand kennenlernen. Ich konnte es kaum erwarten zu beobachten, wie sie auf den Sand, das Wasser und die Wellen reagieren würde. Außerdem war ich gespannt darauf, wie Stella an diesem neuen Ort wohl mit uns kommunizieren würde. Ob der Aufenthalt in einem fremden Haus mit anderen Menschen sich wohl darauf auswirken würde, wie sie ihre Wörter benutzte? In der Sprachtherapie kann es schon ein Weilchen dauern, bis ein Kind das, was es im Behandlungsraum lernt, auf andere Umfelder überträgt. Als wir ankamen, stellte ich sofort Stellas Sprachknöpfe in unserem Ferienhaus auf und führte ihr jeden Knopf ein paarmal vor. Der »Raus«-Knopf kam neben die Hintertür. »Wasser« kam neben ihre Näpfe im Flur gegenüber der Hintertür und »Spielen« ins Wohnzimmer in die Nähe ihrer Spielsachen. Doch nachdem ich die Knöpfe in unserem Ferienhaus verteilt hatte, gab ich mir keine allzu große Mühe mehr, sie auch zu benutzen. Ich war viel zu sehr damit beschäftigt, mich mit all meinen Angehörigen zu unterhalten, die ich so lange nicht gesehen hatte, mit meiner fünf Monate alten Nichte zu spielen und den Strand zu genießen.

Jake und ich machten mit Stella einen Spaziergang am Ufer entlang. Der Wasserstand war so hoch, wie ich ihn noch nie gesehen hatte. Der See hatte das Ufer fast völlig überschwemmt, sodass gerade noch zwei Personen daran entlanglaufen konnten.

»Komm, wir lassen Stella von der Leine«, schlug Jake vor.

Doch alles in mir sträubte sich dagegen. Ich hatte keine Ahnung, wie sie darauf reagieren würde. Meine Familie hatte Wrigley hier zwar immer frei herumlaufen lassen; aber sie war damals auch schon viel älter gewesen. Mir fielen tausend Gründe ein, die dagegen sprachen. Ein Stückchen weiter weg gab es Wälder, und wir hatten das Freilaufen bisher noch nicht mal in einem normalen Park mit ihr geübt. Außerdem hatten wir keine Leckerlis dabei, um sie zurückzulocken, falls sie weglaufen sollte; es gab keinen Handyempfang, um Hilfe zu rufen, wenn sie uns verlorenging; und sie war noch so jung. Aber irgendwie überzeugte Jake mich davon, dass er schneller rennen konnte als Stella, falls sie weglaufen sollte, und dass wir beide gemeinsam es schon schaffen würden, dafür zu sorgen, dass ihr nichts passierte. Dann ließ er sie von der Leine. Ich atmete tief durch und drückte die Daumen. Stella lief jetzt offiziell zum ersten Mal außerhalb unseres Gartens frei herum.

Doch zu meiner großen Überraschung rannte sie nicht weg, sondern trottete weiter direkt vor uns her. »Braves Mädchen, Stella. Braves Mädchen.« Stella drehte sich zu Jake und mir um. Sie lächelte und hechelte – und dann raste sie los. Inzwischen war sie schon mindestens zehn Meter vor uns und machte keine Anstalten, ihr Tempo zu verlangsamen.

»Warte, Stella«, rief ich und warf Jake einen Blick zu, um ihm zu signalisieren, er solle loslaufen und versuchen, sie einzuholen.

Doch das war gar nicht nötig, denn Stella blieb sofort stehen. Sie drehte sich wieder zu uns um und lächelte weiter.

»Brav gewartet, Stella. Gutes Mädchen«, rief ich ihr zu. Stella blieb stehen, bis wir sie eingeholt hatten. Sie wedelte mit dem Schwanz und sprang an uns hoch, um uns zu begrüßen, als wären wir stundenlang voneinander getrennt gewesen.

Das war ein richtiger Schock für mich. Stella war ein sehr lebhafter junger Hund; außerdem befand sie sich an einem Strand, und zwar zum ersten Mal in ihrem Leben ohne Leine.

Trotzdem waren wir ihr so wichtig, dass sie auf unseren Zuruf hin sofort aufhörte, ihre Umgebung zu erkunden, sich umdrehte und auf uns wartete. Sie trottete noch ein paar Sekunden lang neben uns her und rannte dann wieder voraus. Doch sobald ich ihr zurief, sie solle warten, ging sie keinen Schritt weiter, sondern blieb stehen, bis wir sie erreicht hatten. Das wurde für den Rest unseres Rückwegs zu einer festen Gewohnheit für sie.

Ich fragte mich, ob sie wohl deshalb so gut auf uns hörte, weil *wir ihr* so oft zuhörten. Genauso funktioniert das auch mit Kindern: Je genauer ich auf ihre Kommunikationsversuche achte und ihnen zuhöre, umso mehr achten und hören sie auch darauf, was *ich ihnen* mitteilen will. Jake, Stella und ich waren dabei, eine starke Beziehung zueinander aufzubauen, die darauf beruhte, dass wir uns gegenseitig für kompetent hielten, einander zuhörten und immer wieder etwas Neues ausprobierten. Immer wenn wir bei Stella eine Geste oder Lautäußerung wahrnahmen, wenn sie bellte oder irgendein Wort sagte, führten wir ihr vor, wie aufmerksam wir auf die Kommunikationsversuche des jeweils anderen reagieren sollten. Deshalb blieb Stella auch jetzt stehen und hörte zu, wenn wir mit ihr redeten.

Ohne Jakes Drängen hätte ich Stella niemals eine Chance gegeben, uns zu zeigen, wie gut sie das schon konnte. Das Wort »Warten« hatten wir bisher nur ein paarmal zu Hause geübt: Wir forderten Stella auf, sich hinzusetzen, und sagten dann immer wieder: »Warte«, während wir langsam rückwärts von ihr weggingen. Doch bisher hatten wir es stets nur bis quer durchs Wohnzimmer geschafft, bevor Stella zu uns gerannt kam und nach dem Leckerli suchte, das ich in der Hand hielt. Diese Situation am Strand war ganz anders. Diesmal war es Stella tatsächlich wichtig, auf uns zu warten, und sie begriff auch, *warum* sie das tun sollte: Wir befanden uns in einer für sie neuen Umgebung, und sie war ziemlich weit von uns weg. Das war für mich ein weiterer Beweis dafür, dass sowohl Hunde als auch Kinder am besten lernen und funktionieren, wenn das, was sie tun sollen, für sie einen Sinn hat. Es gab keinen vernünftigen Grund, Stella mitten im Wohnzimmer sitzen zu lassen, bis wir außer Sichtweite verschwanden und nach ihr riefen. Schließlich wusste sie, dass wir alle noch im Haus waren, und wartete einfach nur auf ihr Leckerli.

Nach ein paar Tagen Urlaub hatte Stella sich an ihre neue Umgebung und an all die vielen Menschen gewöhnt, die so gern mit ihr spielten und ihr den Bauch kraulten. Sie saugte die Aufmerksamkeit, die ihr zuteilwurde, auf wie ein Schwamm. Zum Mittagessen versammelte sich immer die ganze Familie rund um den Esszimmertisch. Stella lief im Erdgeschoss herum und kam zwischendurch immer wieder in die Küche. Mitten in unserer Mahlzeit hörten wir, wie an der Hintertür jemand »Raus« sagte. Alle verstummten, schauten sich um und zählten in Gedanken die anwesenden Personen durch. Wir saßen alle am Tisch; also konnte nur Stella »Raus« gesagt haben. Mein Vater, der am nächsten bei der Tür saß, lehnte sich in seinem Stuhl nach hinten, um nachzuschauen, was los war. Er musste lachen, als er sah, wie die kleine Stella geduldig an der Tür stand und darauf wartete, hinausgelassen zu werden.

»Ich gehe mit ihr raus«, sagte er immer noch lachend. »Ja, braves Mädchen, komm, lass uns rausgehen.« Seine Stimme verhallte allmählich, während er das Esszimmer verließ und mit Stella nach draußen ging.

Den Rest der Woche über sagte Stella immer wieder: »Raus«, »Wasser« und »Spielen«, ohne lange überlegen zu müssen. Bis zu dieser Urlaubsreise hatte ich keine Ahnung gehabt, ob Stella ihre Knöpfe auch an anderen Orten benutzen würde oder ob sich dieser Lernprozess nur auf unser Haus beschränkte. Dass Stella ihre Wörter hier auf die gleiche Art und Weise benutzte wie zu Hause, ermutigte mich. Es war ein weiterer Indikator dafür, dass Stella zu einer echten, eigenständigen Kommunikation fähig war.

»Wenn du irgendwo auf dem Land leben könntest, wo würdest du dann hinziehen?«, fragte ich meine Schwestern, meine Mutter und Jake. Wir saßen alle zusammen auf der Terrasse unseres Ferienhauses und genossen den Blick auf den See.

Jake und ich hatten begonnen, über einen Umzug nachzudenken. Uns gefiel es zwar in Omaha; aber wir hatten trotzdem das Gefühl, dass es Zeit für einen Tapetenwechsel war. Wir waren bereit für neue berufliche Herausforderungen, niemand von unseren beiden Familien wohnte in Omaha, und auch einige unserer besten Freunde waren weggezogen. Doch vor allem war da eine unerfüllte Abenteuerlust, die sich in unseren Gedanken immer wieder in den Vordergrund drängte, wenn wir es zuließen.

Nun, da ich endlich staatlich geprüfte Logopädin war,

hatte ich einen Punkt in meiner Karriere erreicht, an dem es keine automatischen Zäsuren mehr gab wie während meiner Ausbildung. Ich musste mir meine Zäsuren selbst schaffen, wenn ich wollte, dass sich etwas veränderte. Während meiner Ausbildung am College, meines Aufbaustudiums und meines klinischen Stipendiums hatte ich mich bei meiner Wohnortwahl stets an meiner jeweiligen Universität oder dem Job orientiert, den ich gerade hatte. Diesmal wollte ich mir den Ort, wo ich leben wollte, selbst aussuchen und dann dort den idealen Job finden. Wenn nicht jetzt, wann dann?

»Wo auch immer wir als Nächstes hinziehen – ich möchte unbedingt am Wasser leben«, erklärte Jake.

»Vielleicht ziehen wir nach Milwaukee. Das Seeufer dort ist wunderschön«, sagte ich. Stella saß im Sand, blickte auf die Wellen und schnupperte in die Luft. »Möchtest du gern ein Strandhund sein, Stella? Das würde dir bestimmt gefallen.«

Doch der Umzug war nicht unser einziges größeres Vorhaben, das mich beschäftigte. Stellas Kommunikationsfähigkeit übertraf schon jetzt alles, was ich ihr anfangs zugetraut hatte. Im Alter von vier Monaten benutzte Stella bereits drei Wörter ohne fremde Hilfe, in verschiedenen Umgebungen und bei verschiedenen Personen. Das fand ich ungeheuer beeindruckend. Ich konnte es kaum fassen, wie schnell sie lernte. Anfangs war uns ihr Lernprozess sehr langwierig vorgekommen; doch jetzt, im Rückblick, konnte Stella bereits drei verschiedene Wörter sagen, obwohl wir sie erst seit zwei Monaten kannten. Wir konnten überall im Haus hören, was sie gerade von uns wollte, und es kam jetzt auch nur noch selten vor, dass ihr drinnen ein Malheur passierte. Denn inzwischen brauchte ich keine hellseherischen Fähigkeiten mehr, um zu erraten, ob sie rausmusste: Sie konnte es mir *sagen*. Doch die *Art und Weise, wie* Stella lernte, diese Wörter zu benutzen, war für mich noch viel beeindruckender als ihr Wortschatz.

Zu Beginn meines Experiments hatte ich mich gefragt: *Was wird wohl passieren, wenn ich bei meinem Welpen eine Logotherapie durchführe?* Und nicht: *Wie kann ich sie dazu bringen, auf diese Knöpfe zu drücken, um bestimmte Wörter zu sagen?* Ich bin mir sicher, dass es viele verschiedene Möglichkeiten gibt, einem Hund das Drücken von drei Knöpfen beizubringen. Aber ich hatte Stella auf die gleiche Art und Weise unterrichtet, wie ich es bei Kindern tue: Ich brachte ihr nicht bei, auf Kommando einen Knopf zu drücken, und belohnte sie nicht mit Leckerlis, wenn sie irgendetwas sagte. Ich führte ihre Pfote auch nicht mit der Hand zu einem bestimmten Knopf hin. Das heißt, ich trainierte sie nicht zuerst darauf, einen bestimmten Knopf zu drücken, bevor ich diesem Knopf eine Bedeutung zuwies. Denn das ist nicht die beste Vorgehensweise, um Kindern Wörter beizubringen.

Stellas erstaunlich schnelles und müheloses Lernen zeigte mir, wie wirksam die Sprachtherapie ist: Meiner Meinung nach ging sie weit über die Möglichkeiten hinaus, die andere Menschen ihr zutrauten. Jetzt setzten sich die Parallelen, die ich zwischen den vorsprachlichen Fähigkeiten kleiner Kinder und meines Hundes erkannt hatte, in die sprachliche Phase hinein fort. Schon allein die Beschäftigung mit der Frage, *wie* wir so weit gekommen waren, zeigte mir, dass es noch sehr viel mehr Potenzial zu erforschen gab. Wenn die Ähnlichkeiten in der Kommunikation zwischen Welpen und Kleinkindern bis zu diesem Punkt gingen, was für andere Wörter und Konzepte konnte Stella dann womöglich *noch* lernen? Ich konnte jetzt nicht einfach aufhören. Schließlich hatten wir gerade erst angefangen.

Bei meiner Rückkehr nach Omaha war mir zweierlei klar geworden: Erstens war jetzt bereit, wegzuziehen und irgendwo anders ein neues Leben zu beginnen; und zweitens musste Stella unbedingt noch mehr Wörter lernen.

Tipps und Tricks für das Sprachtraining Ihres Hundes

- **Geben Sie ihm genügend Zeit.** Wenn Sie sehen, wie Ihr Hund die Knöpfe wahrnimmt oder merkt, dass Sie ihm Wörter vorführen, sollten Sie Ihre gewohnten Interaktionen mit ihm zu Spracherwerbschancen umfunktionieren. Die beste Hilfestellung, die man einem Schüler oder einer Schülerin geben kann, ist eine lange Wartezeit; denn dadurch erhalten sie eine Chance, das Geschehen zu verarbeiten und sich in aller Ruhe mit den Sprachknöpfen zu beschäftigen. Wenn Sie sehen, dass Ihr Hund durch eine Geste oder Lautäußerung mit Ihnen kommuniziert, tun Sie mindestens zehn bis fünfzehn Sekunden lang gar nichts. Falls es nach fünfzehn Sekunden so aussieht, als würde Ihr Hund auf die Knöpfe zugehen oder sie anschauen, bleiben Sie weiterhin passiv.

Erst wenn Sie nach dieser Wartezeit immer noch keinerlei Anzeichen dafür erkannt haben, dass er im Begriff sein könnte, ein Wort zu sagen, helfen Sie ihm mit einem weiteren zur Situation passenden Hinweis auf die Sprünge.

- **Es kann sein, dass Ihr Hund eine Zeit lang Hilfe benötigt, bevor er selbstständig Wörter gebraucht.** Geben Sie ihm in solchen Situationen immer wieder viel Zeit, zeigen Sie auf den Knopf, stellen Sie eine allgemeine Frage wie »Was willst du?«, oder bleiben Sie in der Nähe des Knopfes stehen, um Ihrem Hund beim Erwerb beziehungsweise der Erweiterung seines Wortschatzes zu helfen. Auch nachdem Sie die ersten Wörter von Ihrem Hund gehört haben, wird er wahrscheinlich immer noch Hilfe brauchen, bevor er in der Lage ist, selbstständig und regelmäßig welche zu sagen.

- **Präsentieren Sie ihm Wörter in verschiedenen Kontexten, damit er lernt, ihre Bedeutung zu verallgemeinern.** Wenn Ihr Hund sieht und hört, wie Sie Wörter auf verschiedene Art und Weise verwenden, wird er lernen, das ebenfalls zu tun.

- **Denken Sie daran, dass Ihr Hund eine intrinsische Motivation dafür hat, mit Ihnen zu kommunizieren.** Wir alle haben zwei verschiedene Arten von Motivation: intrinsische und extrinsische. Unter intrinsischer Motivation versteht man den inneren Antrieb, eine bestimmte Tätigkeit auszuführen. Extrinsische Motivation dagegen ist der Wunsch, etwas lediglich um einer Belohnung willen zu tun. Also widerstehen Sie der Versuchung, ihm ein Leckerli zu geben, wenn er ein Wort gesagt hat (es sei denn, das Wort lautet »Leckerli«); denn dadurch hindern Sie ihn daran, die eigentliche Bedeutung des Wortes zu erlernen. Beschränken Sie sich einfach darauf, die passende Reaktion auf das Wort Ihres Hundes zu zeigen.

- **Denken Sie daran, dass es außer Bitten auch noch andere Kommunikationsfunktionen gibt.** Ihr Hund könnte zum Beispiel versuchen, ein Objekt oder eine Aktivität in seinem Umfeld zu benennen, oder darüber sprechen wollen, was gerade geschieht.

KAPITEL 8

Schluss mit Fernsehen und Social Media!

Bei meiner Rückkehr nach Omaha war ich erholt, voller neuer Ideen und bereit, ein paar große Veränderungen in meinem Leben vorzunehmen. Ich wollte eine neue Stadt als Lebensmittelpunkt wählen und mir diese Entscheidung diesmal nicht von einem Job diktieren lassen, sondern mich dabei daran orientieren, was Jake und ich uns vom Leben wünschten. Inzwischen waren wir beide so weit, dass wir in jeder Stadt unserer Wahl Arbeit finden konnten. Ich sehnte mich nach Abenteuern, einer vernünftigen Work-Life-Balance und Freizeit. Ich wollte meine Gedanken schweifen lassen und kreativ sein, so wie ich es in unserem Urlaub getan hatte, statt dauernd fernzusehen oder in sozialen Medien herumzusurfen. Als ich auf das Display meines Smartphones schaute, sah ich überall rote Push-Benachrichtigungen, die mich förmlich anschrien. Ich ertappte mich dabei, wie ich mich gedankenlos durch diese Benachrichtigungen scrollte, wann immer ich ein paar freie Minuten hatte; und fast jeden Abend schaltete ich nach dem Essen automatisch Netflix ein. Aber ich wollte nicht so ein Mensch werden. Ich wollte bewusst mit meiner Zeit umgehen. Früher hatten mich diese Angewohnheiten nicht gestört; sie waren mir nicht einmal aufgefallen. Doch nun, da ich eine Woche lang fern von all diesen oberflächlichen Reizen gelebt hatte, fragte ich mich, ob ich sie überhaupt jemals wieder in meinem Leben zurückhaben wollte.

»Wie wäre es denn mit San Diego?«, fragte ich und schaute auf die Liste mit den Kriterien, die Jake und ich für unseren nächsten Wohnort aufgestellt hatten. Es war ein stürmischer Sonntag, und wir saßen drinnen und träumten von unserer gemeinsamen Zukunft. *Wie wollten wir leben? Wohin wollten wir ziehen? Wie sah unser idealer Wohnort aus?* Das waren die wichtigsten Fragen, die uns beschäftigten. »Da gibt es unheimlich viele Möglichkeiten für Outdoor-Aktivitäten und auch viele Ausflugsziele in der Umgebung, es ist wirklich toll«, sagte ich.

San Diego entspricht genau meiner Vorstellung vom Paradies. Ich war ein Jahr zuvor mit Freunden in dieser Stadt gewesen und hatte sie ungeheuer faszinierend gefunden. Das war das erste Mal gewesen, dass ich beschloss, länger an einem Urlaubsort zu bleiben, als ich ursprünglich geplant hatte. San Diego bot alles, was ich mir nur wünschen konnte – eine fantastische Stadt, Berge und Strände, und die Temperaturen lagen im Durchschnitt so ziemlich das ganze Jahr über um die 20 Grad. Das Klima war fast immer angenehm. Ich stellte mir vor, mit Stella nach der Arbeit am Strand spazieren zu gehen, am Wochenende Wanderungen zu machen und mit dem Auto andere Gegenden Kaliforniens zu erkunden.

»Ich denke, diese Stadt gehört definitiv zu unseren Top 3«, stimmte Jake zu. Wir einigten uns darauf zu recherchieren, was für berufliche Möglichkeiten es dort für uns gab, und dann weiterzusehen.

Drei Tage später führte ich ein Video-Bewerbungsgespräch mit der Inhaberin einer Logopädie-Praxis in San Diego. Dieser Job unterschied sich sehr stark von meiner jetzigen Tätigkeit: Ich würde als Logopädin in der Frühförderung ausschließlich mit ein- und zweijährigen Kindern arbeiten, die unter Sprachverzögerungen litten; und ich würde die Kinder nicht in einer Klinik betreuen, so wie ich es jetzt tat, sondern zu Hause. Das kam meiner beruflichen Neugier und meiner Abenteuerlust entgegen und ermöglichte mir eine flexible Arbeitszeiteinteilung, sodass ich mir mehr Tage freinehmen konnte als jetzt. Ich hatte sofort ein gutes Gefühl gehabt, als ich diese Stellenanzeige sah.

»Sie hat mir die Stellung angeboten«, verkündete ich, nachdem ich meinen Laptop zugeklappt hatte.

»Du willst mich wohl auf den Arm nehmen?« Jake war wieder einmal schockiert darüber, wie schnell ich handle, wenn ich mich einmal auf eine Idee versteift habe.

»Ich muss mich aber nicht jetzt gleich entscheiden. Sie weiß, dass ich erst in ein paar Monaten bei ihr anfangen könnte. Aber *wenn* wir nach San Diego ziehen, würde ich auf jeden Fall bei dieser Praxis arbeiten wollen.«

Ich hoffte, wenn wir unsere Jobs wechselten und umzögen, hätte ich endlich mehr Zeit, Stella das Sprechen beizubringen. Seit meiner Rückkehr aus dem Urlaub spukten mir ständig Gedanken über ihre Fortschritte und ihr künftiges Entwicklungspotenzial im Kopf herum. Vor Chaser, dem Border Collie, der die Namen von über tausend Spielzeugen lernte, war die Wissenschaft davon ausgegangen, dass der durchschnittliche Hund nur 165 Wörter versteht.[19] Chaser lehrte uns, dass Hunde einen viel größeren Wortschatz erwerben können, als wir für möglich gehalten hatten. Beim Menschen ist die rezeptive und expressive Sprachkompetenz normalerweise ziemlich gleich. Wir verstehen zwar in der Regel mehr Wörter, als wir gebrauchen; aber diese beiden Kompetenzen liegen nicht sehr weit auseinander. Also fragte ich mich: *Wenn Hunde Hunderte oder sogar über tausend Wörter verstehen – bedeutet das dann, dass sie auch genauso viele Wörter sagen können?*

Stella lernte sehr schnell, aber ich konnte kaum noch die Zeit oder geistige Energie aufbringen, um sie dabei zu unterstützen. Normalerweise kam ich erst um acht Uhr abends von der Arbeit nach Hause, und dann war ich erschöpft, hatte Hunger und wollte am liebsten nur noch die Füße hochlegen und mich erholen. Wenn ich unsere Hündin in diesem Zustand unterrichtete, war ich nur noch ein Schatten meiner selbst. Was würde sie womöglich alles erreichen können, sobald ich in Zukunft mehr Zeit für meine Arbeit mit ihr hatte? Wenn ich in der Lage war, jeden Tag konsequent neue Wörter mit ihr einzuüben? Ich hatte das Gefühl, dass dies die beste Zeit für ihren Lernprozess war; nur leider konnte ich sie unter meinen derzeitigen Lebensumständen nicht richtig nutzen. Ich hoffte, das wertvolle Zeitfenster, in dem sie neue Konzepte erlernen konnte, nicht zu verpassen. Also beschloss ich, sie weiter zu unterrichten und von ihr zu lernen, so gut ich konnte. Ich bestellte noch zwei Schachteln mit Sprachknöpfen und freute mich darauf, ihr neue Wörter beizubringen.

Am nächsten Morgen saß ich in unserem Wintergarten und gönnte mir ein paar ruhige Minuten zum Lesen, bevor ich nach oben ging, um zu duschen. Ich hörte Stellas Halsband klimpern und ihr Spielzeug im Wohnzimmer quietschen. Sie musste wohl herumgelaufen sein und gespielt haben. Je älter Stella wurde, umso besser konnte sie sich allein beschäftigen.

Dann hörten die Geräusche plötzlich auf. Diese Stille war immer viel besorgniserregender, als zu hören, was Stella gerade tat. Vielleicht machte sie irgendeinen Unfug oder erledigte ihr Geschäft im Haus. Ich klappte mein Buch zu, um nach ihr zu sehen. Ein paar Sekunden später kam Stella in den Wintergarten gerannt, blieb in der Tür stehen und bellte mich an.

»Was willst du, Mädchen?«

Stella blähte ihre Nasenlöcher, seufzte und bellte mich wieder an; dann lief sie ins Wohnzimmer zurück. Ich folgte ihr, um zu sehen, wo sie mich hinführen wollte. Stella stand mitten im Wohnzimmer, schaute sich in alle Richtungen um und blickte dann wieder zu mir hinüber.

»Spielen? Stella will spielen?« Ich drückte auf den »Spielen«-Knopf und warf Stella quer durchs Zimmer ein Spielzeug zu.

Aber sie wirkte nicht sonderlich begeistert, sondern blieb im Wohnzimmer stehen. »Nicht spielen? Na gut, Mädchen.«

Ich kehrte in den Wintergarten zurück und griff wieder nach meinem Buch. Doch kaum hatte ich zwei Sätze gelesen, da hörte ich ein kratzendes Geräusch aus dem Wohnzimmer. Ich lief hinüber und sah, wie Stella den Boden unter der Couch mit ihren Pfoten bearbeitete.

»Was ist da drunter, Stella? Brauchst du Hilfe?« Ich legte mich auf den Boden und langte mit einem Arm unter die Couch, so weit ich konnte. Stella schob ihre Nase direkt neben meinen Arm; doch wir fanden beide nichts. Daraufhin ging ich hinter die Couch, kauerte mich hin und leuchtete mit der Taschenlampe meines Handys den schmalen Zwischenraum zwischen der Couch und der Wand aus. Da sah ich eine Ecke von Stellas Plüschpizza unter der Rückenlehne der Couch hervorragen. »Wie hast du die bloß da hingekriegt, Stella?« Kaum hatte ich die Pizza hervorgezogen, schnappte Stella sie mir aus der Hand und sprang auf die Couch, um fröhlich daran weiterzukauen.

Stella hatte meine Hilfe gebraucht, weil ihr Spielzeug hinter die Couch gerutscht war. Da ich nicht sehen konnte, womit meine Hündin spielte und was dabei passiert war, hatte ich auch keine Ahnung, wonach ich suchen sollte. Es wäre so viel einfacher für uns alle drei, wenn Stella jedes Mal »Hilfe« sagen könnte, wenn so etwas passierte! Als die beiden Kisten mit den programmierbaren Sprachknöpfen eintrafen, die ich bestellt hatte, dachte ich darüber nach, was Stella uns mit ihren Gesten und Lautäußerungen normalerweise mitteilen wollte, welche Wörter wir in unserem täglichen Leben oft zu ihr sagten, mit welchen Wörtern sie auch anderes als bloße Bitten zum Ausdruck bringen konnte und welche Wörter sich in verschiedenen Kontexten verwenden ließen.

Die Wortwahl spielt in der Welt der unterstützten Kommunikation eine wichtige Rolle. Kinder können nur die Wörter sagen, die wir für sie programmieren oder ihnen auf andere Weise zur Verfügung stellen. Es gibt zwei verschiedene Kategorien von Wörtern: *Kernwörter* und *Randwörter*. Kernwörter sind diejenigen, die in der Kommunikation am häufigsten verwendet werden. Wissenschaftliche Untersuchungen, in denen Forscher Sprachproben aus verschiedenen Bevölkerungsgruppen und Kontexten analysieren, zeigten, dass es drei- bis vierhundert Wörter gibt, die ungefähr 80 Prozent von allem ausmachen, was wir sagen.[20] Kernwörter sind normalerweise Verben, Adjektive, Pronomen, Adverbien und Präpositionen. Die effektivsten AAC-Systeme sind so aufgebaut, dass die Schüler daraus zuerst das Kernvokabular erlernen, »weil es dem Kommunizierenden erlaubt, viele verschiedene Konzepte mit nur sehr wenigen Wörtern auszudrücken. Da die Kernwörter den Großteil der gesprochenen Sprache ausmachen, bietet die Konzentration auf das Kernvokabular dem Schüler im Laufe eines Tages viele Gelegenheiten, dieselben Wörter in einem natürlichen Kontext zu hören«.[21] Die Verwendung von Kernwörtern ermöglicht also den besten Kommunikationserfolg.

Daher beschloss ich, die sechs Knöpfe mit Kernwörtern und einem kurzen Satz für Stella zu programmieren: »Komm«, »Nein«, »Ich hab dich lieb«, »Hilfe«, »Tschüs« und »Essen«. Wir sagten zu Stella ständig: »Komm«, daher wollte ich, dass sie das auch zu *uns* sagen konnte, wenn wir uns in einem anderen Zimmer befanden. Und wir sagten: »Nein«, wenn sie auf einem unserer Gegenstände herumkaute oder irgendetwas anderes tat, was wir nicht wollten. Stella hatte also eine Chance verdient, auch uns darauf aufmerksam zu machen, wenn wir etwas taten, was ihr nicht gefiel. Kommunikation ist keine Einbahnstraße! Stellas Wohlbefinden und ihr Glück waren mir wichtig. Jake und ich sagten immer: »Ich hab dich lieb« zu Stella, wenn wir mit ihr kuschelten, sie am Bauch kraulten oder auf den Kopf küssten. Ich wollte ihr nun ebenfalls eine Möglichkeit geben, ihre Zuneigung zu uns oder zu anderen Menschen auszudrücken. »Hilfe« konnte für Stella von Nutzen sein, wenn sie unsere Unterstützung brauchte, um ein Spielzeug zu holen, das irgendwo feststeckte – oder auch, falls einmal irgendetwas Schlimmeres passierte. Immer wenn wir zur Arbeit gingen, sagten wir mehrmals: »Tschüs.« Dass wir während der Arbeitswoche morgens aus dem Haus gingen, war für sie inzwischen schon zur Gewohnheit geworden. Ich wollte ihr eine Möglichkeit geben, über diese Abschiede zu reden. Und Stella verstand auch bereits das Wort »Essen« denn wir sagten es immer, bevor wir sie morgens und abends fütterten. Dann leckte Stella sich die Lefzen und lief zu ihrem Napf hinüber. Hoffentlich konnte Stella uns bald sagen, wann sie ihr Frühstück und ihr Abendessen haben wollte, statt dass wir ihren Essensplan ganz allein für sie erstellen mussten. Vielleicht bekam sie ja manchmal schon früher Hunger als sonst oder war noch nicht hungrig genug, wenn wir ihr das Futter in den Napf schütteten. All das konnten wir nur erfahren, indem wir Stella die Möglichkeit gaben, es uns selbst mitzuteilen.

Die restlichen 20 Prozent unseres Wortschatzes – die Randwörter – haben eine spezifischere Bedeutung. Normalerweise handelt es sich dabei um Substantive, die man nur für *eine* Sache verwenden kann. Jeder braucht sowohl Kern- als auch Randwörter, um effektiv kommunizieren zu können. Ich empfehle immer, dass AAC-Nutzer zunächst mal einen soliden Wortschatz aufbauen sollten, der hauptsächlich aus Kernwörtern und ein paar Randwörtern besteht, um im Alltag effektiver kommunizieren zu können. Später können sie dann noch mehr Randwörter erlernen, die ihnen eine spezifischere Wortwahl ermöglichen. »Spielen« ist ein gutes Beispiel für ein Kernwort: Man kann es für alle Spielzeuge und Spiele verwenden, während »Ball« und »Spielzeug« Randwörter sind. »Essen« ist ebenfalls ein Kernwort: Man kann damit über alle Lebensmittel und Essenszeiten sprechen, während »Frühstück«, »Abendessen« und »Erdnussbutter« Randwörter mit einer spezifischen Bedeutung sind. Stella bekommt »Essen« viel öfter am Tag zu hören als »Abendessen«.

Ich habe aber auch ein wichtiges Randwort in Stellas Wortschatz aufgenommen: »Spazieren«. Denn wir gingen fast jeden Abend nach dem Essen mit Stella spazieren. Das war für sie eine ungeheuer motivierende Aktivität und ein wichtiger Bestandteil ihres täglichen Lebens. Wie die meisten Hunde war Stella jedes Mal furchtbar aufgeregt, wenn wir sie fragten, ob sie spazieren gehen wolle: Sie bellte, sprang im Kreis herum und folgte mir auf Schritt und Tritt, bis ich meine Schuhe anzog, ihre Leine nahm oder nach meinem Kopfhörer suchte. Sie nutzte alle möglichen Kommunikationsformen, um mir mitzuteilen, dass sie spazieren gehen wollte. Deshalb wollte ich Stella in die Lage versetzen, uns zu einem Spaziergang aufzufordern, statt immer erst warten zu müssen, bis wir eines ihrer Lieblingswörter sagten.

Vorläufig wollte ich mir keine allzu großen Gedanken über die *Anzahl* der Wörter machen, die Stella sagen konnte; denn ich wusste, dass sie mit einer guten *Auswahl* an Vokabeln (hauptsächlich Kernwörtern) wahrscheinlich über den größten Teil ihres Alltagslebens kommunizieren konnte. Schließlich konnten wir nicht Hunderte oder Tausende von Knöpfen auf den Boden legen, um mit allen Wörtern zu experimentieren, die sie möglicherweise kannte. Kinder können mithilfe ihrer Geräte Tausende von Wörtern sagen und benutzen trotzdem immer wieder dieselben paar hundert Wörter. Die besten AAC-Systeme sind so aufgebaut, dass die Kernwörter auf der ersten Seite und die Randwörter auf der zweiten und dritten Seite zu finden sind. Auf diese Weise kommen die Kinder am schnellsten und einfachsten an die Wörter heran, die sie am häufigsten brauchen.

Ich fragte mich, ob Stella ihre neuen Knöpfe wohl gleich ausprobieren oder ob es eine Weile dauern würde, bis sie ihr auffielen. War der eine Monat, den sie für das Erlernen ihrer ersten Wörter gebraucht hatte, ein normaler Zeitrahmen, oder hatte sie länger dafür gebraucht, weil das eben ihre erste Erfahrung mit dem Sprechen war? Würde Stella ihre alten Wörter seltener benutzen, weil ihre neuen Wörter sie jetzt mehr beeindruckten? Mich bewegten so viele Fragen, auf die ich unbedingt Antworten brauchte.

Also programmierte ich sechs Knöpfe mit neuen Wörtern und brachte sie in unserem Haus unter. Den »Essen«-Knopf legte ich neben ihren Futternapf, den »Tschüs«-Knopf neben die Haustür. Die Wörter »Komm«, »Nein«, »Ich hab dich lieb« und »Hilfe« kamen in die Unterhaltungsecke unseres Wohnzimmers.

»Komm, Stella«, sagte ich verbal und drückte auf ihren neuen »Komm«-Knopf.

Stella kam zu mir hinübergetrottet.

»Schau mal, Mädchen.« Ich zeigte auf jeden der vier Knöpfe. »Jetzt kannst du ›Komm‹, ›Nein‹, ›Ich hab dich lieb‹ und ›Hilfe‹ sagen«, erklärte ich ihr, während ich einen Knopf nach dem anderen drückte. Stella stand neben mir, leckte mir abwechselnd das Gesicht ab und schaute auf die Knöpfe hinunter.

Nachdem ich die besten Plätze für ihre neuen Knöpfe gefunden hatte, ließ ich sie immer an derselben Stelle liegen. Denn Stella würde am schnellsten lernen, wenn sie nicht jedes Mal, sobald sie etwas sagen wollte, erst nach dem dazu passenden Wort suchen musste.

Die effektivsten AAC-Systeme beruhen auf den Prinzipien des motorischen Lernens und des motorischen Gedächtnisses.[22] Wörter und Sätze sollten immer an derselben Stelle auf dem AAC-Gerät verbleiben, damit der Benutzer sich einprägen kann, wo sie sind. Das ist so ähnlich, wie wir lernen, auf einer QWERTZ-Tastatur zu tippen: Wenn die Tasten auf jeder Tastatur anders angeordnet wären, müssten wir immer erst jeden einzelnen Buchstaben suchen. Doch da die Tasten sich stets an derselben Stelle befinden, wissen unsere Finger automatisch, wohin sie beim Tippen gehen müssen. Nach Wörtern oder Buchstaben suchen zu müssen kostet geistige

Energie, die man stattdessen besser für die Kommunikation nutzen kann.

Das beste Wort – »Spazieren« – hatte ich mir für den Schluss aufgehoben. Stella kam aufgeregt zu mir gerannt, als sie hörte, wie ich eines ihrer Lieblingswörter so viele Male hintereinander sagte. Ich legte den »Spazieren«-Knopf unter den Haken neben der Haustür, an dem Stellas Leine hing.

»Schau mal, Stella, spazieren!« Ich drückte den Knopf ein paarmal hintereinander. Stella stand über dem Knopf und legte den Kopf schief – erst auf die eine und dann auf die andere Seite. Sie wedelte mit dem Schwanz und schaute dann wieder zu mir hoch.

»Bist du aufgeregt, Mädchen?« Ich kauerte mich hin, um mich mit Stella auf Augenhöhe zu befinden. Sie leckte mich immer wieder ab und wandte sich dann wieder ihrem neuen Knopf zu. Schließlich hob sie ihre rechte Pfote, schlug damit auf den Knopf und sagte: »Spazieren« – nur eine Minute, nachdem ich das Wort für sie programmiert hatte.

»Spazieren? Na gut, dann komm.«

Stella bellte und lächelte mich an, während sie beobachtete, wie ich mir die Schuhe anzog und nach meinem Kopfhörer griff. »Spazieren«, wiederholte ich noch einmal verbal und per Knopfdruck. »Komm mit.«

Es war faszinierend, wie anders Stella auf das Wort »Spazieren« reagierte. Sie hatte keinen der anderen Knöpfe, die sie inzwischen kannte, sofort gedrückt, nicht einmal den »Essen«-Knopf. Sie stand zwar auch in meiner Nähe, als ich ihr die anderen Wörter zeigte; aber sie weckten bei ihr längst keine so große Aufmerksamkeit wie »Spazieren«. Als ich sah, wie aufgeregt sie war, als sie auf diesen Knopf drückte, fragte ich mich, ob sie sich wohl auch früher schon danach gesehnt hatte, »Spazieren« sagen zu können, bevor ich diese Wörter für sie programmiert hatte.

Am nächsten Tag setzten Jake und ich uns – erschöpft von unserem Arbeitstag – an den Esstisch. Ich legte die Stapel aus Briefen, Papieren und anderem Kram, die auf dem Tisch lagen, auf einen Stuhl, um Platz für unsere Teller zu schaffen. Stella hatte sich im Wohnzimmer hingelegt und knabberte an einem Kauspielzeug. Ich war genau in der richtigen Stimmung, um mich bei einem schönen, ruhigen Abendessen und einem Gläschen Wein zu entspannen. Doch kaum hatten wir zwei Minuten lang gegessen, da meldete Stella sich auch schon: »Spazieren, spazieren, spazieren, spazieren«, und sie schaute um die Ecke, um zu sehen, wie wir auf ihre Aufforderung reagierten.

»Jetzt nicht spazieren, Stella. Wir essen«, widersprach ich.

Stella sah mir eindringlich in die Augen; dann bellte sie.

»Ich habe gehört, was du gesagt hast, Stella. Wir gehen später spazieren!«

Da verschwand Stella aus unserem Blickfeld. Ein paar Sekunden später hörten wir wieder die Aufforderung: »Spazieren, spazieren, spazieren«, gefolgt von einem Bellen.

»Sie kann erst seit gestern ›Spazieren‹ sagen. Deshalb ist sie so aufgeregt! Sollen wir jetzt gleich mit ihr rausgehen und später zu Ende essen?«, fragte ich.

Jake lachte leise. »Warum musste sie ihr neues Wort ausgerechnet jetzt ein paarmal hintereinander sagen! Na gut, dann gehen wir halt …«

Nach drei Tagen, in denen ihr immerhin sieben neue Wörter zur Verfügung standen, fing Stella an, den ganzen Tag »Spazieren« zu sagen, ohne irgendwelche diesbezüglichen Hinweise von uns zu erhalten. Ich wusste, dass sie gern spazieren ging, hatte aber keine Ahnung, wie viele Spaziergänge pro Tag sie sich wünschte. Mir fiel auf, dass Stella nur noch selten »Raus« sagte, nachdem wir ihr das Wort »Spazieren« beigebracht hatten. Sie sagte zwar immer noch: »Raus«, wenn sie Gassi gehen musste; doch da sie dieses Wort jetzt seltener gebrauchte, fragte ich mich, ob sie vorher vielleicht manchmal, wenn sie »Raus« sagte, in Wirklichkeit einen Spaziergang gemeint hatte. Bis jetzt hatte sie diesen Unterschied ja nicht zum Ausdruck bringen können.

Stella hatte bisher noch keines von ihren anderen neuen Wörtern verwendet. Am nächsten kam sie ihnen, als ihr Spielzeug einmal zwischen den Sprachknöpfen in unserem Wohnzimmer landete. Sie schlug mit der Pfote nach dem Spielzeug, drückte dabei aber versehentlich auf den »Ich-hab-dich-lieb«-Knopf und legte den Kopf schief. Diese Worte schienen sie zu überraschen.

»Ja, ich hab dich lieb, Stella!«, rief ich, küsste sie auf die Stirn und kraulte sie hinter den Ohren. Stella leckte mir das Gesicht ab. Sie hatte zwar nur aus Versehen den Knopf statt ihres Spielzeugs berührt; aber bei solchen Äußerungen ist es wichtig, immer so zu reagieren, als handle es sich um eine absichtliche Botschaft. Dadurch würde sie die Bedeutung der verschiedenen Wörter leichter erlernen. Hätte ich Stellas versehentlichen Druck auf den »Ich-hab-dich-lieb«-Knopf ignoriert, so hätte sie daraus einen falschen Schluss gezogen, nämlich: »Ich habe auf den ›Ich-hab-dich-lieb‹-Knopf gedrückt, aber es ist nichts passiert.« Dann hätte sie diesen Knopf in Zukunft wahrscheinlich seltener bewusst gedrückt. Stattdessen lernte sie: »Nachdem ich auf den ›Ich-hab-dich-lieb‹-Knopf gedrückt hatte, bekam ich Aufmerksamkeit und wurde gekrault.«

Versehentliche Treffer, Fehltreffer und reines Experimentieren mit den Tasten oder Knöpfen sind hervorragende Lernchancen für AAC-Nutzer.[23] Je öfter Stella sieht, dass wir die passende Reaktion zeigen, nachdem sie ein bestimmtes Wort gesagt hat, umso schneller lernt sie, was dieses Wort bedeutet. Am Arbeitsplatz reagierte ich jedes Mal, wenn ein Kind mit seinem Gerät ein Wort sagte, darauf, auch wenn ich wusste, dass es eigentlich etwas ganz anderes hatte sagen wollen oder nur aus Versehen auf die Taste gedrückt hatte. Fehltreffer sind wertvolle Lernchancen, denn dann hört der Schüler, was er gesagt hat, beobachtet, wie sein Kommunikationspartner darauf reagiert, und kann daraufhin entscheiden, ob er das *wirklich* sagen wollte; und wenn nicht, kann er es mit einem anderen Wort versuchen. Auf diese Weise erhält er Gelegenheit, die Reaktionen seiner Kommunikationspartner auf verschiedene Wörter zu beobachten.

Jake und ich hatten inzwischen offiziell beschlossen, nach San Diego zu ziehen. Ich hatte die Stelle in der Frühförderung angenommen; Jake war immer noch dabei, sich zwischen mehreren Stellenangeboten zu entscheiden. Wir kündigten unsere jetzigen Jobs, für die es eine dreißigtägige Kündigungsfrist gab, und begannen uns nach Wohnungen in Kalifornien umzusehen. Da wir so viel mit der Vorbereitung unseres Umzugs quer durch die USA zu tun hatten, dachte ich mir, das sei jetzt ein guter Zeitpunkt, um die Gewohnheiten abzulegen, die mich meiner Meinung nach behinderten.

Ende Juli, ungefähr einen Monat nach unserer Rückkehr aus dem Urlaub, träumte ich immer noch davon, mich in Zukunft der übermäßigen Vernetzung unserer Welt zu entziehen. Ich war wieder in meine alte Gewohnheit des gedankenlosen Scrollens durch die sozialen Medien verfallen, die jede freie Minute meines Tages in Anspruch nahm, obwohl ich das eigentlich gar nicht wollte. Seit meiner Schulzeit am Gymnasium hatte ich mich fast jeden Tag bei mindestens einer Social-Media-Plattform eingeloggt. Diese Gewohnheit war ungeheuer tief in unserer Kultur verankert. Ich fragte mich eigentlich nie, ob ich das wirklich wollte, sondern tat es einfach. Aber es ging mir meistens nicht besonders gut, nachdem ich in den sozialen Medien herumgesurft hatte. Es fühlte sich so an, als würde ich mein Gehirn mit den Gedanken, Ideen und Fotos von Leuten vollstopfen, mit denen ich kaum noch redete. Das konnte nicht gesund sein; zumindest hat es mir keinen erkennbaren Nutzen gebracht. Ich fragte mich immer wieder, wie es sich wohl anfühlen würde, den sozialen Medien den Rücken zu kehren. Würde ich dann das Gefühl haben, etwas zu verpassen? Wie würde ich von wichtigen Ereignissen im Leben meiner Freunde erfahren? Und wie sollte ich Fotos mit Freunden und Familienangehörigen teilen, wenn ich das wollte?

Als Jake eines Abends nach der Arbeit die Treppe hinunterkam, versuchte ich gerade, unseren 50-Zoll-Fernseher von der Holzkonsole zu heben, die er dafür gebastelt hatte.

»Was machst du denn da?«, fragte er.

»Ich habe den Fernseher ausgesteckt! Und ich habe auch alle Social-Media-Apps von meinem Smartphone gelöscht. Ich habe genug von dieser Zeitverschwendung. Das ist mein ›Medienverzichtsprojekt‹. Warum stellen wir den Fernseher nicht mal eine Zeit lang in den Keller? Kannst du mir helfen, ihn runterzutragen?«

»Meinst du nicht, dass das ein bisschen übertrieben ist? Wir könnten uns doch auch einfach vornehmen, nicht fernzusehen«, widersprach er. Denn wir schauten uns abends beide unheimlich gern Serien an.

Am Ende schlossen Jake und ich einen Kompromiss: Wir stellten den Fernseher hinter die Konsole. Auf diese Weise war er für mich zwar außer Sichtweite, aber immer noch problemlos erreichbar, falls wir es uns doch anders überlegen sollten.

Das Löschen der vielen Apps von meinem Handy brachte mir ein paar wichtige neue Erkenntnisse. Denn jetzt befanden sich alle Icons in einer anderen Reihenfolge; daher musste ich das Display immer wieder absuchen, um zu finden, was ich suchte. Obwohl es jetzt viel weniger Apps gab und ich statt drei Seiten nur noch eine Seite mit Icons durchsehen musste, brauchte ich länger, um die Apps zu finden. Untersuchungen zeigen, dass motorische Automatismen stärker sind als unsere Fähigkeit zum Erkennen eines visuellen Icons.[24] Bisher hatte ich nie darüber nachdenken müssen, wo die Apps waren, die ich häufig verwendete: Mein Finger fuhr einfach automatisch dorthin. Diese Erfahrung, dass ich immer erst mühsam nach meinen Apps suchen musste, nachdem ich ihre Anordnung auf dem Display meines Smartphones verändert hatte, erinnerte mich daran, wie wichtig es ist, Wörter auf AAC-Geräten immer an derselben Stelle zu lassen.

Doch das Allerwichtigste war, dass mein Leben sich schon nach ein paar Tagen ohne soziale Medien oder Fernsehen ganz anders anfühlte: Ich hatte abends wieder mehr Energie, und mir fiel auf, wie viel mehr Zeit mir zur Verfügung stand, wenn ich nicht in jeder freien Minute irgendwelche Medien konsumierte. Das fand ich ungeheuer faszinierend. Da mein Gehirn jetzt nicht mehr mit den Gedanken anderer Menschen vollgestopft war, konnte ich auf meine eigenen Gedanken hören.

Tipps und Tricks für das Sprachtraining Ihres Hundes

- **Stellen Sie sich bei der Entscheidung, welche Wörter Sie Ihrem Hund beibringen sollen, folgende Fragen:** *Was teilt mein Hund mir mit seinen Gesten und Lautäußerungen mit? Welche Wörter sage ich während meiner Alltagsaktivitäten häufig zu ihm? Welche Wörter könnte er auch für andere Funktionen nutzen und nicht nur, damit seine Wünsche und Bedürfnisse erfüllt werden? Welche Wörter könnte er in mehreren verschiedenen Kontexten verwenden?*

- **Schaffen Sie einen Wortschatz, der aus mehr Kernwörtern als Randwörtern besteht.** Bringen Sie Ihrem Hund zunächst Wörter bei, die häufig vorkommen, um ihm zunächst möglichst viele Kommunikationsmöglichkeiten zu bieten und ihm später eine komplexere Kommunikation zu ermöglichen.

- **Lassen Sie die Knöpfe Ihres Hundes immer an derselben Stelle.** Das Sprechenlernen folgt den Prinzipien des motorischen Lernens. Nutzer der verbalen Sprache entwickeln mit der Zeit einen motorischen Automatismus, der es ihnen ermöglicht, die verschiedenen Laute und Wörter auszusprechen; Nutzer der Gebärdensprache entwickeln einen motorischen Automatismus für die verschiedenen Handbewegungen; und AAC-Nutzer prägen sich die Positionen der verschiedenen Wörter so lange ein, bis sie ihnen in Fleisch und Blut übergegangen sind. Daher würde es Ihren Hund verwirren, wenn Sie seine Sprachknöpfe dauernd verschieben. Sobald Sie eine geeignete Stelle für einen Knopf gefunden haben, lassen Sie ihn dort.

- **Nehmen Sie sich genügend Zeit dafür, Ihrem Hund neue Wörter vorzuführen.** Immer wenn Sie neue Wörter in seinen Wortschatz einführen, sollten Sie darauf achten, ihm diese in sinnvollen Kontexten zu präsentieren.

- **Reagieren Sie auch auf versehentliche Treffer, Fehltreffer und reines Experimentieren Ihres Hundes.** Auch wenn Sie hundertprozentig sicher sind, dass er nur versehentlich auf einen Knopf gedrückt oder eigentlich einen anderen Knopf »gemeint« hat, reagieren Sie trotzdem auf seine Äußerung. Das sind wertvolle Lernchancen. Außerdem überrascht Ihr Hund Sie manchmal vielleicht auch damit, wann er was sagt. Um ihm bei der Entwicklung einer bewussten Kommunikation zu helfen, sollten Sie stets so reagieren, als wäre seine Botschaft beabsichtigt gewesen.

- **Stellen Sie Ihrem Hund mehr Wörter zur Verfügung, als er Ihrer Meinung nach kennt.** Auf diese Weise kann er seinen Wortschatz mit der Zeit immer weiter ausbauen.

KAPITEL 9

Tschüs, Omaha!

Die meisten Menschen glauben, Hunde würden den ganzen Tag »(Fr)essen« sagen, wenn sie sprechen könnten. Aber das war bei Stella nie so.

Obwohl ich wusste, dass Stella mir viel mehr mitzuteilen hatte, überrascht es mich trotzdem, dass »Essen« nicht zu den ersten neu programmierten Wörtern gehörte, die sie benutzte. Eigentlich dachte ich, bei »Essen« trete der Zusammenhang zwischen Wort und erzieltem Ergebnis für sie besonders deutlich zutage. Das ist einer der Hauptgründe, warum ich »Essen« absichtlich nicht als eines der ersten Wörter für sie ausgewählt hatte: Ich dachte, dass die Assoziation zum Futter einfach zu stark wäre – auf diese Weise würde sie nicht so leicht lernen, dass sie auch aus anderen Gründen als dem Wunsch nach Futter oder Leckerlis mit uns kommunizieren kann. Oder vielleicht ging ich auch davon aus, dass Stella dann *alle* ihre Knöpfe lediglich für Mechanismen halten würde, die dazu dienten, mehr zu fressen zu bekommen. Doch ich lag völlig falsch. Ich unterschätzte Stellas Motive und ihren Wunsch, sich mit uns über viele andere Aktivitäten und Aspekte ihrer Umgebung zu unterhalten.

Als Stella nicht sofort »Essen« sagte, begann ich zu hinterfragen, warum ich überhaupt so fest damit gerechnet hatte, dass sie das tun würde. Natürlich fraß Stella gern; aber sie hatte nie zu den Hunden gehört, die dauernd neben ihrer Futterschüssel sitzen und einen erwartungsvoll anschauen. Wenn sie dieses Verlangen schon auf nonverbaler Ebene nicht ständig geäußert hatte, warum sollte sie dann plötzlich bloß noch übers Fressen reden, nur weil sie jetzt ein Wort dafür hatte? Stella hatte viel mehr Hobbys und Interessen: Es machte ihr Spaß, draußen zu sein, spazieren zu gehen, mit uns zu spielen und von uns gelobt zu werden. Sie beobachtete uns aufmerksam bei vielen alltäglichen Ereignissen und Aktivitäten – nicht nur bei den Mahlzeiten. Und wie alle Hunde kommunizierte Stella nonverbal und durch Lautäußerungen über *viel mehr Dinge* mit uns als nur über ihren Wunsch nach Futter.

Das Wort, das Stella nach »Spazieren« am zweitschnellsten verstand, war »Tschüs«. Auf diese Weise verabschiedeten Jake und ich uns wie gesagt jedes Mal von ihr, wenn einer von uns beiden das Haus verließ; also bekam sie dieses Wort ziemlich oft zu hören. Ich wollte Stella die Möglichkeit geben, auch zu uns »Tschüs« zu sagen, wenn wir weggingen. Kinder lernen Wörter am besten, wenn man sie in ihre normalen Alltagsaktivitäten einbindet. Denn Gewohnheiten sind vorhersehbar, wiederholen sich häufig und dienen bestimmten Funktionen.[25] Da Stella sehr an ihren festen täglichen Gewohnheiten hing, dachte ich mir, dass dieses Prinzip nicht nur für Kinder, sondern auch für sie gelten könnte. Aber ich wollte das Wort »Tschüs« auch deshalb in unsere Kommunikation einführen, weil es eine neue Wortkategorie für sie darstellte: soziale Wörter. »Hallo«, »Tschüs«, »oje«, »bitte« und »danke« sind Beispiele für soziale Wörter, die Kleinkinder schon frühzeitig erlernen. Zusammen mit Substantiven und Verben machen soziale Wörter einen wichtigen Teil ihrer Äußerungen aus.

Eines späten Samstagabends befanden wir uns gerade mitten in einem für den Mittleren Westen typischen Abschiedsgespräch mit ein paar Freunden, die uns besucht hatten. Hierzulande umfassen Abschiede mindestens zwanzig bis dreißig Minuten und bestehen darin, dass man sein Gehen ankündigt, dann noch mal bei allen Anwesenden die Runde macht, ganz neue Gespräche beginnt und sich anschließend noch zehn Minuten lang an der Haustür miteinander unterhält. Wir hatten uns bereits alle dort versammelt und zum Abschied umarmt, setzten unsere Gespräche aber trotzdem immer noch fort. Stella war weit über ihre übliche Schlafenszeit hinaus wach geblieben, spielte mit uns und genoss es, im Mittelpunkt der Aufmerksamkeit zu stehen. Sie sprang von der Couch und lief mitten durch den Kreis hindurch, den wir vor der Haustür bildeten. Sie schaute zu uns allen hoch, tapste dann mit der Pfote auf den »Tschüs«-Knopf und schaute beim zweiten Mal nur noch unsere Freunde an.

Unsere Gäste warfen uns verblüffte Blicke zu und schauten dann wieder zu Stella hinunter. »Sollen wir gehen, Stella? Tschüs, Mädchen!«, sagte einer unserer Freunde. »Euer Hund hat ›Tschüs‹ zu uns gesagt. Das ist ja der reine Wahnsinn«, lachte ein anderer.

Stella saß da und beobachtete durch die Glastür, wie

unsere Freunde uns verließen und zu ihren Autos gingen. Dann sprang sie wieder auf die Couch, rollte sich zu einer Kugel zusammen und schlief ein. Ich bin mir nicht sicher, ob Stella gewollt hatte, dass unsere Freunde fortgingen, damit sie sich schlafen legen konnte, oder ob sie lediglich ein Ereignis kommentiert hatte, von dem sie wusste, dass es gleich eintreten würde. Wie auch immer – es war faszinierend zu beobachten, wie Stella anfing, ein weiteres Wort zu benutzen und uns ihre Gedanken darüber mitzuteilen, was gerade passierte.

Stella stand gern auf der Rückenlehne unserer Couch und schaute aus dem Wohnzimmerfenster. Von diesem Posten aus konnte sie alles beobachten, was in der Welt vor unserem Haus passierte: Sie winselte, wenn sie Eichhörnchen am Baum hochklettern sah, bellte Fremde an, die den Bürgersteig entlanggingen, und sprang aufgeregt im Kreis herum, wenn sie eines unserer Autos in die Einfahrt einbiegen sah. Einmal hörte ich von der Küche aus die Jalousien gegen das Fenster klappern. Ich lief ins Wohnzimmer und sah, dass Stella immer wieder mit den Pfoten gegen die heruntergelassenen Jalousien schlug. Dadurch wollte sie ihren Wunsch zum Ausdruck bringen, dass die Jalousien hochgezogen werden sollten, damit sie aus dem Fenster schauen konnte.

Ich setzte mich neben Stella auf die Couch, klopfte mit der Hand an die Jalousien, sagte »Hilfe« und ging dann zu Stellas Knopf, um auch per Knopfdruck »Hilfe« zu sagen. Während ich die Jalousien hochzog, sagte ich noch ein paarmal: »Hilfe«, und beobachtete, wie Stella die am Fenster hochgleitenden Jalousien mit ihren Blicken verfolgte. Dadurch, dass ich ihre Gesten nachahmte, zeigte ich ihr, dass ich verstand, was sie wollte; und zum Schluss fügte ich noch ein zu ihrer Gestik passendes Wort hinzu.

In meinen logopädischen Sitzungen mit AAC-Nutzern erkenne und akzeptiere ich *alle* Kommunikationsformen – nicht nur die Wörter, die sie mithilfe ihres Geräts sagen. Je mehr Kommunikationsversuche wir erkennen und darauf reagieren, umso öfter und intensiver kommuniziert unser Schüler mit uns. Wenn ein Kind auf etwas zeigt, das es haben will, deute ich ebenfalls darauf und führe ihm dann das dazu passende Wort vor. Auf diese Weise zeige ich dem Kind, dass ich sehe und verstehe, was es mir mitteilen möchte, und sage dann: »Will«, »Bekommen« oder »Hilfe«, um ihm ein Wort beizubringen, das es in dieser Situation verwenden könnte.

Bei Babys praktizieren wir das naturgemäß ständig. Wenn ein Baby Ihnen zuwinkt, winken Sie wahrscheinlich automatisch zurück und sagen: »Tschüs.« Oder: »Hallo.« Und wenn ein Baby in die Hände klatscht, dann klatschen Sie wahrscheinlich ebenfalls und sagen vielleicht: »Huhu!« Ohne sich dessen bewusst zu sein, haben Sie erstens die Geste des Babys erkannt, zweitens eine Bedeutung damit assoziiert, es drittens in seiner Geste bestärkt, indem Sie sie ebenfalls nachahmten, und ihm viertens ein zu dieser Geste passendes Wort vorgeführt. Das ist das Herzstück der Sprachtherapie: Man versucht sämtliche Kommunikationsformen der Schülerinnen und Schüler zu erkennen, darauf zu reagieren und ihnen die nächsthöhere Entwicklungsstufe vorzuführen.

Da »Hilfe« ein vielseitig verwendbares Kernwort ist, führte

ich es Stella in verschiedenen Kontexten vor – indem ich die Jalousien hochzog, ein Spielzeug für sie suchte, ihr das Geschirr anzog oder ihre Näpfe verschob, um den Bissen Futter zu finden, der hinter ihre Schüssel gefallen war. Wenn wir Sprachlernenden ihre Wörter in unterschiedlichen Kontexten vorführen, verhelfen wir ihnen damit zu dem Verständnis, dass man jedes Wort für mehr als nur ein oder zwei verschiedene Situationen verwenden kann.

Stella begann ihr sechstes Wort, »Hilfe«, nun immer wieder zu sagen, wenn sie ihr Spielzeug hinter die Couch fallen ließ oder wenn es unter den Fernsehtisch rollte. Anfangs sagte sie nur: »Hilfe«, ohne dieses Wort durch Gesten zu unterstreichen. Wir wussten dann zwar, dass sie Hilfe brauchte, hatten aber keine Ahnung, wohin ihr Spielzeug verschwunden war – es sei denn, Jake oder ich hatten sie zufällig beim Spielen beobachtet. Stella sah, wie wir unter der Couch oder dem Fernseher nachschauten. Dann begann sie, mit dem Schwanz zu wedeln, und stellte sich direkt neben uns, sobald wir uns in der Nähe des gesuchten Spielzeugs befanden. Bald verband Stella das Wort »Hilfe« ganz von selbst mit einer Geste: Normalerweise stellte sie sich dorthin, wo wir nach ihrem Spielzeug suchen sollten. Sie lernte, dass wir mehr Informationen brauchten, um es so schnell wie möglich zu finden.

Als Jake und ich begannen, uns ernsthaft auf unseren rund 2500 Kilometer weiten Umzug von Nebraska nach Kalifornien vorzubereiten, wurde uns sofort klar, dass wir unsere Habseligkeiten vorher zunächst mal erheblich verkleinern mussten. Denn es war absolut unmöglich, sämtliche Möbel und anderen Gegenstände aus einem zweistöckigen Haus mit vier Zimmern in eine kleine Wohnung in Kalifornien mitzunehmen, die neben dem Wohn- nur noch ein Schlafzimmer hatte. Wir zogen alle möglichen Umzugsstrategien in Erwägung: mit einem »U-Haul«-Laster und einem unserer Autos im Schlepptau durch die Berge und Nationalparks zu fahren, die wir unterwegs besichtigen wollten, Kisten mit unseren Besitztümern zu verschicken oder einen sechs Meter langen Transporter mit unseren Sachen zu beladen und diesen dann von jemand anderem nach San Diego fahren zu lassen. Nach tagelangem Abwägen sämtlicher Möglichkeiten hatten weder Jake noch ich das Gefühl, eine Lösung gefunden zu haben, die uns beiden zusagte. Alle Optionen waren teuer und erforderten eine Menge Planung. Außerdem hatten wir keine Ahnung, was in die kleine Wohnung, die uns in Kalifornien erwartete, überhaupt hineinpassen würde.

»Wie wäre es, einfach nur mit euren beiden Autos loszufahren und neue Möbel zu kaufen, wenn ihr dort seid?«, schlug Grace vor. Diese Anregung kam genau zum richtigen Zeitpunkt. Denn Jake und ich hatten vor Kurzem den Dokumentarfilm »Minimalism« gesehen, in dem es um die Vorteile eines Lebens mit weniger materiellen Gegenständen geht. Minimalismus bedeutet, sich bewusst auf das zu beschränken, was wir am meisten schätzen, und auf anderes – vor allem materielle Güter –, die uns vom Wesentlichen ablenken, zu verzichten.[26] Die Gründer der Minimalismus-Bewegung predigten, das Loslassen unwichtiger Sachen schaffe Platz für mehr Kreativität, inneren Frieden und mehr Sinn.

Die Beschäftigung mit dieser Idee öffnete uns die Augen für all die vielen Dinge, die unsere ständige Aufmerksamkeit erforderten und permanent gewartet, gepflegt und repariert werden mussten. Bis jetzt war es mir nie in den Sinn gekommen, mich von all den unwichtigen Habseligkeiten zu trennen, die ich in den verschiedenen Phasen meines Lebens erworben hatte, statt mit der Zeit immer noch mehr davon anzusammeln. Dieser Umzug konnte eine hervorragende Gelegenheit für uns sein, neu anzufangen und uns von allem zu befreien, was uns nicht mehr dienlich war. Außerdem konnten Jake und ich dann Möbel und andere Einrichtungsgegenstände auswählen, die genau in unsere neue Wohnung passten.

Anfangs sträubte Jake sich dagegen. »Warum sollten wir Sachen hierlassen, die wir uns dann in Kalifornien wieder neu anschaffen müssen?«, fragte er. Aber nachdem er ausgerechnet hatte, wie viel die Habseligkeiten, die wir mitnehmen wollten, überhaupt wert waren, war er schnell überzeugt: Es würde mehr kosten, all das nach Kalifornien zu transportieren, als es in Omaha zurückzulassen. »Okay, so machen wir es! Wir können unsere Sachen hier verkaufen und mit dem Erlös davon unsere neue Wohnung einrichten«, sagte er.

Endlich hatten wir einen Weg gefunden, der seinen und meinen Bedürfnissen gleichermaßen entgegenkam. Für mich war das eine neue Herausforderung und eine Chance, mich persönlich weiterzuentwickeln; und für Jake war es eine praktische, finanziell sinnvolle Entscheidung. Im nächsten Monat verbrachten wir unsere ganze Freizeit damit, uns mit den Habseligkeiten zu beschäftigen, die wir angesammelt und jahrelang mit uns herumgeschleppt hatten, ohne groß darüber nachzudenken, ob wir das überhaupt wollten. Ich stopfte meinen Kopf mit Podcasts, Blogbeiträgen und Büchern darüber voll, wie man loslässt und mit weniger Eigentum lebt. Wie allgemein empfohlen begannen wir bei unserem Loslösungsprozess mit den Gegenständen, von denen wir uns leicht trennen konnten – Lehrbüchern aus unserer Studienzeit, alten DVD-Hüllen, Kleidungsstücken, die wir sowieso nie trugen, alten Küchenutensilien früherer Mitbewohner. Gerümpel, von dem ich nicht einmal wusste, dass wir es überhaupt besaßen, kam auf diese Weise plötzlich ans Tageslicht, und wir mussten uns damit beschäftigen. Als Nächstes machten wir uns Gedanken über Objekte, die einen sentimentalen Wert für uns hatten – Schnickschnack, den wir auf unseren Reisen gekauft hatten, Lieblings-T-Shirts aus unserer Schulzeit und mehrere Jahre alte Geschenke von Freunden oder Angehörigen, für die wir keine Verwendung mehr hatten. Jedes Mal, wenn ich mich dagegen sträubte, diese Sachen wegzugeben, hielt ich mir vor Augen, dass ich niemals Platz für etwas Neues in meinem Leben haben und auch nicht in der Lage sein würde, meine Lieblingssachen richtig zu würdigen, wenn ich so weitermachte wie bisher.

Wir brachten acht Wagenladungen voller Kübel und Taschen mit Haushaltsgegenständen, Möbeln und Kleidungsstücken zum Goodwill-Store. Wir verkauften unseren Fernseher, vier Sofas, Stühle, Tische, Gerätschaften und Einrichtungsgegenstände auf Facebook, Marketplace und Craigslist. Jeden Abend nach der Arbeit kamen drei oder vier fremde Leute an unsere Haustür, um sich irgendetwas anzuschauen, was wir zum Verkauf anboten. Während wir auf diese Weise nach und nach unser ganzes Haus ausräumten, überkam mich allmählich ein Gefühl der Erleichterung: Plötzlich gab es wieder mehr leeren Platz an den Wänden, ich konnte wieder alle meine Klamotten in meinem Kleiderschrank unterbringen, eine Wasserflasche aus dem Regal nehmen, ohne dabei einen ganzen Stapel Tupperdosen umzustoßen – und vor allem konnte ich die Schönheit der Holzböden und die architektonische Gestaltung unseres Hauses jetzt wieder richtig schätzen. Mit jeder Fahrt zu Goodwill entrümpelte unser Haus sich immer mehr, und uns wurde immer leichter ums Herz. Jetzt brauchte ich mir keine Gedanken mehr darüber zu machen, ob ich für diese vielen Gegenstände überhaupt einen Platz in unserer neuen Wohnung finden würde. Das war eine richtige Selbstbefreiungsaktion. Meine Gefühle schwankten zwischen Fassungslosigkeit darüber, wie viel ich besaß, und Erleichterung darüber, das alles endlich loszuwerden.

Stella dagegen kam mit dieser Ausmistaktion gar nicht gut zurecht: Plötzlich wurde ihre Umgebung direkt vor ihren Augen auf den Kopf gestellt. Bei jedem Möbelstück, das wir hinaustrugen, stand sie verdutzt im Zimmer herum. Als Jake und ein paar Freunde die Couch hinaustrugen, blieb ich mit Stella im Haus und passte auf, dass sie nicht mit hinausschlüpfte. Sie lief in den leeren Wintergarten und fing genau da, wo vorher die Couch gestanden hatte, an zu winseln. Dann lief sie zu ihrem Knopf und sagte: »Nein.« Sie schaute mit tieftraurigen Augen zu mir auf und rollte sich dann auf einer leeren Einkaufstüte, die auf dem Boden lag, zu einer

Kugel zusammen. Das war das erste Mal, dass Stella auf den »Nein«-Knopf gedrückt hatte. Entweder wollte sie damit sagen, dass da keine Couch mehr war; oder sie ärgerte sich darüber, dass die Couch, in die sie sich seit ihrer Kindheit immer so gemütlich hineingekuschelt hatte, plötzlich weg war; oder sie protestierte gegen das, was wir da taten. Vielleicht nahm Stella die Gegenstände in unserem Haus stärker wahr und hing mehr daran, als mir bewusst war.

Jake und ich wuselten immer weiter im Haus herum, packten Sachen ein, die wir mitnehmen wollten, und fegten leere Regale und Schränke aus. Wir hatten kaum genug Zeit, um wenigstens ab und zu mal eine Pause zu machen und uns auszuruhen.

Eines Nachmittags räumte ich den Wäscheschrank im oberen Stockwerk aus und hörte dabei Musik. Stella leistete mir eine Zeit lang Gesellschaft, lief aber nach ein paar Minuten die Treppe hinunter. Ich drehte die Musik leiser, um besser hören zu können, was sie da unten womöglich anstellte.

»Komm, komm«, hörte ich sie sagen.

Ich ging nach unten und sah Stella mitten im Wohnzimmer stehen. Kaum hatte sie mich auf der Treppe erblickt, stürzte sie sich auch schon auf ihr Spielzeug und rannte damit los. Sie hatte mich zum Spielen nach unten gerufen!

Später, als Jake und ich im Keller mit dem Sortieren von Kisten beschäftigt waren, hörten wir sie wieder »Komm!« rufen. Ein paar Sekunden später erschien Stellas Kopf am oberen Ende der Treppe.

»Sollen wir hochkommen?«, fragte ich.

Stella wedelte mit dem Schwanz, als sie uns die Treppe hinaufgehen sah. Dann drehte sie sich sofort auf den Rücken, um uns zu signalisieren, dass wir sie am Bauch kraulen sollte.

»Sollten wir *deshalb* zu dir hochkommen, Stella?«, lachte Jake.

Ich freute mich darüber, dass Stella nun *auch* eine Möglichkeit hatte, uns mitzuteilen, dass sie uns in ihrer Nähe haben wollte – vor allem jetzt, wo Jake und ich uns ständig irgendwo anders aufhielten. Meistens folgte Stella uns durchs Haus, spielte in unserer Nähe oder beobachtete, was wir gerade taten. Aber manchmal wollte sie auch, dass wir zu ihr kamen. Ich hatte auch früher immer schon »komm« gesagt, um nach Stella zu rufen. Dadurch, dass ich nun ihren Knopf dafür benutzte, lernte Stella, wie und wann sie dieses Wort auch selbst verwenden konnte, um *nach uns* zu rufen. Und was ganz besonders interessant und beeindruckend war: Immer wenn wir uns in ihrer Sichtweite befanden oder ohnehin bereits auf sie achteten, sagte sie: »Spielen«, wenn sie uns zu einem Spiel animieren wollte. Aber wenn wir gerade nicht aufpassten oder außer Sichtweite waren, sagte sie: »Komm«, um nach uns zu rufen. Stella benutzte nie das Wort »Komm«, wenn sie bereits unsere Aufmerksamkeit hatte oder wenn wir uns ohnehin schon dort aufhielten, wo sie uns haben wollte. Die Kontexte, in denen Stella ihre Wörter einsetzte, gaben mir wichtige Informationen über ihr Wortverständnis. Wenn Stella das Wort »Komm«, in den gleichen Situationen verwendet hätte wie »Spielen« oder irgendein anderes Wort, wäre es für uns schwierig einzuschätzen gewesen, ob sie die verschiedenen Bedeutungen ihrer Wörter auch wirklich verstanden hatte.

Auf Stellas Wortwahl zu achten ist ein viel effektiverer Weg, um ihre sprachlichen Fähigkeiten zu beurteilen, als sie nach den Positionen der einzelnen Knöpfe zu fragen. Wenn wir Stella zum Beispiel testen würden, indem wir sie fragten: »Wo ist ›kommen‹?« oder »Wo ist ›spielen‹?«, und dann abwarteten, ob sie den richtigen Knopf fand, verriet uns das nichts über ihre Fähigkeit, mithilfe ihrer Knöpfe zu kommunizieren; denn das ist eine völlig andere Fähigkeit. Das wäre ungefähr so, wie wenn jemand Sie auffordern würde: »Sagen Sie mir genau, wo der Buchstabe ›G‹ auf der Tastatur liegt.« Zu wissen, dass das »G« in der Mitte der zweiten Reihe liegt, ist nicht dasselbe, wie zu wissen, welche Wörter man mit »g« schreibt oder wie man diesen Buchstaben richtig verwendet. Wenn ich Stella also frage: »Wo ist ›Komm‹?«, und sie drückt daraufhin auf ihren »Komm«-Knopf, sagt mir das nicht, ob Stella das Wort »Komm« kennt oder weiß, wie man es richtig verwendet. Ich erfahre dadurch lediglich, dass sie sich seine Position gemerkt hat und möglicherweise darauf trainiert wurde, diese Frage zu beantworten. Ein viel besserer Weg, Stellas Sprachkompetenz zu beurteilen, besteht darin, kontinuierlich zu beobachten, wie sie ihre Wörter in bestimmten Umgebungen und Kontexten und bei speziellen Alltagsaktivitäten gebraucht und mit welchen Gesten sie diese begleitet. Man kann die Sprachkompetenz von AAC-Nutzern sehr viel besser beurteilen, indem man ihre Kommunikationsmuster analysiert.

Nachdem Stella angefangen hatte, fünf ihrer neuen Wörter – »(spazieren) gehen«, »Tschüs«, »Hilfe«, »Nein« und »Komm« – zu sagen, gab ich ihr absichtlich mehr Zeit zum Überlegen, bevor ich sie fütterte. Denn in der Routine des täglichen Lebens vergisst man nur allzu leicht, Alltagsaktivitäten zur Förderung der Sprachkompetenz zu nutzen. Wir müssen den Lernenden eine Chance geben, *für sich selbst* zu sprechen, statt immer nur *für sie* zu sprechen. Als Stella eines Morgens nach dem Aufwachen an ihrer Futterschüssel vorbeiging und sich die Schnauze leckte, blieb ich wartend stehen. Sie lief quer durchs Esszimmer, um an der Schublade zu schnuppern, in der ihr Futter lag. Dann ging sie zum Futternapf zurück, sagte: »Essen«, und schaute wieder zu mir hinüber.

»Stella essen! Ja, Stella jetzt essen.«

Stella leckte sich wieder die Schnauze und wedelte mit dem Schwanz, während sie beobachtete, wie ich die Dose mit dem Hundefutter zu ihrem Napf trug. An diesem Abend sagte Stella zehn Minuten vor ihrer normalen Fütterungszeit wieder: »Essen.« Sie hatte inzwischen jedes neue Wort – außer »Ich hab dich lieb« – konsequent in den dazu passenden Kontexten verwendet.

Dass ihr nun mehr Wörter zur Verfügung standen, hielt Stella jedoch nicht davon ab, auch ihren alten Wortschatz weiterhin zu verwenden. Ganz im Gegenteil: Sie begann jetzt über *noch mehr* Alltagsaktivitäten mit uns zu kommunizieren. Als ich Stella diese zweite Gruppe von Wörtern vorstellte, lernte sie sehr viel dadurch, dass sie mit den Knöpfen herumexperimentierte und unsere Reaktionen darauf beobachtete. In all dem Chaos, das durch das Ausräumen unseres Hauses und unsere Umzugsvorbereitungen entstanden war, führte ich Stella ihre Wörter jetzt nicht mehr annähernd so oft vor, wie ich es anfangs mit ihren allerersten Wörtern getan hatte. Aber sie verfügte inzwischen schon über ein starkes sprachliches Fundament und konnte selbstständig weiterlernen. Stella wusste jetzt, dass die Knöpfe der Kommunikation dienten. Nachdem sie die Wörter gehört und ein paarmal beobachtet hatte, was passierte, wenn sie sie sagte, wurde sie sicherer im Umgang damit.

Allmählich rückte unser Umzug näher, und unser Haus wurde immer leerer. Jetzt hallten unsere Stimmen in den meisten Zimmern schon laut wider, und Stellas Knöpfe, ihr Spielzeug und ihr Bett waren unsere einzigen Einrichtungsgegenstände. Ich packte Stellas Lieblingssachen - ihren Ball, ein Plüschtier und ein Seil - vorläufig noch nicht ein, damit sie in den nächsten Tagen weiterhin damit spielen konnte; alles andere steckte ich in einen Koffer. Stella sah zu, wie ich den Reißverschluss des Koffers zuzog, sagte: »Hilfe«, und rollte sich auf meinem Schoß zu einer Kugel zusammen. Seit wir angefangen hatten, ihre Sachen zusammenzupacken, wich sie mir nicht mehr von der Seite. *Hoffentlich hat sie keine Angst, dass wir sie verlassen!,* dachte ich. Es war eine große Belastung für mich, Stella so verstört zu sehen. Ich fragte mich, wie sie sich das Geschehen in unserem Haus wohl erklärte. Auch mich machte das alles nervös, obwohl ich genau wusste, was los war. Ich konnte mir nicht vorstellen, was Stella empfand, als sie sah, wie all ihre täglichen Gewohnheiten sich in nichts auflösten und unser ganzes

Hab und Gut vor ihren Augen verschwand, ohne zu wissen, warum. Schade, dass ich Stella nicht erklären konnte, dass wir bald in einem neuen Haus mit neuen Möbeln wohnen und ihr dann auch ihre Spielsachen wiedergeben würden!

Im Lauf von anderthalb Monaten quollen nicht mehr all unsere Schränke und Zimmer vor lauter Krimskrams über, sondern es befanden sich nur noch Zimmerpflanzen, kleine Stapel aus Koffern und ein paar Kisten neben der Haustür – und wir waren total erschöpft.

Mit einem flauen Gefühl im Magen ging ich ins Bett. Am nächsten Morgen würden wir ins Auto steigen und das ganze Leben, das wir uns hier aufgebaut hatten, mit einem Schlag zurücklassen. Die Stadt Omaha war mir vertraut, und sie war gut zu mir gewesen. Ich kannte mich dort aus, hatte meine Lieblingsrestaurants, -bars und -gärtnereien. Außerdem hatte ich dort berufliche Kontakte – ein Netzwerk aus Leuten, an die ich mich jederzeit wenden konnte. Hier hatten Jake und ich uns kennengelernt; ich hatte mir einen engen Freundeskreis aufgebaut und konnte schnell und problemlos nach Hause fahren, um meine Familie in Illinois zu besuchen. Ich fragte mich, wie unser Leben sich nun wohl verändern würde – ob unser Umzug womöglich ein großer Fehler war. Aber jetzt gab es kein Zurück mehr. Wir hatten neue berufliche Stellungen, die wir antreten mussten, eine neue Wohnung, die es zu beziehen galt, und ein neues Leben, das darauf wartete, dass wir es in die Hände nahmen.

Tipps und Tricks für das Sprachtraining Ihres Hundes

- **Kombinieren Sie die Gesten Ihres Hundes mit dazu passenden Wörtern.** Geben Sie ihm die nächste Kommunikationsstufe vor, indem Sie das Wort sagen, das zu der jeweiligen Geste Ihres Hundes passt. Auf diese Weise erlernt er eine weitere Möglichkeit, über das betreffende Konzept zu kommunizieren.

- **Achten Sie auf Muster in der Art und Weise, wie Ihr Hund seinen Wortschatz gebraucht.** Erfahren Sie mehr über Ihren Hund, indem Sie darauf achten, welche Wörter er am häufigsten und in welchen Situationen er sie verwendet. Genau wie wir Menschen ist auch jeder Hund anders und bedient sich unterschiedlicher Kommunikationsmethoden.

KAPITEL 10

Unterwegs nach Kalifornien

Stella saß auf ihrem Bettchen auf dem Vordersitz meines Autos, das Gesicht zu einem breiten Lächeln verzogen. Sie richtete sich immer wieder auf und schaute aus dem Fenster auf die nicht enden wollenden Maisfelder und die sanfte Hügellandschaft Nebraskas. Dann legte sie sich wieder hin und machte es sich auf einem sonnigen Plätzchen auf ihrer Decke gemütlich. Mein »Kopilot« und ich fuhren in eine ungewisse Zukunft hinein; über uns wölbte sich ein strahlend blauer Himmel. Ich habe Autofahrten schon immer geliebt. Es ist ein unnachahmliches Gefühl der Freiheit, hinter dem Lenkrad zu sitzen, Musik zu hören, nirgendwo anders sein zu müssen und nichts anderes tun zu können – ein geradezu meditatives Erlebnis.

Jake hatte unsere Autos wie ein Tetris-Spiel gepackt: Jeder Gegenstand war so mit den anderen verzahnt, dass nichts verrutschen konnte – bis auf die Einkaufstüte mit Stellas Knöpfen, die auf dem Boden des Vordersitzes lag. Das war der einzige Ort, an dem wir sie jederzeit problemlos wieder herausnehmen konnten. Immer wenn ich anhielt, abbog oder über eine unebene Stelle fuhr, hörte ich Plastik klappern, und ein geheimnisvolles Stimmengewirr ertönte: »Raus«, »Wasser«, »Spazieren«, »Ich hab dich lieb« und »Hilfe«. Dann schaute Stella jedes Mal nach unten und anschließend zu mir hinüber.

»Ja, ich hab's auch gehört, Stella.« Das würden lange dreißig Stunden werden.

Nach unserer ersten neunstündigen Etappe kamen wir in Breckenridge/Colorado an. Stella war die ganze Strecke über eine mustergültige Beifahrerin gewesen, doch sobald wir das Auto verließen, explodierte sie förmlich vor Energie. Als Jake und ich uns auf unser Kingsize-Bett fallen ließen, fing Stella an, ihre Runden im Hotelzimmer zu drehen. Sie sprang aufs Bett, bellte uns an, hüpfte dann wieder hinunter und rannte neben der Tür im Kreis herum. Bis jetzt war Stellas erste Übernachtung in einem Hotelzimmer das reinste Chaos.

»Oje, Mädchen, was bist du aufgedreht«, sagte ich. Jake verteilte Stellas Knöpfe im Hotelzimmer. Ich warf ein Spielzeug für sie, und sie schoss quer durchs Zimmer, sodass die Knöpfe, die Jake gerade aufgestellt hatte, in alle Richtungen flogen. Ich hörte ein paar von ihnen piepsen, als sie sich zurücksetzten, nachdem sie gegen die Wand geknallt waren.

»Na, das fängt ja gut an«, sagte ich. »Was sollen wir tun, wenn sie jede Nacht so durchdreht? Dann werden wir garantiert kein Auge zutun.« Ich stellte die Knöpfe wieder auf.

»Raus«, hörte ich sie am nächsten Morgen um halb sechs sagen. In dem stockdunklen Hotelzimmer konnte ich nur Stellas Silhouette an der Tür erkennen. Ich blieb im Bett, während Jake mit ihr einen kurzen Spaziergang machte, damit sie ihr Geschäft erledigen konnte.

Daran würden wir uns nun wohl gewöhnen müssen. In unserer neuen Wohnung konnten wir sie nicht mehr einfach in den Hinterhof lassen wie in Omaha. Normalerweise wollte Stella mindestens zehn- bis fünfzehnmal am Tag raus. Jetzt wurde mir klar, dass wir unsere gesamte Freizeit damit verbringen würden, mit ihr hinauszugehen, wenn sie auch in San Diego so häufig danach verlangte. Als Jake und Stella von ihrem Spaziergang zurückkamen, sprang sie aufs Bett und leckte mir so lange das Gesicht ab, bis ich mich aufsetzte. Dann sprang sie wieder hinunter, trank einen Schluck Wasser und sagte anschließend: »Essen«, so wie sie es auch zu Hause getan hätte.

»Stella essen! Okay, dann wollen wir mal dein Frühstück holen.« Jetzt strotzte ich mit einem Mal förmlich vor Energie und freute mich auf den bevorstehenden Tag. Ich fand es faszinierend, dass Stella so ähnlich mit ihren Knöpfen kommunizierte, wie sie es in Omaha getan hatte – trotz der neuen Umgebung und des Stresses, den wir alle in den letzten Tagen erlebt hatten. Offenbar war die Benutzung ihrer Wörter für sie inzwischen schon zum Automatismus geworden; denn wenn sie wirklich darüber nachdenken müsste, was sie sagen oder wie sie es sagen sollte, hätte sie ihre AAC-Knöpfe in dieser hektischen Zeit wahrscheinlich gar nicht benutzt – es hätte sie einfach zu viel geistige Energie gekostet. Es fällt jedem schwerer, etwas Schwieriges zu tun, wenn er gestresst ist. Das gilt auch für Hunde. Der Zugang zu ihren Sprachknöpfen schien Stella ein bisschen zu beruhigen. Sie war zwar immer noch ziemlich aufgedreht, aber längst nicht mehr so hektisch wie bei unserer Ankunft im

Hotelzimmer, bevor wir die Knöpfe für sie auf dem Boden ausgelegt hatten.

Am zweiten Tag unserer Fahrt tauschten wir die Maisfelder von Nebraska gegen die Berge von Colorado und Utah ein. Sie waren von Wäldern bedeckt, die allmählich ihr gelbes, rotes und orangefarbenes Herbstlaub zu zeigen begannen. Diesmal übernachteten wir in einer kleinen Stadt in Utah. Das einstöckige, U-förmige Motel hatte ungefähr zwanzig Zimmer, die alle von außen zugänglich waren. Während Jake und ich uns die Zähne putzten, kamen wir aus dem Badezimmer und sahen Stella im Hotelzimmer neben die Eingangstür pinkeln.

»Oh, verflixt, ich habe gestern Abend vergessen, ihre Knöpfe aus dem Auto mit reinzunehmen«, sagte ich. »Das war meine Schuld.« Stella hatte an der Tür gestanden und ein paarmal gewinselt; doch ich war müde gewesen, und es fiel mir gar nicht auf, dass ich ihre Knöpfe vergessen hatte. Sich an die Tür zu stellen war zurzeit Stellas beste Möglichkeit, mich darauf aufmerksam zu machen, dass sie rausmusste. Inzwischen konnte unsere Hündin schon sehr gut mit Wörtern kommunizieren, und Jake und ich hatten uns daran gewöhnt, dass sie uns stets genau sagte, was sie wollte oder brauchte. Normalerweise mussten wir nicht auf ihre Zeichensprache achten, um rechtzeitig zu erkennen, dass sie Gassi gehen musste. Egal, an welcher Stelle unseres Hauses wir uns befanden – wir konnten es überall hören, wenn Stella »Raus« sagte.

»Tut mir leid, Stella-Mädchen, lass uns rausgehen und

deine Knöpfe holen.« Sobald ich Stellas Knöpfe auf den Boden gelegt hatte, lief sie zu ihnen hinüber, drückte sie der Reihe nach und legte den Kopf schief, als sie die Wörter hörte.

»Ich glaube, sie will sich vergewissern, welcher Knopf welche Bedeutung hat«, sagte ich.

Zu Hause brauchte Stella nicht immer wieder sämtliche Knöpfe auszuprobieren, weil sie ihre verschiedenen Positionen kannte. Ein paar Minuten später sagte Stella: »Wasser«, um uns darauf aufmerksam zu machen, dass sie keins mehr hatte.

Stellas Knöpfe spielten für sie ganz offensichtlich eine wichtige Rolle. Nachdem wir sie aufgestellt hatten, war sie in den beiden darauffolgenden Nächten viel ruhiger und gelassener. Heute Abend zeigte sie uns sogar, dass es ihr wichtig war, die Knöpfe auseinanderzuhalten. Ihre Wörter waren ein fester Bestandteil ihrer Kommunikation. Kein Wunder: Wenn man alles hat, was man braucht, um sich auszudrücken, fühlt man sich automatisch wohler. Ich dachte an einige meiner AAC-Patienten in Omaha zurück, die ich in ihren Klassenzimmern in der Schule beobachtet hatte. Oft lagen ihre Kommunikationsgeräte nicht auf ihren Tischen oder wurden den ganzen Tag über nicht benutzt. Wie diesen Kindern wohl zumute war, wenn ein wichtiger Bestandteil ihrer Kommunikation so einfach wegfiel? Stella war am ersten Tag, als ihr nicht alle ihre Knöpfe zur Verfügung standen, förmlich durchgedreht. Stellen Sie sich vor, wie frustrierend das erst für Kinder sein muss! Bis dahin war mir noch gar nicht richtig bewusst geworden, dass diese kleinen

Patienten, über die ich bisher immer wieder nachgedacht oder mir Sorgen gemacht hatte, nun plötzlich nicht mehr da waren. Ich hoffte, dass sie in guten Händen waren. Sie fehlten mir jetzt schon.

Wir verteilten die letzte Strecke unserer Fahrt auf zwei Tage und buchten ein Last-Minute-Zimmer in Las Vegas. Ich war noch nie in Vegas gewesen, also dachte ich, es würde eine amüsante letzte Nacht unserer Reise werden. Ich stellte mir vor, wie wir uns in einem schönen Hotelzimmer entspannen, an ein oder zwei Automaten spielen, gut essen und einen interessanten Cocktail trinken würden. Das wäre eine gute Möglichkeit, unsere bisherige Reise zu feiern und eine Pause einzulegen, bevor das Chaos des Einzugs begann.

Unser Hotel auf dem Las Vegas Strip war noch riesiger, als ich es mir vorgestellt hatte: Es umfasste mehrere Restaurants, verschiedene Flügel – alle mit separatem Aufzug – und Verbindungsgänge zu anderen Hotels. Irgendwie war das alles eine Welt für sich.

Wir liefen fast zehn Minuten durchs Erdgeschoss, bis wir das Zentrum des Hotels erreicht und den richtigen Aufzug für unser Zimmer gefunden hatten. Als wir an der Spielkasino-Etage vorbeigingen, in der es vor Menschen nur so wimmelte, fing Stella plötzlich an, ein Häufchen auf den Teppich zu machen.

»O Gott, Jake!«, rief ich.

»Stella, nein! Warte!«, sagte er.

Doch es war zu spät – das Unheil nahm bereits seinen Lauf. Jake und ich gerieten in Panik. Er hob Stella hoch und ergriff die Flucht. »Wir müssen den Ausgang finden, bevor es wieder losgeht!«, rief er. Ich rannte hinter Jake her, wobei das Wasser von allen Seiten aus dem Einmachglas herausspritzte, in dem ich meinen Fisch transportierte, und Stellas Knöpfe alle gleichzeitig »Tschüs«, »Ich hab dich lieb«, »Spazieren«, »Hilfe« und »Essen« riefen, als sie aneinanderstießen. Ich winkte einen Hotelmitarbeiter heran, damit er uns beim Beseitigen der Bescherung helfen konnte. Stella schaute über Jakes Schulter zu mir zurück und lächelte, als genösse sie die aufregendste Situation ihres Lebens in vollen Zügen. Inzwischen wurden wir von allen Leuten angestarrt – und das in einer Stadt, in der sich eine Sensation an die andere reiht!

Mehrere falsche Abzweigungen und zehn Minuten später fanden wir endlich eine Tür, die nach draußen führte. Doch als wir Stella auf dem Rasen absetzten, blickte sie nur verständnislos zu uns hoch und lief weiter. Sie brauchte jetzt nicht mehr Gassi zu gehen, weil sie ihr Geschäft ja schon im Spielkasino erledigt hatte.

Am nächsten Morgen sagte Stella in unserem Hotelzimmer, das im elften Stock lag, zweimal hintereinander: »Raus.« Jake ging mit ihr den Flur entlang zum Aufzug, musste ein paar Minuten warten und fuhr dann ins Erdgeschoss hinunter. Als die beiden endlich aus dem Aufzug stiegen, war es schon mindestens fünf Minuten her, dass Stella »Raus, raus« gesagt hatte. Diesmal wusste Jake, wo die Tür war: Er musste noch ungefähr fünf Minuten lang durch das Kasino laufen, um sie zu erreichen. Doch kaum hatten die beiden den Aufzug verlassen und gingen den Flur entlang, fing Stella wieder an, sich zu lösen. Sie schaffte es nicht mehr bis nach draußen; dieser Weg war für einen jungen Hund wie sie viel zu weit.

Gegen Mittag kamen wir in unserer neuen Wohnung im sonnigen San Diego an. Die breite, an beiden Seiten von Palmen gesäumte Straße bot uns einen warmen südkalifornischen Gruß. Wir waren nur zehn Autominuten von der Innenstadt und vom Strand entfernt. Am Ende unseres Häuserblocks gab es einen kleinen Lebensmittelladen und eine Bücherei. Belebte Straßen voller Boutiquen, Restaurants, Brauereien und Bars waren alle höchstens einen knappen Kilometer weit entfernt, also bequem zu Fuß zu erreichen. Bei jedem Schritt, mit dem wir unsere neue Umgebung erkundeten, verschwanden Eidechsen raschelnd im Gebüsch. Kolibris schwirrten an uns vorbei. Wohin ich auch schaute, wuchsen baumgroße Sukkulenten in den Vorgärten, und grün-rote Papageien flogen krächzend die Straße entlang. Es fühlte sich so an, als wären wir in einer völlig anderen Welt gelandet.

Unser Apartmentkomplex war ein weißliches Gebäude mit sechzehn Wohneinheiten, die alle auf einen in der Mitte liegenden Innenhof hinausgingen. Unsere Wohnung befand sich im ersten Stock direkt neben dem Eingang. Als wir eintraten, sahen wir den Kühlschrank und den Herd mitten im Wohnzimmer stehen; in der Küche arbeiteten zwei Handwerker.

»Oje …«, sagte Jake. »Also, das ist wirklich …«

Ich sah die Panik in seinem Gesicht. »Die Wohnung sieht bestimmt gleich viel größer aus, wenn die Geräte nicht mehr im Wohnzimmer stehen«, sagte ich. »Im Inserat stand, es sind 65 Quadratmeter ...«

»Wir sind in einer Stunde fertig«, sagte einer der Handwerker. »Kommen Sie dann wieder.«

Wir schlenderten durchs Viertel und kehrten in einem Restaurant ein, um zu Mittag zu essen. Ich staunte darüber, dass es hier so viele hundefreundliche Restaurants gab. Damals in Omaha konnten wir Stella nur selten mitnehmen, wenn wir auswärts aßen, weil Hunde in den meisten Gaststätten verboten waren. Stella lief zu allen Menschen hin, an denen wir vorbeigingen, wedelte mit dem Schwanz und lächelte. Wenn jemand »Hallo« zu uns sagte, aber nicht zu ihr hinunterschaute, sprang sie an dem Passanten hoch, um seine Aufmerksamkeit auf sich zu lenken. Stella liebte es, wenn die Leute sie als von uns gesonderte Persönlichkeit zur Kenntnis nahmen.

Als wir eine Stunde später in unser Apartment zurückkehrten, waren die Geräte inzwischen wieder in die Küche gestellt worden, was allerdings keinen großen Unterschied machte. An das lange, schmale Wohnzimmer grenzten links eine winzige U-förmige Küche und das Badezimmer und rechts das Schlafzimmer an. Von der Eingangstür aus konnten wir so ziemlich die ganze Wohnung überblicken. Jake nahm einen Zollstock zur Hand und stellte fest, dass sie insgesamt nur knapp 45 Quadratmeter groß war.

»Gut, dass wir nicht viel aus Omaha mitgebracht haben«, sagte er. »Keines unserer Möbel hätte hier reingepasst.«

Schon allein unsere Couchgarnitur hätte das ganze Wohnzimmer eingenommen; und unser alter Esstisch hätte den Durchgang von der Küche zum Schlafzimmer blockiert.

Stella lief durch die gesamte Wohnung und beschnupperte den Boden Zentimeter für Zentimeter. Bevor wir mit dem Auspacken unseres Autos begannen, legten wir ihre Knöpfe im Wohnzimmer aus und warfen ihren Ball ein paarmal quer durch die Wohnung, damit sie wenigstens ein bisschen Auslauf bekam. Als Jake anfing, Kisten ins Haus zu tragen, stand Stella mitten im Wohnzimmer und lächelte in das Sonnenlicht, das durch das nach Süden zeigende Fenster zu uns hineinströmte. Jedes Mal, wenn wir ein paar von unseren Habseligkeiten aus Omaha ins Haus brachten, wedelte sie mit dem Schwanz und beschnupperte und beleckte alle Kartons.

»Ja, Stella! Das ist unser neues Zuhause, mein Mädchen.«

Eigentlich hatte ich geglaubt, den stressigsten Teil unseres Umzugs quer durch die USA jetzt hinter uns zu haben. Ich hatte die Suche nach einem neuen Job, das Ausräumen unseres Hauses und die dreißigstündige Autofahrt für die größte Herausforderung gehalten und war mir sicher, dass der Rest nur noch ein Kinderspiel sein würde, wenn wir erst mal an unserem Ziel angekommen waren. Doch dann stellte sich heraus, dass Stella viel länger brauchte, um sich an ihr neues Zuhause zu gewöhnen, als ich erwartet hatte.

Da unsere Hündin während unserer Reise in den verschiedenen Hotelzimmern immer ihre Sprachknöpfe benutzt hatte, ging ich davon aus, dass sie das auch weiterhin tun würde, wenn wir sie in unserer neuen Wohnung auslegten.

Der Abend, an dem Jake und ich Stella abholten (ausgerechnet auf dem Parkplatz eines Lebensmittelgeschäfts). Damals wussten wir noch nicht, wie sehr unser Leben sich dadurch verändern würde, und sie auch nicht!
(Rechts) Ein paar Minuten, nachdem ich die kleine Stella zu uns nach Hause geholt hatte, schaute sie mir treuherzig in die Augen. Ich fühlte mich sofort eng mit ihr verbunden.

Drei Wochen, nachdem ich den »raus«-Knopf bei Stella eingeführt hatte, betrachtete sie ihn voller Interesse. An der Häufigkeit, mit der sie ihn anstarrte, konnte ich erkennen, dass sie kurz davor war, darauf zu drücken.

Nachdem Stella begonnen hatte, aus eigenem Antrieb ihre ersten drei Wörter zu sagen, las ich leidenschaftlich gern Geschichten über die Kommunikation zwischen Mensch und Tier. Besonders schön fand ich es, wenn Stella mir beim Lesen Gesellschaft leistete!

Immer wenn wir Stella ein neues Spielzeug oder einen Knochen gaben, betrachtete sie sich damit im Spiegel. Ich fragte mich dann immer, was sie beim Anblick ihres Spiegelbilds wohl dachte. Ein paar Minuten später vergrub sie den Knochen in einem Stapel von Jakes Kleidung.

(Rechts) An Stellas Körpersprache und Wortwahl erkannten wir, wie gestresst sie war, als wir unsere Sachen zusammenpackten, um von Omaha wegzuziehen. Nachdem wir die letzte Couch hinausgetragen hatten, sagte Stella »Nein« und legte sich auf eine leere Einkaufstüte.

Während der Autofahrt nach Kalifornien genoss Stella die herrliche ungewohnte Landschaft in vollen Zügen, genau wie wir.

Ungefähr eine Woche nach unserer Ankunft in San Diego begann Stella ihre Sprachknöpfe wieder regelmäßig zu benutzen. Sie erinnerte uns jeden Abend pünktlich um fünf Uhr daran, dass es jetzt Zeit für ihr »Essen« war.

Stella gewöhnte sich schnell an ihr neues Leben in Kalifornien. Der Hundestrand entwickelte sich zu einem ihrer Lieblingsaufenthaltsorte, und bald gehörte »Strand « zu den Wörtern, die sie am häufigsten benutzte.

Stella wirkte immer ganz begeistert und aufgeregt, wenn wir auf ihre Wörter reagierten. Sie wartete an der Tür auf mich, nachdem sie »Spazieren« gesagt und ich mit »Ja« geantwortet hatte.

Die erste Version von Stellas auf einem Soundboard angebrachten Knöpfen. Nachdem unsere Hündin sich an die neue Anordnung gewöhnt hatte, hielt sie sich gerne auf und neben ihrem Board auf.

Stella tapst mit der linken Pfote nach ihrem Ball und sagt mit der rechten Pfote »spielen«. Sobald die Hündin sich so an ihre Sprachknöpfe gewöhnt hatte, dass sie zu einem Automatismus für sie geworden waren, beschäftigte sie sich dabei gleichzeitig oft auch noch mit etwas anderem.

Stella mit zwei von ihren besten Hundefreunden im Park. Bei jedem Spaziergang animierte sie dieselben Hunde zu denselben Spielen – so wie die kleinen Kinder, die auch jede Woche immer wieder die gleichen Spiele mit mir gespielt hatten.

Stella lernte schnell! Kurz nachdem wir alle ihre Knöpfe auf einem einzigen Soundboard angebracht hatten, war sie schon wieder bereit für neue Wörter; und sie bildete auch jeden Tag spontan neue Wortkombinationen.

Eigentlich hatte ich gedacht, mit 15 Wörtern würde Stella eine Weile beschäftigt sein; aber ich hatte mich geirrt! Sobald sie alle ihre Sprachknöpfe konsequent und richtig verwendete, stiegen wir auf ein größeres Soundboard mit noch mehr Wörtern um. Stella lag einen ganzen Nachmittag lang auf ihrem alten Board, bevor sie das neue ausprobierte.

Da wir alle Knöpfe in derselben Reihenfolge belassen hatten, war die Umstellung auf ein größeres Board für sie viel einfacher als bei unserer ersten Anordnung. Inzwischen nahm Stellas Soundboard einen großen Teil unseres Wohnzimmers ein!

Es faszinierte mich, wie oft Stella nach unserer Rückkehr aus dem Park »Park spielen« oder »Park glücklich« sagte. Ich fragte mich, was sie wohl sonst noch über ihren Spaziergang im Park dachte und was sie uns darüber alles hätte erzählen können, wenn sie das passende Vokabular dafür gehabt hätte.

Auch wenn Stella in Wörtern mit uns spricht, verhält sie sich trotzdem immer noch wie ein ganz normaler Hund und kommuniziert auch so. Der einzige Unterschied besteht darin, dass ihr zusätzlich noch ein weiteres Ausdrucksmittel zur Verfügung steht.

Da alle Knöpfe an dem Soundboard befestigt sind, können wir sie auf Reisen mitnehmen, ohne sie jedes Mal wieder neu auslegen zu müssen. Stella freut sich immer sehr darüber, ihre Sprachknöpfe auch unterwegs bei sich zu haben.

Aber außer »Raus« sagte sie in den ersten paar Tagen gar nichts. Sie war nervös und ängstlich, weil sie sich in einer für sie unbekannten Wohnung befand. Stella winselte die ganze Nacht und immer dann, wenn Jake und ich weggingen – selbst wenn wir nur den Müll rausbrachten. Anfangs ließen wir Stella zu Hause, wenn wir einkaufen gingen, um uns das Nötigste zu beschaffen, was wir für unseren neuen Haushalt brauchten. Doch sobald wir zur Tür hinausgingen, fing Stella drinnen an zu jaulen. Was sollten wir nur tun, wenn sie nicht damit aufhörte? Und wenn unsere Nachbarn sich irgendwann darüber beschwerten? Wir konnten unsere Wohnung nicht mehr beide gleichzeitig ohne sie verlassen. Immer wenn ich auf die Toilette ging, kratzte Stella mit der Pfote an der Tür und winselte. Sie war noch nie so ängstlich und so anhänglich gewesen – nicht mal als junger Welpe. Hatte dieser Umzug sie womöglich traumatisiert?

Als ich spürte, wie unwohl Stella sich in ihrer neuen Umgebung fühlte, wunderte ich mich nicht mehr darüber, dass sie nicht sprach. Ihre Grundbedürfnisse – sich sicher, geborgen und wohlzufühlen – wurden nicht erfüllt; und ohne Befriedigung dieser elementaren Bedürfnisse kann niemand sein volles Potenzial ausschöpfen. In seiner Theorie von der Bedürfnishierarchie erklärte der berühmte Psychologe Abraham Maslow, dass es fünf verschiedene Ebenen menschlicher Bedürfnisse gibt. Diese Ebenen bilden zusammen eine Pyramide, wobei die physiologischen Bedürfnisse – Nahrung, Unterkunft und genügend Zeit zum Ausruhen – das Fundament bilden. An zweiter Stelle kommen Sicherheit und Geborgenheit, an dritter Stelle soziale Beziehungen und ein Gefühl der Zugehörigkeit, an vierter Stelle Leistung und Anerkennung und an fünfter Stelle schließlich die Verwirklichung des eigenen Potenzials.[27] Es ist schwierig, bis zu den Emotionen an der Spitze der Pyramide vorzudringen, wenn das Fundament instabil ist. Wir alle haben diese Bedürfnispyramide schon in unterschiedlichem Ausmaß am eigenen Leib erlebt: Es ist anstrengender, etwas zu lernen, wenn man müde ist, weil man schlecht geschlafen hat, und es ist auch schwieriger, sich im Unterricht zu konzentrieren, wenn der Magen knurrt. Wir alle können nur dann unser Bestes geben, wenn wir uns am wohlsten fühlen. Das war auch bei Stella so.

Tipps und Tricks für das Sprachtraining Ihres Hundes

- **Falls Sie verreisen, nehmen Sie die Sprachknöpfe Ihres Hundes nach Möglichkeit mit.** Wenn ihm sämtliche Kommunikationsmöglichkeiten zur Verfügung stehen, wird er sich in neuen Situationen und an unbekannten Orten vielleicht wohler fühlen.

- **Achten Sie darauf, dass Ihr Hund sich aus eigenem Antrieb mit seinen Knöpfen beschäftigt.** Je intensiver er mit den Knöpfen herumexperimentiert und hört, welcher Knopf welches Wort sagt, umso positiver wirkt sich das auf seinen Lernprozess aus.

- **Denken Sie an die Maslow'sche Bedürfnispyramide!** Wenn Ihr Hund sich nicht sicher und geborgen fühlt, gesund ist und genügend Bewegung hat, wird es ihm wahrscheinlich schwerer fallen, neue Fähigkeiten zu erlernen und diese in seinem täglichen Leben anzuwenden. Daher sollten Sie sich zuallererst um die Erfüllung der elementaren Bedürfnisse Ihres Hundes kümmern.

KAPITEL 11

Innovativer Umgang mit Sprache

Nachdem Jake und ich fast eine Woche lang gar nicht mehr gemeinsam aus dem Haus gegangen waren, neue Alltagsgewohnheiten für Stella geschaffen und unsere Wohnung eingerichtet hatten, begann sie sich endlich einzugewöhnen. Eines Nachmittags begab sie sich zu dem Platz unter den Einbauregalen in unserem Wohnzimmer, wo wir ihre vier Knöpfe »Spielen«, »Nein«, »Ich hab dich lieb« und »Hilfe« hingelegt hatten, und betätigte einen nach dem anderen. Dabei legte sie den Kopf schief – zuerst auf die eine und dann auf die andere Seite, so wie sie es zuvor in unserem Hotelzimmer getan hatte – und horchte auf jedes einzelne Wort. Nachdem sie sie alle gehört hatte, ging sie weg und legte sich wieder hin.

»Braves Mädchen, Stella. Ja, das sind deine Wörter«, sagte ich und wiederholte jedes Wort noch ein paarmal hintereinander. Dann ging ich mit ihr durch den Rest der Wohnung, um ihr zu zeigen, wo die Knöpfe für »Spazieren«, »Tschüs«, »Komm«, »Essen« und »Wasser« lagen. Auf dem Rückweg drückte ich den »Ich-hab-dich-lieb«-Knopf, küsste Stella auf den Kopf und tätschelte ihr den Rücken. »Es wird schon alles wieder gut, Mädchen.«

Am nächsten Tag starrte Stella wieder auf dieselben vier neuen, nebeneinander aufgereihten Knöpfe. Dann schaute sie zu mir hoch und schließlich wieder zu den Knöpfen hinunter. Sie hob zaghaft die Pfote, sagte: »Nein«, und legte dann sofort wieder den Kopf schief, als hätte sie nicht damit gerechnet, dieses Wort zu hören. Sie zögerte ein paar Sekunden und drückte dann auf den Knopf neben dem »Nein«.

Daraufhin ertönte das Wort »Spielen«, und nachdem sie es gehört hatte, drückte sie den Knopf noch zweimal. Dann lief sie weg und steckte die Nase in ihren Spielzeugkorb am anderen Ende des Zimmers.

Stella korrigierte sich stets selbst, wenn sie das falsche Wort gesagt hatte. Als sie bei dem Wort angelangt war, das sie statt des »Nein« sagen wollte – nämlich »Spielen« –, drückte sie noch zweimal auf diesen Knopf, als wolle sie betonen, dass sie dieses Wort auch wirklich meinte. Zusammen mit ihrem Wortschatz entwickelte Stella allmählich auch immer ausgeprägtere praktische Fähigkeiten. Zu wissen, wie man Wörter verwendet, ist viel mehr als ein bloßes Verständnis ihrer Bedeutungen: Genauso wichtig ist es zu wissen, *wann* man bestimmte Wörter benutzt und wie man seinem Gesprächspartner mit ihrer Hilfe eine Botschaft vermitteln kann. Ich hatte ihr nie direkt beigebracht, einen Knopf zweimal hintereinander zu drücken, um mich wissen zu lassen, dass sie das, was dieser Knopf ausdrückte, *auch wirklich* sagen wollte. Wenn ich versehentlich auf den falschen Knopf getreten war, hatte ich ihr dieses Korrekturverhalten vielleicht ein- oder zweimal unbewusst vorgeführt, indem ich anschließend mehrmals hintereinander auf den richtigen

Knopf drückte. Entweder hatte Stella diese Strategie durch solche gelegentlichen Beobachtungen erlernt, oder sie hatte selbst herausgefunden, wie sie ihren Wörtern besonderen Nachdruck verleihen konnte.

Später am selben Tag sagte Stella: »Wasser«, als ihr Napf leer war, und: »Essen« - ungefähr eine halbe Stunde nach ihrer normalen Essenszeit. Sie forderte uns jetzt auch wieder öfter zum Spielen auf und blieb problemlos ein paar Minuten lang allein im Wohnzimmer, wenn wir in die Küche oder ins Schlafzimmer gingen. Nach und nach wurde sie entspannter und selbstsicherer. Allmählich kam die alte Stella wieder zum Vorschein - Gott sei Dank!

Sobald wir uns in unserem neuen Zuhause eingewöhnt hatten und feststellten, dass tatsächlich alle unsere Habseligkeiten dort hineinpassten, störte mich die Kleinheit unserer Wohnung überhaupt nicht mehr. Es gab keine Unordnung. Jeder Gegenstand lag an seinem Platz, und das Putzen des gesamten Apartments dauerte nur zwanzig Minuten. Jake und ich suchten gemeinsam unsere Möbel aus und beschlossen, keinen Fernseher zu kaufen - eine ganz neue Art des Zusammenlebens. Wir hatten jetzt genau das, was wir brauchten - nicht mehr und nicht weniger. Endlich, zum ersten Mal seit über einem Monat, konnten wir drei uns völlig entspannen. Wir hatten es geschafft. Wir waren in Kalifornien - bereit, unser neues Leben zu beginnen und es in vollen Zügen zu genießen.

In Omaha hatte Stella jeden Tag »Raus«, »Essen« und »Spazieren« gesagt. Außerdem hatte sie im Lauf des Tages normalerweise noch ein oder zwei andere Wörter benutzt. Inzwischen sagte sie jeden Tag sechs oder sieben verschiedene Wörter und verwendete viele davon sogar mehrfach. Zum Beispiel sagte sie jeden Morgen und Abend: »Raus«, »Spazieren« und »Essen«. Außerdem sagte sie: »Komm«, wenn Jake und ich das Abendessen zubereiteten und sie wollte, dass wir stattdessen mit ihr im Wohnzimmer spielten. Sie sagte: »Hilfe«, wenn die Jalousien heruntergelassen waren oder die Schlafzimmertür geschlossen war, »Nein« oder »Fertig«, »Raus«, wenn wir ihr erklärten, dass wir jetzt nicht mehr (draußen) mit ihr spielen wollten, und »Tschüs«, wenn Jake oder ich zum Einkaufen weggingen. Sie hatte nicht nur ihre früheren Kommunikationsmuster wiedererlangt, sondern übertraf sie sogar noch.

Nun, da ich ihre Wörter so oft wie möglich vorführte, benutzte Stella sie häufiger. Dieser Fortschritt entspricht genau dem, was ich lehre und was auch wissenschaftliche Untersuchungen zeigen: Je öfter Logopäden, Eltern, Lehrer, Geschwister und Gleichaltrige das Kommunikationsgerät eines Kindes benutzen, umso häufiger wird auch das Kind selbst damit arbeiten.[28] Da alle Zimmer unseres Apartments mit ein paar Schritten zu erreichen waren, hielten wir uns zwangsläufig immer in Stellas Nähe auf und konnten stets hören, was sie sagte. Früher in Omaha hatte sie nur Wörter sagen können, wenn sie sich im Erdgeschoss befand. Hielt sie sich im ersten Stock oder im Keller auf und musste sie dringend Gassi gehen, lief sie ins Erdgeschoss, um uns Bescheid zu geben; doch ansonsten kam sie nur selten quer durchs Haus, um »Hilfe«, »Komm«, »Spielen« oder »Nein«

zu uns zu sagen. Und auch wir liefen nur selten durch unser ganzes Haus, um ihr bestimmte Wörter vorzuführen; denn wenn wir endlich an dem Knopf angelangt waren, nach dem wir suchten, war das, was wir unserer Hündin damit sagen wollten, meist schon unwichtig geworden. Schließlich wollte ich Stella ihre Wörter genau in dem Augenblick vorführen, in dem sie relevant waren, und nicht erst im Nachhinein. Doch nun, in unserer neuen Wohnung, kamen wir fast immer, wenn wir mit Stella redeten, ins Wohnzimmer und benutzten ihre Knöpfe. Jetzt waren die Knöpfe für Stella viel einfacher und bequemer zu erreichen, und daher funktionierte unsere Kommunikation noch besser als vorher.

Stella achtete immer genau darauf, was Jake und ich taten. Falls sie nicht gerade spielte, stand sie normalerweise ein bis zwei Meter von uns entfernt und drehte ihren Kopf abwechselnd zu ihm und zu mir hin, wenn wir miteinander redeten oder weggingen. Sie beobachtete uns und ihre Umgebung sehr aufmerksam. Eines Abends, nachdem Stella gefressen hatte, stand sie zwischen der Küche und unserem Esstisch und sah zu, wie wir Teller, Gläser und unser Essen zum Tisch hinübertrugen. Dann setzten Jake und ich uns zum Essen hin.

»Essen«, sagte unsere Hündin und ging zur Couch hinüber.

»Aber sie hat doch schon gefressen, oder nicht?«, fragte Jake.

»Ja. Ich glaube, sie redet über das, was wir vorhaben. Ja, Stella. ›Jake Christina essen.‹«

Stella hörte mir von der Couch aus zu, legte den Kopf

schief und beobachtete uns dann die ganze Zeit beim Essen. Zu jenem Zeitpunkt hatten wir Stella noch nie vom Tisch aus gefüttert. Sie bettelte nicht und erwartete auch nicht, dass wir ihr Essensreste gaben. Normalerweise saß sie auf der Couch oder lag auf dem Boden und beobachtete uns einfach nur beim Essen; und heute Abend benutzte sie das Wort »Essen« nicht, weil sie Futter haben wollte, sondern um zu kommentieren, was gerade geschah. Wenn Stella sich mehr Futter gewünscht hätte, wäre sie wahrscheinlich bei ihrem Napf geblieben oder zu dem Schrank gegangen, in dem wir ihr Futter und ihre Leckerlis aufbewahrten. Aber das tat sie nicht; sie beobachtete uns einfach nur.

Stella in diesem neuen Kontext »Essen« sagen zu hören war so etwas Ähnliches wie damals, als sie »Wasser« gesagt hatte, während sie mir bei der Versorgung meiner Zimmerpflanzen zusah. Man kann Wörter für mehrere verschiedene Kommunikationsfunktionen und in diversen Bedeutungen verwenden. Je klarer wir uns vor Augen halten, dass Wörter mehrere Bedeutungen haben, umso besser können wir die Botschaften von Schülerinnen und Schülern verstehen.

Am nächsten Morgen bei der Arbeit wurde ich wieder an dieses Prinzip erinnert. Bisher machte mein neuer Job in der Frühförderung von Kindern mir Spaß. In den ersten Wochen war es eine große Umstellung gewesen, da ich zu jedem Behandlungstermin hinfahren und die Therapie in den Häusern fremder Menschen durchführen musste; doch inzwischen hatte ich mich daran gewöhnt und fühlte mich bei meiner Arbeit von Tag zu Tag wohler. Auch durch das Wissen, dass meine Sitzungen für die meisten Familien der erste Einstieg in die Welt der Sprachtherapie waren, fühlte ich mich in meiner Position gestärkt: Das war eine wunderbare Chance, ihnen zu zeigen, wie wirksam und wichtig Logopädie ist und wie viel Freude sie macht.

An diesem Morgen rief ein kleiner Junge mit wuscheligem Lockenschopf: »Affe.« Er sprang hin und her und klatschte direkt vor meinem Gesicht in die Hände. Auf dem Wohnzimmerboden ringsumher lagen lauter Spielsachen: eine Eisenbahn, Bauklötze und eine Kartoffelkopffigur. Seine Mutter stand in Hörweite in der Küche und schaukelte seine kleine Schwester auf ihrer Hüfte auf und ab. Seit ich vor ein paar Wochen begonnen hatte, mit diesem Jungen zu arbeiten, war dies erst das vierte oder fünfte Wort, das ich von ihm zu hören bekam.

In der letzten Woche hatte ich ihm ein paar Spielzeugaffen mitgebracht, doch diese Woche hatte ich sie in meinem Kofferraum gelassen und stattdessen andere Tiere für ihn ausgesucht. *Vielleicht möchte er die Affen wiederhaben?,* dachte ich. *Oder will er, dass ich »Five Little Monkeys« singe?*

»Affenlied singen?«, fragte ich ihn. »Five little monkeys jumpin' on the bed …«

»O nein, er sagt schon den ganzen Tag ›Affe‹«, erklärte seine Mutter. »Damit meint er, dass wir gestern im Zoo waren und die Affen gesehen haben. Er ist dauernd vor dem Käfig auf und ab gesprungen und hat auf sie gezeigt.«

»Oh, Affen im Zoo. Wow!«, sagte ich. Daraufhin lächelte der kleine Junge wieder und hüpfte weiter vor Freude.

Wenn Kleinkinder sprechen lernen, verwenden sie oft nur einzelne Wörter oder kurze Sätze und versuchen, damit ganze Gedanken zu vermitteln. Das ist eine völlig normale Phase des Sprachentwicklungsprozesses. Stella benutzte ebenfalls einzelne Wörter, um damit verschiedene Gedanken auszudrücken. Zum Beispiel sagte sie: »Essen«, um ihr Futter einzufordern oder um zu beschreiben, dass wir beide gerade etwas aßen; und mein kleiner Patient sagte: »Affe«, um zum Ausdruck zu bringen, dass er gestern im Zoo Affen gesehen hatte oder dass er mit Spielzeugaffen spielen wollte. Wenn wir für alle Möglichkeiten offenbleiben und alle Hinweise nutzen, die der Kontext uns bietet, gelingt es uns leichter, hinter die jeweilige Absicht des Sprechers zu kommen.

Ein paar Wochen nach unserem Umzug nach San Diego veranstalteten Jake und ich eine Einweihungsparty. Wir hatten dazu meine Freundin Brissa eingeladen, die uns übers Wochenende besuchte, außerdem ein nettes Pärchen, das wir in einer Brauerei in unserem Wohnviertel kennengelernt hatten, ein paar von Jakes Arbeitskollegen und einige seiner alten Freunde von der Highschool, die zufällig auch in Kalifornien wohnten. Es wurde ziemlich eng in unserer kleinen Wohnung.

»Was sind denn das für Knöpfe, die bei euch überall auf dem Boden rumliegen?«, fragte einer von Jakes Freunden.

Ein anderer Freund wurde ebenfalls neugierig.

Alle starrten mich an und warteten auf eine Erklärung. Unsere Freunde in Omaha hatten von Anfang an mitbekommen, dass ich vorhatte, Stella das Sprechen beizubringen. Außerdem kannten sie mich und meine Arbeit und waren nicht sonderlich erstaunt darüber, dass ich diese beiden Welten miteinander zu verbinden versuchte. Aber jetzt war ich hier in San Diego, und unsere Gäste erinnerten mich daran, dass es kein alltäglicher Anblick ist, wenn auf dem Boden eines Wohnzimmers überall sprechende Knöpfe herumliegen.

»Also, ich bin Sprachtherapeutin … und ich wollte herausfinden, ob Stella mithilfe dieser Knöpfe sprechen lernen kann.«

Schweigen.

»Ich arbeite oft mit Kindern, die nicht sprechen können und sich mithilfe von Kommunikationsgeräten verständigen. Also habe ich mich gefragt, ob Stella auch lernen könnte, so ein Gerät zu benutzen, wenn sie eins hätte.«

Brissa fing meinen Blick auf und lächelte mir ermutigend zu. »Jeder Knopf sagt ein anderes Wort?«

»Richtig«, sagte ich, »zum Beispiel ›Raus‹, ›Spielen‹, ›Spazieren‹, ›Essen‹.« Ich ging durchs Zimmer und trat der Reihe nach auf sämtliche Knöpfe, um sie den Gästen vorzuführen. »Wenn Stella etwas davon möchte, kann sie es uns sagen.«

Ich machte mich auf skeptische Gesichter und alle möglichen Fragen gefasst; doch unsere Gäste waren begeistert.

»Das ist wirklich cool.«

»Eine sehr sinnvolle Einrichtung!«

»Mein Hund versteht jedes Wort und wartet oft schon vorher darauf, dass ich etwas sage.«

Ich seufzte vor Erleichterung, denn ich war froh, dass diese Fremden und Bekannten mich nicht für völlig verrückt hielten. Also hatte ich doch keinen so schlechten Eindruck auf unsere neuen kalifornischen Freunde gemacht. Sie fanden das alles ungeheuer spannend.

Ein paar Stunden nach dem Beginn unserer Party wachte Stella aus ihrem Schläfchen auf, sagte: »Spielen«, und trottete in den Kreis unserer Besucher hinein, um all diesen neuen Freunden ihr Spielzeug zu zeigen.

Am nächsten Tag wollten wir einen Strandspaziergang machen. Brissa ging in unser Schlafzimmer, um sich umzuziehen. Jake griff nach meiner Hand, drehte mich zu sich und küsste mich.

»Ich hab dich lieb«, sagte Stella. Wir schauten nach unten und sahen, dass die Hündin sich zwischen unsere Beine gequetscht hatte. Sie wedelte mit dem Schwanz, schaute zu uns hoch und legte die Ohren an, so wie sie es immer tat, wenn sie sich freute. Sie sah aus wie ein kleiner Otter.

»Ich hab dich lieb, Stella. Wir haben dich auch lieb, Mädchen.« Jake und ich hockten uns sofort auf den Boden. Stella leckte unsere Gesichter ab, lächelte und drehte sich auf den Rücken, damit wir sie am Bauch kraulen konnten.

»Braves Mädchen, Stella. Gute Stella, ich hab dich lieb.«

Es war das erste Mal, dass sie von sich aus »Ich hab dich lieb« gesagt hatte. Bisher hatte ich ihr diesen Satz immer vorsagen müssen, während ich sie kraulte oder am Bauch streichelte.

Stella hatte nun offiziell alle zehn Wörter selbstständig benutzt. Ich hatte »Ich hab dich lieb« immer in passenden Situationen gesagt, in denen ich mich eng mit Stella verbunden fühlte, so wie Eltern es mit ihren Kindern tun. Eltern sagen »Ich hab dich lieb« zu ihrem Baby oder Kleinkind, wenn sie es umarmen, küssen oder versorgen oder besonders stolz auf es sind. Eltern erklären ihrem Baby nicht zuerst, was Liebe bedeutet, testen es dann, ob es die Bedeutung dieses Wortes versteht, und akzeptieren erst danach, dass das Kind »Ich liebe dich« zu ihnen sagt. Die Wörter, die Kinder von ihren Eltern hören, sind stets in dazu passende soziale Anlässe und Emotionen eingebettet. Bisher waren auch Stellas Lernprozesse auf diese Weise abgelaufen. Sie wollte diesen Augenblick der Liebe mit uns gemeinsam erleben, und ihre Knöpfe boten ihr eine Möglichkeit, uns das zu sagen.

Ich machte mir keine Gedanken darüber, ob »Ich hab dich lieb« für mich genau dasselbe bedeutete wie für Stella. Man kann unmöglich wissen, ob ein bestimmtes Wort bei verschiedenen Menschen das gleiche Gefühl hervorruft – geschweige denn bei Menschen und Hunden.

Nach diesem Wochenende brachten Jake, Stella und ich Brissa zum Flughafen. Stella stand auf dem Rücksitz unseres Autos und schaute aus dem Fenster, während Brissa im Flughafengebäude verschwand. Als wir in unsere Wohnung zurückkehrten, lief Stella schnurstracks zu der Couch hinüber, auf der Brissa geschlafen hatte. Sie schnupperte an den Decken und Kissen, die unsere Freundin benutzt hatte, sagte dann: »Tschüs«, und schaute mir dabei direkt in die Augen.

»Richtig, Stella. Sie ist weg. Tschüs.«

Dies war das erste Mal, dass Stella über etwas sprach, was soeben passiert war, und nicht über etwas, das gerade passierte oder gleich passieren würde. Stella begriff, dass diese Person sich hier aufgehalten hatte, jetzt aber nicht mehr da war. Das erinnerte mich an die Zeiten, als Wrigley den ganzen Tag auf dem Bett einer meiner Schwestern lag und schmollte, nachdem die Schwester weggefahren war, um zu Semesterbeginn wieder aufs College zu gehen. Das war ihr Ritual gewesen, das ihr half, sich mit der plötzlichen Abwesenheit meiner Schwestern abzufinden. Was hatte Wrigley wohl gedacht, als sie dort lag? Und was dachte Stella sonst noch darüber, dass unsere Freundin für ein paar Tage hier gewesen und nun plötzlich wieder verschwunden war? Damals wusste ich es noch nicht – aber dieses Verhalten entwickelte sich zu einem Muster, das Stella jedes Mal zeigte, wenn Freunde oder Angehörige bei uns zu Gast waren: Sie fuhr mit uns im Auto zum Flughafen, beschnupperte die Luftmatratze oder die Schlafcouch des Gastes, als wir zurückkamen, und sagte dann: »Tschüs.«

In der nächsten Woche fuhren wir nach der Arbeit stets die fünfzehn Minuten in Richtung Westen zum Ocean Beach Dog Beach. Jedes Mal, wenn wir auf den Parkplatz kamen, fühlte es sich so an, als seien wir tatsächlich in einer ganz neuen Welt gelandet. Surfer zogen noch auf dem Parkplatz ihre Neoprenanzüge an und rannten los, um die nächste Welle zu erwischen. Leute verkauften Kunstwerke aus zu Häusern umgebauten Kleinbussen. Skateboarder sausten an uns vorbei, und an der rechten Seite führte ein fußballfeldlanger Sandstreifen bis zu dem Strand, wo Hunde aller Größen frei herumliefen und spielten. Sobald unsere Zehen den Sand berührten, löste ich Stellas Leine, und sie lief zum Strand und begrüßte alle Menschen, die ihren Weg kreuzten. Alle machten viel Aufhebens um sie.

Stella bellte ältere Hunde an, die jedoch keine Lust oder

Energie hatten, sich mit einem sieben Monate alten Hund abzugeben. Sie tauchte ihre Pfoten ins Wasser und flüchtete sofort zurück ins Trockene, wenn eine Welle auf sie zurollte.

Als ich Stellas Ball am Strand entlangwarf, schaute sie ihn nur kurz an und rannte dann in die entgegengesetzte Richtung, um einem Hund hinterherzujagen, der wiederum einen anderen Hund jagte. Ihr Ball war ihr jetzt völlig egal.

»Wir sind am Strand, Stella! Strand, Strand, Strand«, sagte ich immer wieder, während sie auf dem Hundestrand herumtollte. »Spiel schön am Strand!« Stella raste an mir vorbei und lächelte über das ganze Gesicht.

Allmählich ging die Sonne unter, und die Silhouetten der Palmen vor dem tiefvioletten Himmel sahen aus wie ein Ansichtskartenmotiv. Ich konnte immer noch nicht glauben, dass wir jetzt tatsächlich hier wohnten.

Als wir nach Hause zurückkamen, waren wir erholt und entspannt und freuten uns darüber, dass unsere Abende nach der Arbeit jetzt immer so aussehen könnten. Ich warf einen Blick auf die Uhr und stellte fest, dass es erst kurz nach halb acht war.

»Unglaublich«, sagte ich zu Jake. »In Omaha wäre ich jetzt gerade erst mit meiner Arbeit fertig geworden.« Endlich hatte ich das Gefühl, richtig zu leben. Seit dem Ende meines letzten Behandlungstermins an diesem Tag war ich bereits mit Stella spazieren gegangen, hatte Wörter mit ihr eingeübt, unser Abendessen zubereitet, war zum Strand gefahren und wieder zurückgekommen. Endlich führten wir ein ausgewogenes Leben, das nicht nur aus Arbeit, Arbeit und nochmals Arbeit bestand.

Nachdem wir Stella abgetrocknet hatten, marschierte sie ins Haus, lief sofort zu ihrem Futternapf und stampfte mit der Pfote auf den »Essen«-Knopf. Dann ging sie zu ihrer Knopfreihe im Wohnzimmer, sagte: »Nein«, und schaute erwartungsvoll zu uns hoch. Sie hielt Blickkontakt, winselte und tappte mit der rechten Pfote auf den Boden. Denn wir hatten Stella vor unserer Fahrt an den Strand nicht gefüttert; und unsere Hündin bildete nun ihre erste Zwei-Wort-Kombination, um uns mitzuteilen, dass sie ihr Abendessen noch nicht bekommen hatte.

Tipps und Tricks für das Sprachtraining Ihres Hundes

- **Überlegen Sie, wie leicht Ihre Knöpfe für Ihren Hund zu erreichen sind.** Sind die Knöpfe im ganzen Haus verteilt? Oder befinden sie sich in einem Zimmer, in dem Sie sich nicht oft aufhalten? Falls ja, sollten Sie die Knöpfe vielleicht lieber in einem Bereich Ihres Hauses aufstellen, wo Ihr Hund sie leichter erreichen kann und wo sich mehr Gelegenheiten bieten, ihm die entsprechenden Wörter vorzuführen.

- **Seien Sie präsent.** Reduzieren Sie Ablenkungen in Ihrer Umgebung auf ein Minimum und seien Sie ganz bei der Sache, wenn Sie Ihrem Hund etwas beibringen. Jedem fällt das Lernen in einer ruhigen Umgebung leichter. Sie können zum Beispiel den Fernseher ausschalten oder das Radio leiser stellen, damit Ihr Hund sich besser konzentrieren kann, wenn Sie Wörter mit ihm einüben.

- **Bleiben Sie für alle Kommunikationsmöglichkeiten offen.** Vielleicht wird Ihr Hund nicht immer Wörter benutzen, um Sie um irgendeinen Gegenstand oder eine Handlung zu bitten. Wenn Sie sich genügend Zeit nehmen, die Kommunikationsmuster Ihres Hundes kennenzulernen, können Sie herausfinden, wann und auf welche Weise er Wörter verwendet und was er Ihnen sonst noch zu sagen versucht. Ziehen Sie dazu Anhaltspunkte aus dem Kontext heran – zum Beispiel was in Ihrer Umgebung gerade passiert oder was Ihr Hund gerade so macht. Achten Sie auch auf seine Gesten/Lautäußerungen, um besser zu verstehen, was er Ihnen sagen möchte.

- **Machen Sie sich keine Gedanken über die genaue Bedeutung von abstrakten Aussagen wie »Ich liebe dich«.** Man kann ja nicht einmal in der menschlichen Kommunikation genau wissen, ob zwei Personen beim Aussprechen derselben Wörter genau das Gleiche empfinden. Ihr Hund wird wahrscheinlich lernen, diese Wörter in denselben Kontexten zu sagen, in denen er sie bei Ihnen beobachtet und hört.

KAPITEL 12

Kreative Wortkombinationen

War das nur Zufall? Oder hatte Stella tatsächlich die Absicht gehabt, zwei Wörter zu einer Aussage zusammenzufügen? Das war einfach zu unwahrscheinlich. Vielleicht war es tatsächlich reiner Zufall gewesen. Vielleicht würde es nie wieder passieren. Ich schrieb Grace sofort eine SMS: »Stella hat ›Essen nein‹ gesagt, nachdem wir sie lange nach ihrer normalen Essenszeit immer noch nicht gefüttert hatten … Ich bin unheimlich gespannt, ob sie das wohl noch einmal macht …«

Und es war tatsächlich kein Zufall gewesen. Am nächsten Morgen sprang Stella wie immer vor uns aus dem Bett und lief ins Wohnzimmer. Ich lag noch im Bett und wartete geduldig ab, was sie wohl gleich sagen würde: Wollte sie lieber zuerst frühstücken oder zuerst rausgehen? Sie ließ uns nie über ihre Wünsche im Unklaren.

»Komm«, sagte Stella, und ihre Halsbandanhänger klimperten. Anscheinend lief sie irgendwo herum. Wo wollte sie hin?

»Raus«, sagte sie.

Ich schlug meine Bettdecke zurück. »Soll ich mit dir rausgehen? Ich komme schon, Stella.« Sie stand an der Haustür und wedelte mit dem Schwanz. Kaum waren wir im Hof, erledigte sie auch schon ihr Geschäft.

Damals, als ich Stella ihre ersten Knöpfe vorführte, hatte ich mit Grace darüber gescherzt, was für ein Wahnsinn es wäre, wenn Stella irgendwann einmal zwei Wörter hintereinander sagen würde, zum Beispiel: »Raus spielen.« Damals lachten wir nur über dieses unvorstellbare Szenario, und ich hatte seitdem nie wieder ernsthaft darüber nachgedacht. Es war genau die gleiche hypothetische Situation, die man in seiner Fantasie heraufbeschwört, wenn man zum Beispiel sagt: »Wie cool wäre es, wenn wir morgen im Lotto gewännen?« Ich hatte Stella anhand ihrer Knöpfe noch nie zwei Wörter zusammen vorgeführt. Es war mir niemals ernsthaft in den Sinn gekommen, dass sie einen so erstaunlichen sprachlichen Meilenstein erreichen könnte. Zwar hatte ich ihr auf verbaler Ebene immer wieder unbeabsichtigt Zwei-Wort-Sätze vorgesprochen – »Komm, Mädchen, komm raus«, »Komm essen«, »Stella, nein«, »Spielzeug spielen«, aber ich tat das nur, weil es für mich ganz normal war, in kurzen Sätzen zu sprechen, damit Stella mich besser verstand, und nicht, weil ich erwartete, dass sie meinem Beispiel folgen würde.

Doch je mehr ich über Stellas neue Fähigkeiten nachdachte, umso plausibler erschien es mir, dass sie tatsächlich in der Lage war, zwei Wörter miteinander zu kombinieren. Wenn sie bereits einzelne Wörter für mehrere Bedeutungen in verschiedenen Kontexten gebrauchte, warum sollte sie diese dann nicht auch zusammen verwenden und damit so etwas wie neue Sätze bilden? Kleinkinder kombinieren Wörter miteinander, sobald sie ein solides Verständnis für deren Bedeutungen entwickelt und den Gebrauch dieser Wörter zunächst einzeln geübt haben. Bisher hatte Stella immer wieder die gleichen sprachlichen Meilensteine erreicht wie kleine Kinder. Warum sollte es mit diesen Parallelen jetzt plötzlich vorbei sein? Außerdem hatte Stella regelmäßig einzelne Wörter mit Gesten kombiniert: Sie sagte zum Beispiel: »Hilfe«, und stellte sich dann dorthin, wo wir ihr Spielzeug suchen sollten, oder: »Spazieren«, und schlug dann mit der Pfote nach der Tür. Kinder kombinieren zunächst Wörter und Gesten miteinander, bevor sie alle beiden Konzepte mithilfe von Wörtern zum Ausdruck bringen. Kleinkinder fangen normalerweise im Alter von ungefähr anderthalb Jahren an, zwei Wörter miteinander zu kombinieren. Hier ein paar Fähigkeiten, die Kinder unmittelbar vor dem Gebrauch von Wortkombinationen erwerben:[29]

- »Verwendet häufig einzelne Wörter.« Stella kommunizierte mehrmals am Tag in einzelnen Wörtern mit uns.
- »Bringt zwei verschiedene Bedürfnisse in Worten zum Ausdruck.« Stella benutzte ihre Knöpfe, um uns mitzuteilen, wann sie Futter und Wasser brauchte und wann sie Gassi gehen musste.
- »Gebraucht Wörter, um mit anderen zu interagieren.« Stella interagierte durch Gesten, Lautäußerungen und Wörter mit uns.
- »Versteht die Befehle ›Setz dich hin‹ und ›Komm her‹.« Stella reagierte auf diese und auch noch auf ein paar andere Kommandos.

- »Bittet einen Erwachsenen um Hilfe.« Stella sagte: »Hilfe«, wenn sie unsere Unterstützung brauchte.
- »Spricht lieber, statt sich durch Gesten zu verständigen.« Stella verwendete Wörter für die Konzepte, für die ihr Sprachknöpfe zur Verfügung standen.
- »Benutzt Wörter, um zu protestieren.« Stella sagte: »Nein«, wenn wir etwas taten, was ihr missfiel.

Trotz ihres begrenzten Wortschatzes benutzte Stella Wörter auf ähnliche Weise, wie Kleinkinder es tun, bevor sie einzelne Wörter zu Wortkombinationen zusammensetzen. In den ersten Wochen, in denen Stella Wörter miteinander kombinierte, sagte sie am häufigsten »Nein« in Kombination mit einem Verb, wenn wir irgendetwas, was wir normalerweise taten, versäumt hatten.

Eines Abends kam ich von der Arbeit nach Hause – völlig erschöpft nach ein paar ziemlich chaotischen Therapiesitzungen. Statt sofort mit Stella spazieren zu gehen, ließ ich mich zuerst einmal aufs Bett fallen in der Hoffnung, vorher noch ein paar Minuten ausruhen zu können. Daraufhin lief Stella ins Wohnzimmer, sagte: »Spazieren nein«, und steckte ihren Kopf ins Schlafzimmer. Sie wirkte besorgt.

»Wir gehen später spazieren, Stella. Spring rauf.« Ich klopfte auf das Bett.

Durch die Kombination verschiedener Wörter mit dem »Nein« konnte Stella jetzt viel genauer beschreiben, was ihr in ihrem täglichen Leben alles auffiel. Dadurch wurde mir noch klarer, wie wichtig feste Gewohnheiten für sie sind. Ich hatte bereits gemerkt, wie sehr Stella ein geregeltes Leben schätzte und dass sie immer schon im Voraus wusste, was als Nächstes kommen würde. Aber dass sie uns eigens darauf hinwies, wenn etwas, was normalerweise passierte, noch nicht eingetreten war, zeigte mir, dass sie auch dann über ihre gewohnten Abläufe nachdachte, wenn diese festen Gewohnheiten durchbrochen wurden. Über welche Vorgänge dachte sie womöglich sonst noch nach, obwohl sie gerade gar nicht geschahen? Ein paar Minuten später sprang Stella wieder vom Bett herunter.

»Komm spazieren«, hörte ich sie im Wohnzimmer sagen.

Ich brachte es nicht übers Herz, ihrer Bitte zu widerstehen. Ausruhen konnte ich mich später auch noch. Zuerst hatte Stella mich darauf hingewiesen, dass wir mit unserem gewohnten Spaziergang schon spät dran waren, und jetzt forderte sie ihn explizit ein! »Na gut, Mädchen, dann gehen wir eben spazieren.« Stella sprang aufgeregt im Kreis herum und blieb dann erwartungsvoll neben ihrer Leine stehen.

Mit Stella an den Hundestrand zu gehen wurde für uns schnell zur festen Gewohnheit. Ein paarmal pro Woche nahm ich Stella entweder dorthin mit, wenn ich von der Arbeit nach Hause kam, oder wir gingen alle drei nach dem Abendessen gemeinsam hin, um den Sonnenuntergang zu beobachten. Mit Stella am Strand entlangzulaufen, neue Hunde- und Menschenfreunde kennenzulernen und die Schönheit des Pazifischen Ozeans zu genießen war eine wunderschöne Art, den Tag zu beenden.

»Sollen wir schnell etwas zu Abend essen und dann an den Strand fahren?«, fragte ich Jake.

Sofort hörte ich Stellas Halsbandanhänger klimpern. Sie kam ins Schlafzimmer gesprungen und hob ihren Kopf zu uns empor.

»Dieses Wort kennt sie jetzt eindeutig«, sagte ich.

»Ja, lass uns an den Strand fahren«, sagte Jake.

Wieder wandte Stella uns ihren Kopf zu und lächelte, bis wir ihr die Leine anlegten. Kaum waren wir auf dem Parkplatz des Hundestrands angekommen, wurde Stella auf dem Rücksitz unseres Autos auch schon hellwach. Sie schaute aus dem Fenster und fing an zu winseln und mit dem Schwanz zu wedeln, als sie die Hunde sah, die dort herumliefen.

Ich wusste, was das bedeutete: Stella brauchte unbedingt einen »Strand«-Knopf. Sobald sie das Wort »Strand« hörte, verfolgte sie all unsere Bewegungen und versuchte, uns so schnell wie möglich aus der Wohnung zu treiben. Wenn sie dieses Wort verstand, sollte sie auf jeden Fall auch eine Möglichkeit haben, uns mitzuteilen, dass sie dorthin wollte, statt immer erst warten zu müssen, bis einer von uns den Strand erwähnte.

»Fertig, Mädchen? Komm, wir gehen an den Strand, spielen!«, rief ich.

Am nächsten Tag suchte ich unseren letzten noch übrigen Sprachknopf aus einem Schrank heraus. Während ich die Batterien einlegte, stand Stella dicht neben mir und schaute unverwandt zu mir hoch. Sie wusste inzwischen, wozu diese Knöpfe dienten. Ich hielt ihr den Knopf hin. Stella beschnupperte ihn und schaute dann aufmerksam zu, wie ich das Wort »Strand« in das Gerät hineinsprach. Kaum hatte ich den

Knopf in der Nähe unserer Wohnungstür aufgestellt, tapste sie auch schon mehrmals mit der Pfote danach.

»Strand, Strand, Strand«, sagte Stella.

Ich hatte von vornherein geahnt, dass so etwas passieren würde – genau wie damals, als wir den »Spazieren«-Knopf in ihr Repertoire aufgenommen hatten: Stella konnte es gar nicht erwarten, ihr neues Lieblingswort zu sagen.

»Okay, Stella. Komm, wir gehen an den Strand«, sagte ich. Zum Glück hatte ich den Knopf zu einem Zeitpunkt betätigt, an dem ich tatsächlich mit ihr zum Strand fahren konnte. Sicherlich wäre Stella sehr enttäuscht gewesen, wenn ich bei der ersten Gelegenheit, als sie mir sagen konnte, dass sie ihren Lieblingsort besuchen wollte, hätte »Nein« sagen müssen.

Ein paar Nächte später wachte ich davon auf, dass Stella um drei Uhr morgens »Strand, Strand« sagte. Stella sprach nur selten mitten in der Nacht. Bisher hatte sie nachts nur ein- oder zweimal »Raus« gesagt, als sie wirklich dringend Gassi gehen musste. Und einmal, letzten Monat, hatte sie mitten in der Nacht »Hilfe« gesagt, worüber ich sehr erschrocken war. Es war zwei Uhr nachts, und als ich das Licht anmachte, sah ich, dass Stella in unserem Wohnzimmer einer Grille hinterherjagte. Aber abgesehen von diesen beiden Vorfällen war sie noch nie mitten in der Nacht aufgewacht und hatte angefangen zu reden.

»Nein, Strand, Stella. Jetzt ins Bett.«

Wir konnten nicht immer mit Stella an den Strand fahren, wenn sie uns darum bat. Aber es war kein Problem, »Nein« zu sagen, denn Stella kannte das Wort »Strand« bereits sehr gut, weil wir es jedes Mal sagten, wenn wir mit ihr dorthin fuhren. In der AAC-Therapie gilt der Grundsatz: »Sobald die Lernenden eine Vorstellung davon haben, was ein bestimmtes Wort bedeutet, und wissen, dass das Gegenüber positiv darauf reagiert, wenn es angemessen ist, können sie ruhig auch einmal sagen: ›Jetzt nicht mehr‹, ›Jetzt ist Schluss damit‹ oder so etwas Ähnliches.«[30] Auch die Ablehnung einer Bitte kann immer noch eine positive Verstärkung darstellen. Wenn ein Kind zum Beispiel den ganzen Tag nach Keksen fragt, würden Sie ihm wahrscheinlich auch irgendwann sagen: »Jetzt ist nicht die richtige Zeit für Kekse« oder »Wir können später Kekse essen«, ohne zu befürchten, dass das Kind durch dieses »Nein« sein Verständnis für das Wort »Kekse« verlieren könnte. Schließlich haben Sie ihm damit immer noch gezeigt, dass Sie seine Bitte verstanden haben, und darauf reagiert; und dadurch wird es in der Richtigkeit seines Lernprozesses bestärkt.

Viele Eltern und Experten haben Angst davor, Wörter in das Gerät eines Kindes einzuprogrammieren, die ihm sehr wichtig sind. Ich höre dann oft den Kommentar: »Er wird nur immer wieder danach fragen, also fange ich lieber gar nicht erst damit an.« Ich denke mir dann jedes Mal: *Ist das nicht der Sinn der Kommunikation? In der Lage zu sein, über Dinge zu reden, über die man reden möchte? Und mitzuteilen, was einem am Herzen liegt?* Stellen Sie sich vor, jemand würde genau das Gegenteil sagen: »Er wird dieses Wort nie sagen wollen, also sollten wir es ihm auf jeden Fall zur Verfügung stellen.« Auf so eine Idee würden wir niemals kommen, weil es keinen Sinn ergibt.

Auch wenn das für uns eine Zeit lang unbequem ist, solange die Person noch lernt: Jede(r) hat ein Recht zu sagen, was er/sie sagen möchte, und zwar *genau in dem Augenblick, in dem* er/sie es sagen möchte. Kommunikation sollte nicht an Bedingungen geknüpft sein. Ich habe schon oft erlebt, dass Erwachsene Wörter vom Kommunikationsgerät eines Kindes gelöscht oder ihm seinen Talker sogar weggenommen haben, weil sie sich darüber ärgerten, dass es bestimmte Wörter zu oft wiederholte. Das wäre so, als würde man einem Kind den Mund zukleben, nur weil es immer wieder nach »Keksen« fragt. Statt das Wort von dem Gerät zu löschen oder das Gerät vor dem Kind zu verstecken, ist es am besten, mit einem »Nein«, »Fertig« oder »Später« auf seine Bitten zu reagieren. Damit gibt man den AAC-Nutzenden eine Chance, die Bedeutung dieser Wörter zu verstehen und zu lernen, dass es Grenzen gibt, die sie akzeptieren müssen. Es kann auch ein gutes Vorbild dafür sein, wie die AAC-Nutzenden selbst »Nein« zu etwas sagen können, was sie nicht möchten. Der Sinn des Unterrichtens von Sprache besteht nicht darin, immer nur das zu hören, was wir hören wollen. Wir bringen unseren Schülerinnen und Schülern Wörter bei, damit sie lernen, uns ihre eigenen Gedanken mitzuteilen – unabhängig vom Inhalt oder Zeitpunkt dieser Aussagen.

Mit ein bisschen Zeit, Übung und Geduld lernen Kinder, wann es sinnvoll ist, um etwas zu bitten, und wann nicht. Es ist ein Lernprozess. Stella hat nicht bis in alle Ewigkeit zehnmal am Tag »Strand« gesagt. Irgendwann lernte sie, wann wir normalerweise dorthin fuhren, und bat nur noch in angemessenen Situationen um einen Strandspaziergang.

Als im November die Winterzeit begann, stellten wir unsere Uhren um eine Stunde zurück. Da zeigte Stella uns wieder einmal, wie stark sie sich an festen Gewohnheiten orientiert: Zwischen halb vier und vier Uhr nachmittags verlangte sie immer wieder nach »Essen«. Vor der Zeitumstellung wäre das um halb fünf oder fünf Uhr gewesen – ihrer gewohnten Fütterungszeit. Aber ich wollte ihr nicht schon so früh ihr Abendessen geben und sie auf diese Weise aus dem Rhythmus bringen, denn unter der Woche, wenn wir arbeiteten, wäre das für uns schwierig geworden. Also gab ich Stella ein paar Leckerlis, um ihr über die Wartezeit hinwegzuhelfen, sagte dabei aber immer wieder: »Nein, jetzt nicht essen, später essen.«

Fünfzehn Minuten vergingen.

»Hilfe, essen«, sagte Stella und bellte.

»Ich weiß, Stella, sei brav und warte. Essen gibt es später.«

Stella stieß einen tiefen Seufzer aus und gab ungefähr zehn Sekunden lang Ruhe.

»Ich hab dich lieb, nein«, sagte sie dann und ging ins Schlafzimmer.

Jake fiel die Kinnlade herunter. »Du meine Güte …«

Ich hielt mir vor Lachen die Hand vor den Mund. »Ich glaub's nicht …«

Als wir nicht so auf Stellas Bitte reagierten, wie sie es erwartet hatte, veränderte sie den Wortlaut ihrer Bitte zunächst und sagte: »Hilfe, essen.« Und als wir daraufhin immer noch »Nein« sagten, teilte sie uns mit, dass sie mit uns unzufrieden war. Sie hatte also nicht nur Wörter miteinander kombiniert und ihre Botschaft an die Situation angepasst, sondern auch eines ihrer ersten kurzen Gespräche mit uns geführt. Normalerweise sagte Stella uns, was sie wollte oder dachte, und wir antworteten ihr. Doch dieses Mal hörte und sah sie meine Antwort – dass ich sie jetzt nicht füttern würde – und antwortete darauf sinngemäß mit den Worten »Ich kann dich nicht mehr leiden«.

Die Bildung neuer Aussagen ist das eigentliche Ziel und der eigentliche Zweck von Sprache. Die American Speech and Hearing Association sagt dazu: »Die allermeisten Sätze, die wir in unserer täglichen Kommunikation verwenden, haben wir noch nie zuvor in unserem Leben benutzt. *Und diese Sätze wurden in der Geschichte der Menschheit auch noch nie zuvor von irgendjemandem ausgesprochen.*«[31] Wenn wir unseren Schülern zuerst einzelne Wörter beibringen, eröffnet uns das unendliche Kommunikationsmöglichkeiten.

Ich hatte Stella noch nie die Wortkombination »Hilfe, essen« oder »Ich hab dich lieb, nein« vorgesprochen. Inzwischen war unsere Hündin über den Punkt hinaus, an dem sie selbstständig Wörter verwenden konnte, die wir ihr zur Verfügung gestellt hatten. Sie war auch über den Punkt hinaus, an dem sie zwei Wörter miteinander kombinierte, um einen Satz zu bilden, den sie uns zuvor hatte sagen hören: Jetzt war sie so weit, dass sie eigene Botschaften erfinden und Wörter auf ihre individuelle Weise verwenden konnte. Sie nahm Teile von dem, was sie gehört und gelernt hatte, und setzte sie neu zusammen. Das war stets eine meiner Lieblings-Entwicklungsphasen, wenn ich Kindern das Sprechen beibrachte: zu beobachten, wie ein Kind nicht mehr nur einzelne Wörter sagt, die es schon einmal gehört hat, sondern diese Wörter plötzlich zu eigenen Aussagen zusammensetzt. Das ist für mich immer wieder aufs Neue ein richtiges kleines Wunder. Und nun erlebte ich dieses Wunder bei meinem Hund. *Was für Ausdrucksmöglichkeiten hat Stella womöglich noch?*, fragte ich mich. *Vielleicht habe ich bisher nur die Spitze des Eisbergs entdeckt – vielleicht würde sie mir gern viel mehr mitteilen oder viel mehr zu sagen lernen, wenn ihr nur ein größerer Wortschatz zur Verfügung stünde?*

Bis Mitte November bildete Stella jeden Tag mindestens einen neuen Zwei-Wort-Satz. Selbst mit nur elf verfügbaren Wörtern gab es immer noch 110 Zwei-Wort-Kombinationen, die sie bilden konnte. Zum Teil verwendete sie bei ihren täglichen Aktivitäten immer wieder dieselben Wortkombinationen. Einige ihrer häufigsten Botschaften lauteten »Komm raus«, wenn sie uns aus dem Schlafzimmer zu sich rief, weil sie herauswollte, »Tschüs, spazieren«, wenn sie an der Tür stand und ausgehfertig war, und »Ich hab dich lieb, spielen«, wenn wir länger als gewöhnlich mit ihr in der Wohnung gespielt hatten. Obwohl ich anfangs nicht damit gerechnet hatte, dass Stella Wörter kombinieren würde, konnte sie diesen Meilenstein mithilfe der ihr zur Verfügung stehenden Begriffe problemlos erreichen. Als ich die ersten Wörter für sie auswählte, entschied ich mich hauptsächlich für Kernwörter, von denen ich wusste, dass sie sie verstand, und die sich in verschiedenen Kontexten verwenden ließen. Hätte ich in erster Linie Substantive ausgewählt, so hätte Stella nicht die Möglichkeit gehabt, solche funktionalen Aussagen zu bilden; denn dazu braucht man Verben. Dadurch, dass ich Stella von

Anfang an einen geeigneten Wortschatz zur Verfügung gestellt hatte, ebnete ich ihr den Weg dafür, diese komplexeren sprachlichen Meilensteine zu erreichen.

Nachdem Stella sich in ihrem neuen Zuhause eingelebt hatte, brauchte sie nur ungefähr einen Monat, um in ihrem Sprachgebrauch enorme Fortschritte zu machen und Wörter miteinander zu kombinieren. Ich fragte mich, wie schnell sie diesen Durchbruch wohl erreicht hätte, wenn ihre Sprachknöpfe von vornherein nicht im ganzen Erdgeschoss eines Hauses, sondern nur in einem einzigen Zimmer verteilt gewesen wären oder wenn sie zwischendurch keine Zeit gebraucht hätte, um sich in einer für sie völlig neuen Umgebung einzuleben. Stella hatte in den letzten Monaten eine Menge erlebt, doch trotz all dieser Veränderungen lernte sie immer noch unheimlich schnell. Sie war erst neun Monate alt und sprach dennoch bereits jeden Tag in kurzen Sätzen mit uns.

Eines Tages schaute ich beim Geschirrspülen aus dem Fenster und sah Jake und Stella von ihrem Spaziergang zurückkommen. Sie trug einen anderthalb Meter langen Palmwedel im Maul und sah aus wie der stolzeste Hund der Welt. Stella sammelte auf Spaziergängen gern riesige Palmwedel auf, zerkaute sie und spielte eine Zeit lang mit einem Stück davon, bis sie das Interesse daran verlor. Jake erlaubte ihr, den Palmwedel in den Hof zu bringen; doch sie musste ihn draußen liegen lassen, bevor er mit ihr ins Haus ging.

»Stella ist ganz verrückt nach diesem Palmwedel«, sagte er. »Sie wollte ihn unbedingt mitbringen.«

Unsere Hündin trank einen großen Schluck Wasser,

lächelte, kam um die Ecke und sagte: »Spielen.« Dann lief sie zur Tür und sagte: »Raus.«

»Willst du rausgehen und spielen, Stella?«, fragte ich sie, nahm sie wieder an die Leine und ging mit ihr in den Innenhof. Stella stürzte sich sofort auf ihren Palmwedel, biss hinein und schüttelte ihn hin und her. Sie hätte auch einfach nur »Raus« sagen können, um uns mitzuteilen, dass sie wieder hinausgehen wollte. Aber sie sagte mehr als das: Sie kombinierte »Spielen« und »Raus« miteinander, um uns genau zu erklären, was sie vorhatte. Sie musste nicht Gassi gehen und wollte auch nicht noch einmal spazieren gehen, sondern wollte einfach nur weiter mit dem Palmwedel spielen, den sie den ganzen Weg bis nach Hause geschleppt hatte.

Stellas Motivation, uns ihre Gedanken mitzuteilen, muss von Natur aus sehr stark gewesen sein. Denn es war nicht besonders einfach für sie, Wörter zusammenzusetzen: Dazu musste sie zuerst einen Knopf drücken und dann durch das Zimmer oder um die Ecke gehen, um einen anderen zu drücken. Der einfache Zugang zu Kommunikationsgeräten wirkt sich positiv auf ihre Nutzung aus; das habe ich bei Stella mit eigenen Augen erlebt. Das Leben in unserer Wohnung, in der all ihre Knöpfe immer nur ein paar Schritte weit entfernt waren, war für sie einfacher als das Leben in einem großen Haus, in dem die Knöpfe überall verteilt waren. Das Gleiche habe ich auch bei meiner Arbeit mit Kindern erlebt: Bei manchen ACC-Systemen müssen sie durch sechs oder sieben Seiten navigieren, um bestimmte Wörter zu finden. Wenn Kinder Geräte benutzen, bei denen sie jedes einzelne

Wort finden können, indem sie nur auf zwei oder drei verschiedene Symbole drücken, fällt ihnen das Sprechen viel leichter. Ich fragte mich, wie ich Stella die Kommunikation erleichtern könnte. Würde sie vielleicht noch öfter mit uns kommunizieren, wenn alle ihre Knöpfe sich am selben Ort befänden? Oder würde es ihr zu schwerfallen, zwischen den einzelnen Knöpfen zu unterscheiden?

Ich wollte nicht, dass Stella immer quer durch die ganze Wohnung laufen musste, um uns all ihre Gedanken mitzuteilen. Ich dachte kurz darüber nach, alle ihre Knöpfe nebeneinander zu platzieren. Vielleicht konnten wir einen Teil unseres Wohnzimmers dafür erübrigen. Aber wir planten, in ein paar Wochen über die Feiertage in den Mittleren Westen zu fahren. Jetzt war also nicht der richtige Zeitpunkt, um große Änderungen an ihrer Sprachknopfanordnung vorzunehmen. Ich wollte, dass Stella problemlos kommunizieren konnte, während wir weg waren; außerdem wollte ich bei ihr sein, um zu beobachten, wie sie auf eine neue Anordnung ihrer Knöpfe reagierte. Nur so konnte ich sie beim Lernen unterstützen und entscheiden, ob ich die Anordnung womöglich verändern musste.

In der Thanksgiving-Woche fing ich mir eine furchtbare Virusinfektion ein: Ich bekam Fieber, konnte nicht mehr sprechen und musste eine ganze Woche lang das Bett hüten. Stella lag jeden Tag neben mir – und zwar *den ganzen Tag.* Sie rollte sich zu einer Kugel zusammen und legte ihren Kopf auf meine Brust. Hin und wieder leckte sie mir das Gesicht ab. Das war bei ihr ein sehr ungewohntes Verhalten: Normalerweise lag sie nie auf der oberen Hälfte unseres Betts, sondern hielt sich fast immer am Fußende auf.

Am Montag – dem schlimmsten Tag meiner Erkältung – verlangte Stella nichts von mir. Sie bat nicht darum, Gassi zu gehen oder zu spielen, und wollte auch keinen Spaziergang machen oder an den Strand fahren. Sie wusste, dass ich zu nichts in der Lage war, und sprang nur einmal mitten am Tag aus dem Bett. Ich hörte, wie sie ins Wohnzimmer ging.

»Ich hab dich lieb«, sagte sie.

Dann kam Stella ins Schlafzimmer zurück und ließ sich wieder an meiner Seite nieder. »Danke, Stella. Ich hab dich auch lieb, mein Mädchen.«

Gegen Ende dieser Woche, nachdem ich die letzte für mich interessante Netflix-Dokumentation gesehen hatte, setzte ich mich in meinem Bett auf und starrte die leeren Wände an. Ich hatte alle meine aus der Bibliothek ausgeliehenen Bücher gelesen, mir sämtliche Videos angeschaut, die mich auch nur im Entferntesten faszinierten, und hatte keine Ahnung, was ich mit dem Rest des Tages anfangen sollte. Nachdenklich ließ ich meinen Blick auf Stella ruhen. *Die Leute müssen wissen, was sie alles sagen kann,* dachte ich. *Was würde wohl passieren, wenn die Welt wüsste, was so ein kleiner Hund alles kann?*

Ich öffnete ein leeres Dokument auf meinem Laptop, obwohl ich keine Ahnung hatte, was ich schreiben sollte. Aber irgendwie hatte ich das Gefühl, dass meine Finger genau wussten, womit sie beginnen sollten.

Wie bringe ich meinem Hund das Sprechen bei?, tippte ich. Beim Anblick dieser Worte musste ich lächeln.

Ich hatte keine Ahnung, für wen ich diese Geschichte schreiben, was ich eines Tages damit anfangen oder ob ich sie überhaupt zu Ende führen würde. Aber die Gedanken stürmten von allen Seiten auf mich ein. Ich erinnerte mich an das, was ich während meines Studiums gelernt hatte, und an Erlebnisse aus meiner Zeit als Sprachtherapeutin, und ich dachte über alles nach, was Stella bisher erreicht hatte. Ich schrieb sämtliche Fragen auf, die in mir aufstiegen, und notierte mir Ideen dazu, was ich mit Stella in Zukunft noch alles ausprobieren könnte. Ich tippte und tippte und tippte.

Im Nu hatte ich einen neuen Ordner auf meinem Schreibtisch angelegt – voller Dokumente mit Ideen, Fragen und Erläuterungen zu unserer bisherigen gemeinsamen Entdeckungsreise. Vielleicht würde ich eines Tages einen richtig coolen Artikel über diese Erlebnisse schreiben, den ich bei einer Zeitschrift einreichen konnte. Oder vielleicht würde ich auf irgendeiner Webseite oder in irgendeinem Blog erwähnt werden. Bisher wusste ich nur, wie aufregend ich es fand, über Stellas Kommunikationsfähigkeiten nachzudenken und mir zu überlegen, wie ich der Welt ihre Geschichte erzählen könnte, wenn die Zeit dafür eines Tages reif war.

Tipps und Tricks für das Sprachtraining Ihres Hundes

- **Führen Sie Ihrem Hund Zwei-Wort-Sätze vor.** Helfen Sie ihm, das Kombinieren von Wörtern zu erlernen, indem Sie in kurzen Sätzen mit ihm sprechen und dabei gleichzeitig seine Sprachknöpfe betätigen. Sobald Ihr Hund anfängt, öfter einzelne Wörter zu verwenden, achten Sie darauf, ob er womöglich auch Wörter miteinander kombiniert.

- **Programmieren Sie Wörter, auf die Ihr Hund stark reagiert.** Gibt es Wörter, bei denen Ihr Hund immer schon darauf wartet, dass Sie sie sagen, oder die Sie buchstabieren müssen, damit Ihr Hund sie auch hört? Wenn Ihr Hund ein Wort versteht, geben Sie ihm eine Chance, es auch selbst sagen zu können!

- **Lassen Sie Ihrem Hund immer alle seine Wörter**. Wenn Sie nicht »Ja« zu dem sagen können, worum er Sie bittet, oder wenn Ihr Hund immer wieder dasselbe von Ihnen verlangt, antworten Sie mit »Nein«, »Fertig« oder »Später«, statt ihm die Knöpfe einfach wegzunehmen. Geben Sie Ihrem Hund die Möglichkeit zu lernen, wie oft er um etwas bitten darf – und dass es auch Grenzen gibt. Die sozialen Regeln der Sprache erlernt man nicht von heute auf morgen.

KAPITEL 13

Hilfe!

Am Morgen nachdem wir von unserem Weihnachtsurlaub im Mittleren Westen zurückgekehrt waren, bereiteten Jake und ich uns auf eine Wanderung vor. Während wir unsere Rucksäcke packten, kam Stella quer durchs Wohnzimmer zu uns gelaufen.

»Komm, komm, komm, ich hab dich lieb«, sagte sie. Ihre Körpersprache hatte sich völlig verändert: Gestern war sie noch voller Freude über unser Wiedersehen gewesen; doch jetzt hatte sie sich in einen ängstlichen, nervösen jungen Hund verwandelt, der hoffte, dass seine Besitzer ihn nicht schon wieder allein lassen würden. Sie hatte ihren Schwanz zwischen die Beine geklemmt und kauerte verängstigt an der Tür. Damit sagte sie uns, dass sie diesmal mitkommen wollte.

»Ja, Stella, komm! Ich hab dich auch lieb. Wir gehen wandern. Jake, Christina, Stella, spazieren.«

Stella wedelte mit dem Schwanz, als ich ihren transportierbaren Wassernapf an meinen Rucksack klemmte. Ich kraulte sie hinter den Ohren und gab ihr einen Kuss. »Keine Angst, Stella-Mädchen, wir lassen dich nicht allein.«

Sie hat mir auch gefehlt. Zuvor hatten wir sie noch nie länger allein gelassen als für ein verlängertes Wochenende. Während unserer Abwesenheit loggten Jake und ich uns jeden Tag in die Webcam der Hundetagesstätte ein, um zu sehen, wie es ihr ging. Es sah so aus, als hätte sie einen Mordsspaß beim Spielen mit ihren Hundefreunden. Trotzdem fragte ich mich, ob sie sich nicht doch manchmal Sorgen darüber machte, dass wir vielleicht gar nicht mehr wiederkommen würden. *Hat sie während dieser Zeit überhaupt an uns oder an ihr Zuhause gedacht? Glaubte sie, dass sie von nun an für immer in dieser Hundetagesstätte leben würde? Oder dachte sie nur daran, mit ihren vielen neuen Freunden zu spielen?*

Während unseres Flugs nach San Diego hatten Jake und ich ein Brainstorming darüber veranstaltet, wie wir Stellas Knöpfe anordnen sollten, um sie alle an einer Stelle zu haben. »Wie wäre es, wenn ich ein riesiges AAC-Gerät für sie baute? Ich könnte eine Pinnwand besorgen und alle Knöpfe in Reihen darauf anordnen. Das würde so ähnlich aussehen wie die Kommunikationsgeräte, die ich bei der Arbeit mit meinen Kindern benutze. Und wir könnten genügend Platz zwischen den Knöpfen lassen, damit sie durch sie hindurchgehen kann«, schlug ich vor. Wenn alle Knöpfe auf einem Brett wären, könnten wir es je nach Bedarf in verschiedenen Räumen aufstellen oder einfach auf Reisen mitnehmen. Und Stella müsste nicht überall, wo wir hinfuhren, die Positionen ihrer Knöpfe neu lernen, sondern sie wären immer an derselben Stelle.

Die Veränderung von AAC-Geräten ist für Kinder oft eine

große Herausforderung. Ich führte bei den Kindern, mit denen ich arbeitete, schon oft neue Geräte ein, und jedes Kind reagierte anders darauf. Manche von ihnen sind auf Anhieb fasziniert von dem neuen Vokabular und fangen an, sich damit zu beschäftigen; andere werfen vor lauter Frust das Tablet an die Wand. Wieder andere wechseln zwischen ihrem alten und neuen Gerät hin und her, um herauszufinden, mit welchem sie am besten arbeiten können. Ich fragte mich, was Stella in solch einer Situation wohl tun würde.

Und natürlich machte ich mir auch Sorgen … Vielleicht würde ich dadurch alle Fortschritte zunichtemachen, die Stella bisher erreicht hatte? Vielleicht hätte sie dann keine Motivation mehr dazu, in Wörtern zu kommunizieren, weil ich es ihr zu schwer machte? Was wäre, wenn ich in der besten Absicht handelte, ihr zu helfen, sie aber dadurch letzten Endes ihrer Sprachkompetenz beraubte? Vielleicht hatte dieses Konzept bisher nur deshalb funktioniert, weil ihre Knöpfe an verschiedenen Stellen angebracht waren, sodass sie zwischen ihnen unterscheiden konnte? Auf jeden Fall würden wir mit unserem neuen Plan unbekanntes Terrain betreten. Auf dem Flug war uns unser Vorhaben ganz vernünftig erschienen; doch als ich dann wieder zu Hause war und sah, wie gut Stella mit ihrer jetzigen Anordnung zurechtkam, war ich mir nicht mehr so sicher, ob es die richtige Entscheidung war, plötzlich wieder alles zu ändern.

Als Sprachtherapeutin hatte ich nie so recht begriffen, warum Eltern sich so schwer von der Einführung eines neuen AAC-Systems für ihr Kind überzeugen ließen. Ich sah immer nur, welch enorme Lern- und Kommunikationsmöglichkeiten sich den Kindern dadurch eröffnen würden, und erwartete, dass auch die Eltern von dieser Erweiterung ihres Potenzials begeistert sein würden. Doch meistens reagierten sie eher ängstlich und zögerlich auf meine Verbesserungsvorschläge. Wahrscheinlich hatten sie schon jahrelang mit ihrem jetzigen Gerät gearbeitet und sehr viel geistige Energie in das Erlernen dieses Systems gesteckt. Und schließlich erlebten sie zu Hause stets aus erster Hand, wie gestresst ihr Kind reagierte, wenn es mit neuen Herausforderungen konfrontiert wurde. Deshalb ist es so wichtig, von Anfang an mit einem hervorragenden Kommunikationssystem zu arbeiten, welches das Kind im Lauf der nächsten Jahre in seinem Spracherwerb unterstützt. Für Kinder gibt es ganz ausgezeichnete Geräte, mit denen man sie von Beginn an auf eine jahrelange Sprachentwicklung einstellen kann. Man sollte ihnen keine großen Veränderungen in der Anordnung oder Funktionsweise ihres AAC-Geräts zumuten. Der Unterschied bei Stella bestand darin, dass ich nicht wusste, wie groß ihr Potenzial war, oder in welche Richtung ihre Kommunikationsfähigkeiten sich entwickeln würden: Wir machten nach dem Prinzip Learning by Doing einfach Schritt für Schritt weiter, experimentierten und probierten immer wieder neue Dinge aus.

Ich dachte an Oliver zurück – wie viel besser und wortreicher er nach dem Upgrade seines Geräts kommunizieren konnte. Ich wollte nicht einfach dasitzen und zusehen, wie Stellas sprachliche Fähigkeiten sich weiterentwickelten, ohne ihr Kommunikationssystem an diese Fortschritte anzupassen. Ich musste etwas Neues ausprobieren. Ich musste ihr eine Chance geben, ihre kommunikativen Fähigkeiten weiterzuentwickeln. Oder wie Grace mir damals vor Augen gehalten hatte: »Im schlimmsten Fall kann man immer noch zum alten System zurückkehren. Also versuch's doch einfach.«

Ein paar Tage später besorgte ich mir im Einkaufszentrum eine ungefähr ein Zentimeter dicke hellbraune Pinnwand aus Schaumstoff. Sie erschien mir dick genug, um nicht zu verrutschen oder zu reißen, andererseits aber so leicht, dass sie sich problemlos transportieren ließ. Als ich nach Hause kam, legte Jake die Pinnwand auf eine unbenutzte Fläche am hinteren Ende unseres Wohnzimmers, ein paar Schritte von der Wohnungstür entfernt. Ich ging durch die Wohnung und sammelte alle neun Knöpfe von Stella ein. Zwei Knöpfe (»Spazieren« und »Tschüs«) waren während unserer Abwesenheit kaputtgegangen; aber zwei weitere Kästen mit Sprachknöpfen befanden sich bereits auf dem Weg zu uns. Stella stand mitten im Wohnzimmer und beobachtete jede meiner Bewegungen.

Auf die Pinnwand passten insgesamt fünfzehn Sprachknöpfe, wobei sie immer noch genügend Platz hatte, um zwischen den Knöpfen hin und her zu laufen. Ich dachte, das würde zumindest für eine Weile ausreichen. Ich platzierte die Knöpfe in einem Muster von drei mal drei auf der linken Seite der Pinnwand und ließ auf der rechten Seite Platz frei, um weitere Wörter hinzufügen zu können, sobald unsere neuen Sprachknöpfe eintrafen. Stella stand über der Pinnwand und schaute auf die neue Anordnung ihrer Knöpfe hinab.

»Schau mal, Stella. Das sind deine Wörter – die gleichen

wie vorher«, erklärte ich ihr. Ich drückte alle Knöpfe der Reihe nach und sagte das betreffende Wort dann noch einmal. Stella schaute zu mir hoch. Dann lief sie weg, sprang auf die Couch und rollte sich zu einer Kugel zusammen. Sie machte einen ziemlich gestressten Eindruck.

»Ich hab dich lieb, Stella«, sagte ich, während ich auf den entsprechenden Knopf drückte. »Es ist alles okay, Mädchen.« Stella sprang wieder von der Couch herunter, senkte den Kopf, klemmte ihren Schwanz zwischen die Beine und ging ins Schlafzimmer. Sie schien sehr erschrocken über all die Veränderungen zu sein, die in unserem Wohnzimmer gerade stattfanden.

Ich führte Stella den ganzen Abend über ihre Wörter vor. Das tat ich jetzt wieder genauso häufig wie ganz am Anfang, wiederholte jedes Wort mehrmals verbal und indem ich dann auch noch auf den dazugehörigen Knopf an seiner neuen Position drückte. Auch wenn Stella all diese Wörter bereits kannte und benutzte, war das doch eine ziemliche Umstellung für sie: Sie musste alle Positionen neu erlernen. Das erinnerte mich daran, wie ich einmal Jakes Telefon zur Hand genommen und versucht hatte, eine App darauf zu finden. Obwohl wir viele der gleichen Apps besaßen und alle Icons identisch aussahen, hatte ich keine Ahnung, wo sie sich befanden, denn er hatte sie auf seinem Smartphone ganz anders angeordnet als ich. Normalerweise musste ich ihn immer erst fragen, wo die gewünschte App zu finden war, oder anhand ihres Namens danach suchen.

Stella beobachtete mich aus ein paar Metern Entfernung, kam dabei aber nie in die Nähe der Pinnwand mit den

Sprachknöpfen. Sie ließ sich auf ihrem Bett, auf der Couch oder zu meinen Füßen nieder und schaute immer wieder mit großen, traurigen Welpenaugen zu mir auf. Ihre Welt hatte sich gerade drastisch verändert. Etwas, was sie jeden Tag benutzte, sah für sie jetzt plötzlich ganz anders aus. Ihre Körpersprache zeigte, dass sie sich nach Liebe und Unterstützung sehnte. Ich nahm mir vor, unserem neuen Experiment ein paar Tage Zeit zu geben und dann wieder zu ihrer alten Anordnung zurückkehren, falls es nicht funktionieren sollte.

Als ich am nächsten Morgen zusammen mit Stella das Schlafzimmer verließ, war alles anders als bisher. Normalerweise teilte sie uns von sich aus mit, was sie wollte; aber diesmal wusste ich, dass ich ihr helfen musste. Sie lief schnurstracks zu ihrem Futternapf hinüber und tippte mit der Pfote auf die leere Stelle, wo früher ihr »Essen«-Knopf gewesen war. Dann ging sie zu der Pinnwand im Wohnzimmer und fing an, auf allen Knöpfen herumzutrampeln. Jedes Mal, wenn sie ein Wort aktivierte, legte sie den Kopf schief und drückte noch ein- oder zweimal darauf. Das ist ein sehr wichtiger Schritt bei AAC-Nutzern: Sie beschäftigte sich gründlich mit ihren Sprachknöpfen, um herauszufinden, wie sie jetzt funktionierten.

Als sie einmal per Zufall auf den »Hilfe«-Knopf tappte, sagte sie danach immer wieder: »Hilfe, Hilfe, Hilfe, Hilfe, Hilfe …«: Sie bat mich um Hilfe, so wie ich es tat, wenn ich auf Jakes Handy irgendetwas nicht fand. Stella sprang von ihrem Brett und schaute unverwandt zu mir hoch.

»Du brauchst Hilfe, Stella? Hier, Mädchen.« Ich setzte mich auf den Boden, um mich auf gleiche Höhe mit ihr zu begeben. Dann streckte ich meine Hand nach der obersten Knopfreihe aus und führte ihr drei- oder viermal das Wort »Essen« vor. Stella wedelte mit dem Schwanz, leckte mir das Gesicht ab und trottete zu ihrem Futternapf hinüber.

Wieder einmal wurde mir klar, wie stark Stellas intrinsische Motivation zur Kommunikation war. Ich gab ihr keine Leckerlis oder irgendwelche anderen Belohnungen, sondern reagierte einfach nur angemessen auf ihre Kommunikationsversuche, wenn sie mit ihrer neuen Knopfanordnung herumexperimentierte. Obwohl extrinsische Belohnungen wie Leckerlis manchmal auf den ersten Blick hilfreich zu sein scheinen, zeigen wissenschaftliche Untersuchungen, dass die Bereitstellung von externer Motivation die intrinsische Motivation bei Menschen langfristig beeinträchtigen kann.[32] Das zeigten neuere Analysen auf dem Gebiet der intrinsischen und extrinsischen Motivation eindeutig: »128 verschiedene Experimente ergaben, dass materielle Belohnungen sich normalerweise negativ auf die intrinsische Motivation auswirken. Wenn Institutionen, Familien, Schulen, Unternehmen und Sportmannschaften sich beispielsweise auf kurzfristige Erfolge konzentrieren und Kontrolle über das Verhalten von Menschen auszuüben versuchen, richten sie langfristig erheblichen Schaden an.«[33]

Das Konzept der intrinsischen Motivation wurde erstmals bei Primaten entdeckt, die motivierter waren, Rätsel zu lösen, wenn sie keine Belohnung in Form von Futter dafür erhielten: Die Affen, die sich aus reiner Neugier und nur zum Spaß mit den Rätseln beschäftigten, erzielten dabei durchweg bessere Ergebnisse als diejenigen, die zur Belohnung Rosinen bekamen.[34] Daraufhin stellte ich die Hypothese auf, dass auch Hunde eine sehr starke intrinsische Motivation haben; man muss ihnen nur eine Chance geben, sie zu zeigen. Leckerlis waren sicherlich nicht das Wichtigste für unsere Hündin.

Stella hätte auch aufgeben können. Sie hätte weiterhin mit der Pfote nach ihrem Futternapf und ihrer Wasserschüssel schlagen können. Sie hätte sich an die Tür stellen und winseln können, wenn sie rauswollte. Sie hätte mit der Pfote das Halsband anstupsen können, das sie immer trägt, wenn wir mit ihr an den Strand fahren, um uns zu zeigen, dass sie dorthin wollte. Aber sie tat es nicht. Ihre Kommunikationsfähigkeiten waren inzwischen schon so weit entwickelt, dass sie uns nicht mehr nur darum bat, irgendetwas für sie zu tun. Sie war jetzt von sich aus dazu motiviert, die neuen Standorte ihrer Sprachknöpfe herauszufinden, damit sie sie wieder benutzen konnte. Sie brauchte ihre Wörter, um uns all ihre Gedanken darüber mitzuteilen, was gerade geschah, was ihr auffiel und welche ihrer gewohnten Abläufe ihr fehlten.

Stella lag auf der Couch, zerfetzte ihren Plüschpapagei und verstreute dabei überall Teile der Füllung. Sie war gestresst. Das war schon das zweite Spielzeug, das sie innerhalb der letzten zwei Tage komplett zerstört hatte. Normalerweise spielte sie nicht so; das hatte sie nur als ganz junger Hund getan. Es sah so aus, als wolle sie durch diese Art des Spiels ihre Frustration abreagieren.

Außerdem winselte sie viel mehr als vorher. Einmal, als

ich ins Wohnzimmer kam, sah ich Stella ganz allein dort stehen – hilflos und völlig durcheinander. Ich streichelte sie und warf einen Ball für sie, aber sie wollte sich einfach nicht beruhigen.

Es behagte mir ganz und gar nicht, sie in diesem gestressten Zustand zu sehen. In den ersten Tagen dachte ich oft daran, ihre Knöpfe wieder an ihre ursprünglichen Plätze zurückzulegen. Vielleicht würde sie ohnehin keine größeren Fortschritte mehr machen als diejenigen, die wir bereits an ihr beobachtet hatten. Vielleicht lohnte es sich gar nicht, sie so unter Stress zu setzen. Doch dann hielt ich mir vor Augen, dass Stella vielleicht doch in der Lage sein würde, ihr volles Kommunikationspotenzial zu erreichen. *Noch einen Tag,* dachte ich, *dann lege ich die Knöpfe wieder dahin zurück, wo sie vorher waren.*

Doch am dritten Tag der Umstellung erschien endlich ein Hoffnungsschimmer am Horizont. Stella zeigte mir, dass meine Bemühungen sich tatsächlich gelohnt hatten: Sie ging zu ihrem Soundboard und drückte wieder auf sämtliche Knöpfe. Als sie den »Hilfe«-Knopf erwischt hatte, sagte sie dieses Wort noch viermal.

»Hilfe, Hilfe, Hilfe, Hilfe.« Stella lief zu der Stelle an der Tür, wo früher ihr Knopf für das Wort »Raus« gelegen hatte. Sie tappte mit der Pfote auf den leeren Platz, bellte mich an und sagte dann wieder: »Hilfe, Hilfe.« Ich ging mit ihr zu dem Soundboard, führte ihr ein paarmal den »Raus«-Knopf vor und ging dann mit ihr Gassi.

Später, als Stella ihr Wasser ausgetrunken hatte, leckte sie den leeren Napf aus, tappte mit der Pfote auf die Stelle, an der sich früher ihr »Wasser«-Knopf befunden hatte, und lief dann quer durch die Wohnung.

»Hilfe«, sagte sie.

»Stella braucht Hilfe?« Ich ging zu ihrem Soundboard. »Wasser, Wasser«, sagte ich und drückte dann auf den entsprechenden Knopf. Stella beobachtete meinen Fuß genau, wie eine neugierige Schülerin. Offensichtlich wollte sie unbedingt lernen, wo ihre Sprachknöpfe sich jetzt befanden.

Dieses Muster zeigte Stella von da an bei fast jedem Wort, und zwar mehrmals pro Woche. Manchmal sagte sie aber auch einfach nur immer wieder: »Hilfe«, ohne eine der früheren Knopfpositionen mit der Pfote anzustupsen. Dann setzte ich mich mit ihr neben das Soundboard und führte ihr alle Wörter ein paarmal nacheinander vor. Es war, als befänden wir uns beide zusammen in unserer eigenen Kommunikationsblase.

»Hilfe«, sagte Stella.

Wieder ging ich zu ihrem Soundboard.

»Ich hab dich lieb, Hilfe.« Stella wedelte mit dem Schwanz, als ich näher kam.

»Ich hab dich auch lieb, Stella. Brauchst du noch mehr Hilfe?« Ich drückte, am unteren Rand des Soundboards beginnend, der Reihe nach alle Knöpfe und sagte ihr langsam jedes Wort vor. »Ich hab dich lieb, spielen, raus …«

Stella wedelte mit dem Schwanz, lief ans obere Ende ihres Soundboards und sagte zum ersten Mal seit ihrer neuen Knopfanordnung: »Raus.«

»Okay, lass uns rausgehen, Stella.«

Zu diesem Zeitpunkt verfügte Stella bereits über außergewöhnliche Sprachkenntnisse und Problemlösungsfähigkeiten und wusste genau, wann sie unsere Hilfe brauchte. Jetzt zeigte sich ihre ganze Intelligenz: Selbst in dieser für sie so schwierigen Situation fand sie einen kreativen Weg, um sich in der neuen Anordnung ihrer Knöpfe zurechtzufinden. »Hilfe« hatte bisher nie zu den Wörtern gehört, die Stella besonders häufig benutzte. Doch in diesem ungewohnten Kontext verwendete sie es immer wieder, um zu lernen, wo ihre Knöpfe sich jetzt befanden.

Und sie prägte sich die neuen Positionen von Tag zu Tag besser ein. Eine Weile drückte sie aus eigenem Antrieb auf verschiedene Knöpfe, um festzustellen, was dann passieren würde, und passte auch immer genau auf, wenn Jake und ich ihr die Wörter vorführten. Erwartungsgemäß erlernte Stella ihre Lieblingswörter besonders schnell. Eine Woche nachdem ich das neue Soundboard eingeführt hatte, kam ich ausnahmsweise über die Mittagspause nach Hause, weil einer meiner Behandlungstermine ausgefallen war. Stella begrüßte mich auf ihre typische fröhliche Art.

»Strand, Strand, Strand, Strand, Strand«, sagte sie.

Vielleicht meint sie das nicht wirklich. Möglicherweise experimentiert sie immer noch mit ihren Knöpfen herum, dachte ich. Ich kam selten über Mittag nach Hause; daher war ich mir nicht sicher, ob es normal war, dass Stella mitten an einem Wochentag an den Strand fahren wollte. Also knabberte ich weiter an meinem Sandwich und hatte ihr noch keine Antwort gegeben.

»Strand, Strand«, sagte Stella noch einmal und drehte sich zu mir um. Dann ging sie zu dem Halsband hinüber, das sie am Hundestrand immer trägt, beschnupperte es und schaute wieder zu mir hoch.

Das war der Beweis dafür, dass ich mich getäuscht hatte, und das machte mich ungeheuer glücklich.

»Nein, kein Strand jetzt, Stella. Tut mir leid, Mädchen. Aber wir können ein bisschen rausgehen.« Ich drückte ein paarmal mit dem Fuß auf den »Raus«-Knopf und ging dann mit ihr in den Hof. Natürlich würde sie schnell wieder lernen, »Strand« zu sagen.

Genau eine Woche nach der Umstellung ihrer Knöpfe sprach Stella wieder genauso wie vorher. Diese Konsistenz in ihrer Wortwahl zeigte mir, dass unsere Hündin sich jetzt alle neuen Knopfpositionen eingeprägt hatte. Außerdem fing Stella an, ihr Soundboard fast wie eine Art »Körbchen« zu benutzen: Sie brachte ihre Spielsachen dorthin, ließ sie auf die leeren Flächen fallen, setzte sich auf das Board und leckte es auch häufig ab. Manchmal, wenn sie auf dem Boden lag und ein Nickerchen hielt, legte sie ihren Kopf auf das Soundboard. Bevor sie begann, mit ihm zu arbeiten, hatte sie sich nie in diesem Bereich unserer Wohnung aufgehalten. Stella nahm ihr Gerät also jetzt in Besitz: Sie wusste, dass es für sie bestimmt war, und hielt sich gern in seiner Nähe auf.

Kinder kommen mit ihren AAC-Geräten ebenfalls in dieses Stadium: Sobald sie erkennen, dass dieses Gerät ihnen gehört, und anfangen, es innerlich in Besitz zu nehmen, tragen sie es bei jeder Gelegenheit mit sich herum, umarmen es und schlagen die Hände anderer Leute weg, die danach greifen wollen. Deshalb freute ich mich sehr darüber, dass Stella sich so gern in der Nähe ihres Boards aufhielt und es als ihr Eigentum betrachtete. Innerhalb einer Woche hatte unsere Hündin eine erstaunliche Entwicklung durchgemacht: Anfangs war sie immer nur gestresst und verwirrt gewesen, dann hatte sie begonnen, sich selbstständig mit ihren Sprachknöpfen zu beschäftigen und um Hilfe zu bitten, und schließlich war sie zu ihren gewohnten Kommunikationsmustern zurückgekehrt und begann, sich immer öfter in der Nähe ihres Soundboards aufzuhalten. Ich war gespannt, welche Fortschritte die nächste Woche uns bringen würde.

Stella kann Regen nicht ausstehen. In Südkalifornien regnet es zwar nur selten – aber wenn, dann ist unsere Hündin ganz außer sich. Wollen wir nun mit ihr spazieren gehen, rennt sie zur Wohnungstür zurück. Sie verrichtet ihr Geschäft nur unter der Treppe in unserem Innenhof, weil sie dort nicht nass wird. An Regentagen rannte Stella immer in unserer kleinen Wohnung herum wie verrückt. Ohne lange Spaziergänge oder Auslauf am Strand war sie ein kaum noch aufzuhaltendes Energiebündel. Inzwischen regnete es schon seit drei Tagen, und wir hatten seitdem keinen langen Spaziergang mehr gemacht und waren auch nicht am Strand gewesen.

Stella stieß ein scharfes, hohes Bellen aus, das von den Wänden unserer Wohnung widerhallte, und lief zu ihrem Soundboard.

»Strand nein«, sagte sie, starrte mich an und fing dann wieder an zu bellen.

»Ja, Stella, wir waren noch nicht am Strand. Kein Strand, es regnet.«

Stella winselte und schaute aus dem Fenster.

»Na, komm schon, Mädchen, lass uns mit deinem Spielzeug spielen!«

Stella stand an der Tür und schmollte.

»Ist ja gut, Stella. Komm, lass uns spielen!«

»Nein«, sagte sie, winselte wieder, legte sich dann auf den Boden und schob den Kopf zwischen ihre Pfoten.

Stella war nun offiziell über ihren bisherigen Sprachgebrauch hinausgewachsen. Nach einem einwöchigen Umlernprozess begann sie fast jedes Mal, wenn sie sprach, Wörter miteinander zu kombinieren. Offensichtlich fiel es ihr jetzt, da sie ihre Gedankengänge nicht mehr unterbrechen musste, um quer durchs ganze Haus zu laufen, leichter, Sätze zu bilden. Sie sprach mittlerweile sehr viel öfter und bildete noch mehr neue Aussagen.

Obwohl Stella inzwischen wusste, wo sich ihre Sprachknöpfe befanden, aktivierte sie mit den Hinterpfoten manchmal versehentlich Knöpfe, wenn sie auf ihrem Soundboard herumlief. Dann drehte sie sich jedes Mal demonstrativ um und schaute zuerst auf ihre Pfote und dann zu mir hinüber, als wollte sie mir zeigen, dass sie dieses Wort nicht absichtlich gesagt hatte. In der ersten Woche passierten Stella solche Fehltritte fast jedes Mal, wenn sie über ihr Soundboard lief. Doch mit der Zeit gewöhnte sie sich daran und lief so vorsichtig durch die Knopfreihen, dass sie dabei nicht mehr mit den Pfoten auf irgendwelche Knöpfe tappte. Wenn man ihr eine Chance und genügend Zeit zum Lernen gab, blühte Stella immer förmlich auf.

Am zehnten Tag nach der Umstellung ihrer Knöpfe – es

war wieder ein Regentag – erreichte Stella einen neuen Meilenstein in ihrer Sprachentwicklung.

»Hilfe, Strand, ich hab dich lieb«, sagte sie.

Jake kam aus der Küche gerannt. »War *sie* das?«, fragte er.

»Ja«, sagte ich. Stella hatte gerade bewusst zwei Wörter und einen Satz hintereinander gesagt – und zwar in einer Situation, in der wir wegen des Regens schon seit ein paar Tagen nicht mehr am Strand gewesen waren. Beim einzigen anderen Mal, als Stella drei verschiedene Wörter hintereinander gesagt hatte, war das eindeutig ein Ergebnis bloßen Herumexperimentierens gewesen. Aber diesmal war es anders: Sie war ganz bewusst zu jedem einzelnen Knopf hingelaufen. Und in Anbetracht der derzeitigen Umstände ergab ihre Aussage auch durchaus einen Sinn. Stella sagte öfter: »Hilfe«, wenn sie verzweifelt war; und es war auch typisch für sie, »Ich hab dich lieb« fast im gleichen Sinn zu verwenden wie »Bitte«: Stella fügte oft »Ich hab dich lieb« zu einer Bitte hinzu, wenn wir beim ersten Mal »Nein« gesagt hatten.

Während Jake und ich immer noch ganz geschockt darüber waren, dass unsere Hündin einen aus drei Knöpfen bestehenden Satz gesagt hatte, sprach Stella weiter.

»Ich hab dich lieb, Wasser«, sagte sie und stellte sich neben ihr Strandhalsband. Da wir ihren Wunsch immer noch nicht erfüllt hatten, suchte sie jetzt offensichtlich nach einer anderen Formulierung für ihre Bitte. Ihre Kommunikation war plötzlich sehr viel komplexer geworden.

Diese ersten zehn Tage, in denen Stella ihr neues Soundboard benutzte, gaben uns Hoffnung und machten uns Mut. Ihr Verhalten bestärkte mich in meiner Überzeugung, dass man etwas Neues ausprobieren muss, wenn man neue Ergebnisse sehen will. Ich fragte mich, was wohl passiert wäre, wenn ich Stella ihre Wörter von Anfang an mit dieser Anordnung beigebracht hätte. Jedes Mal, wenn sie eine neue Stufe des Sprachgebrauchs erreichte, stiegen mehr solcher Fragen und Ideen in mir auf. Hätte sie ihre Wörter dann wohl schneller miteinander kombiniert? Oder hätte sie länger zum Lernen gebraucht, weil die Knöpfe sich nicht direkt neben dem Objekt befanden, nach dem sie fragte? Niemand konnte wissen, was passiert wäre, wenn ich es schon früher oder gleich von Anfang an mit dieser Anordnung versucht hätte. Ich konnte nur einen Schritt nach dem anderen gehen, Muster beobachten, Fragen stellen und Lösungen finden. Vielleicht würde ich eines Tages einen anderen Hund haben, oder irgendjemand würde versuchen, Sprachschüler von Anfang an mit einer ganzen Tafel voller Wörter zu unterrichten, um festzustellen, ob ihr Lerntempo sich dadurch beschleunigte oder verlangsamte. Nun, da Stella mit ihrer neuen Anordnung so hervorragende Leistungen erbrachte, hielt ich es für an der Zeit, auch noch den leeren Teil ihres Soundboards mit Sprachknöpfen aufzufüllen.

Tipps und Tricks für das Sprachtraining Ihres Hundes

- **Rechnen Sie damit, dass Ihr Hund Hilfe brauchen wird, wenn Sie etwas an der Anordnung seiner Knöpfe verändern müssen.** Selbst wenn Ihr Hund bereits eine Zeit lang selbstständig Wörter verwendet hat, wird er Ihre Unterstützung benötigen, um dieses Stadium wieder zu erreichen, wenn seine Sprachknöpfe sich nun plötzlich woanders befinden.

- **Führen Sie ihm seine Wörter so oft wie möglich vor! Tun Sie das jetzt wieder so häufig wie ganz am Anfang, als Sie die einzelnen Wörter eingeführt haben.** Je öfter Ihr Hund die Sprachknöpfe in Gebrauch sieht und hört, umso größer ist die Chance, dass er sich ihre neue Position einprägt.

- **Machen Sie ihm die Kommunikation so einfach wie möglich.** Wenn Sie alle Knöpfe auf einem einzigen Soundboard anordnen möchten, lassen Sie außen herum und dazwischen genügend Platz, damit Ihr Hund jedes Wort erreichen, um das Board herumlaufen oder zwischen den Reihen hindurchgehen kann.

- **Geben Sie Ihrem Hund eine Chance, sich die neue Anordnung einzuprägen.** Es mag sehr verlockend sein, gleich wieder zur alten Anordnung zurückzukehren oder die Hoffnung ganz aufzugeben, wenn Sie nach ein paar Tagen immer noch keine Fortschritte sehen. Das Umgewöhnen und Umlernen kann schon ein Weilchen dauern. Lassen Sie sich mindestens ein bis zwei Wochen Zeit, bevor Sie ein abschließendes Urteil darüber fällen, wie gut Ihr Hund mit der neuen Situation zurechtkommt.

- **Achten Sie auf die Kommunikationsmuster Ihres Hundes.** Sobald er anfängt, Wörter auf ähnliche Weise zu verwenden wie vor der Umstellung, wissen Sie, dass er wieder sein altes Niveau erreicht hat und für weitere Fortschritte bereit ist.

KAPITEL 14

Wenn Sprache zum Automatismus wird

»Glaubst du, Stella würde uns auch bei unseren Namen nennen, wenn sie das könnte?«, fragte ich Jake. Ich saß auf unserer Couch und betrachtete die beiden neuen Schachteln mit den programmierbaren Sprachknöpfen. Ich hatte bereits eine Liste mit dreißig Wörtern aufgestellt, die ich zu Stellas Soundboard hinzufügen könnte. Leider hatten wir momentan nur Platz für sechs weitere Knöpfe. Es fiel mir schwer, eine Auswahl zu treffen. Ich wollte, dass sie alle Wörter sagen konnte, die sie möglicherweise kannte. Wieder einmal fragte ich mich: *Welche Wörter hört Stella von uns immer wieder? Welche versteht sie bereits? Mit welchen Wörtern könnte sie über möglichst viele verschiedene Erlebnisse und Erfahrungen mit uns sprechen?*

Kleinkinder kombinieren Wörter normalerweise zuerst miteinander, indem sie einen Namen mit einer Handlung oder einem Gegenstand verbinden, zum Beispiel »Mama fahren«, »Papa Ball« und so weiter.[35] Da Stella inzwischen auch schon angefangen hatte, Wörter zu kombinieren, wollte ich ihr die Möglichkeit geben, Sätze zu bilden, die ihrem jetzigen Entwicklungsstand entsprachen. Wenn wir unsere Namen zu ihrem Soundboard hinzufügten, konnte Stella uns sagen, wer von uns beiden zu ihr kommen sollte oder wen von uns sie meinte, sobald sie etwas mitteilen wollte. Ich fragte mich, ob Stella überhaupt jemals an Jake oder mich dachte, wenn wir gerade nicht da waren. Würde sie in unserer Abwesenheit nach einem von uns beiden fragen? Oder würde sie immer nur über diejenige Person reden, die gerade zu Hause war? Würde sie uns mitteilen, wer von uns mit ihr Gassi oder spazieren gehen sollte? Würde sie ihren eigenen Namen nennen, um klarzustellen, dass *sie* etwas tun wollte, statt immer nur zu kommentieren, was *Jake und ich* gerade taten?

Um das herauszufinden, programmierte ich »Stella«, »Jake« und »Christina« in drei meiner sechs neuen Sprachknöpfe ein.

Ich wählte bewusst die Namen »Christina« und »Jake« und nicht »Herrchen« und »Frauchen«, denn diese Begriffe hatte Stella noch nie gehört. Sie lebte nun schon seit fast einem Jahr bei uns, und in dieser Zeit hatten wir uns stets nur bei unseren Namen genannt. Außerdem wusste ich, dass sie unsere beiden Namen kannte und verstand. Wenn ich nach der Arbeit zu ihr sagte: »Jake kommt«, rannte sie los, um aus dem Fenster nach seinem Auto Ausschau zu halten. Und wenn Jake am Hundestrand zu Stella sagte: »Geh und such Christina«, lief sie so lange in der Gegend herum, bis sie mich gefunden hatte. Normalerweise erzählten wir Stella auch, was wir mit ihr machten, und nannten dabei unsere Namen, zum Beispiel in »Sätzen« wie »Stella Jake spazieren« oder »Stella Christina rausgehen spielen«.

Ich erneuerte den »Tschüs«- und »Spazieren«-Knopf, die

vor ein paar Wochen kaputtgegangen waren, sodass nur noch Platz für ein weiteres Wort vorhanden war. Mit ihrem jetzigen Wortschatz konnte Stella uns sagen, was sie tun und wohin sie gehen wollte; außerdem konnte sie um Hilfe bitten und ihren Protest mit einem »Nein« zum Ausdruck bringen. Aber sie hatte keine Möglichkeit, uns zu sagen, dass ihr das, was wir gerade taten, gefiel. »Wir sagen es ihr immer, wenn sie ein guter Hund ist. Also sollte sie auch eine Möglichkeit haben, uns mitzuteilen, wann wir in ihren Augen ›gut‹ sind«, erklärte ich Jake und programmierte »gut« in den sechsten Sprachknopf ein.

Als ich auf Stellas Knöpfe hinunterschaute, dachte ich an den AAC-Kurs zurück, den ich während meines Studiums absolviert hatte. Damals mussten wir Kommunikationsgeräte mit nur neun oder zwölf verschiedenen Wörtern programmieren und dann versuchen, mithilfe dieses begrenzten Wortschatzes zu kommunizieren, statt uns verbal miteinander zu verständigen. Wenn wir über unser Gerät mit unseren Studienkollegen interagieren konnten, wussten wir, dass wir die richtigen Wörter ausgewählt hatten. Falls uns dagegen immer wieder Wörter fehlten, war das ein Zeichen dafür, dass wir etwas an unserer Wortwahl ändern mussten. Nun probierte ich selbst aus, wie ich die Wörter von Stellas Soundboard sinnvoll miteinander kombinieren konnte. »Gute Stella«, »Stella, raus, spielen«, »Christina, Hilfe, Stella«, »Jake, Christina, essen«, »Ich hab dich lieb, Stella«, »Nein, Strand – Spazieren«, übte ich mit meinem rechten Fuß. So weit, so gut. Es gab viele sinnvolle Kombinationen, die sich mit diesen Wörtern bilden ließen.

Wenn der Kommunikationspartner die Positionen der Wörter auf dem Gerät der Schülerinnen und Schüler kennt, kann er ihnen diese Wörter viel besser vorführen. Dadurch, dass ich diese Kombinationen jetzt schon einübte, machte ich mich mit den dazu nötigen Bewegungsabläufen vertraut, sodass ich dann schnell in der Lage sein würde, Stella einen Satz vorzuführen, ohne jedes Mal, wenn ich mit ihr sprach, erst ihr Soundboard nach den richtigen Knöpfen absuchen zu müssen. Wie wichtig das ist und wie schnell ich mir die Positionen der einzelnen Wörter einprägen konnte, wurde mir klar, nachdem ich an einer Schulung für die Therapiemethode Language Acquisition through Motor Planning (Spracherwerb durch motorische Planung [LAMP]) teilgenommen hatte. In diesem Workshop forderten die Referenten uns auf, mittels eines Kommunikationsgeräts fünfmal hintereinander ein neues Wort zu sagen. Die Geräte, die wir dazu benutzten, enthielten Tausende von Wörtern – nicht nur fünfzehn wie Stellas Soundboard. Nachdem wir das Wort ein paarmal hintereinander gesagt hatten, sollten wir versuchen, das Gleiche mit geschlossenen Augen zu tun. Einige von uns konnten das Wort dann immer noch sagen; andere waren nur ein paar Zentimeter weit davon entfernt. Das lag daran, dass wir alle ein motorisches Programm dafür entwickelt hatten, wo sich das betreffende Wort befand. Auch das passiert, wenn wir Sprachknöpfe oder -tasten stets an derselben Stelle belassen: Dann finden wir sie mit der Zeit automatisch. Diese motorische Programmierung zeigt sich nicht nur beim Tippen oder Sprechen von Wörtern mithilfe von Kommunikationsgeräten: Wir alle nutzen diesen Effekt für die meisten unserer

Aktivitäten und merken nicht einmal, wie unser Gehirn und unser Körper das machen. Wenn wir uns die Schuhe zubinden, beim Autofahren einen anderen Gang einlegen, eine Gabel aus dem Besteckkasten nehmen, ohne hinzuschauen, eine Tanznummer aufführen oder ein Instrument spielen, führt unser Körper diese Bewegungen mit der Zeit automatisch aus, weil er sie durch Wiederholung gelernt hat.

»Stella, komm spielen«, forderte ich unsere Hündin per Knopfdruck auf.

Stella kam ins Wohnzimmer getrottet.

»Stella, Christina, spielen«, sagte ich, bevor ich ihren Ball quer durchs Zimmer warf.

Nun, da Stella öfter zwei und hin und wieder sogar drei Wörter miteinander kombinierte, führte ich ihr so oft wie möglich Drei- und Vier-Wort-Kombinationen vor. Ich sprach jetzt in solchen kurzen »Sätzen« mit Stella und ergänzte ihre Äußerungen auch, wenn sie nur ein einziges Wort oder einen aus zwei Wörtern bestehenden Satz sagte. Das ist eine häufig eingesetzte Sprachfördertechnik, die man als »Expansionen« bezeichnet:[36] Wenn Stella »Essen« sagte, antwortete ich mit »Stella essen« oder »Jake, Christina, essen«. Wenn Stella »Komm raus« sagte, erweiterte ich diesen Satz durch »Christina, komm raus« oder »Komm raus, spielen«. Durch diese Erweiterungen verstärkte ich Stellas Aussagen und zeigte ihr gleichzeitig Beispiele dafür, welche anderen Wörter sie in Zukunft zu ihren Sätzen hinzufügen konnte. Hätte ich jedes Mal, wenn Stella »Raus« sagte, mit »Stella, raus« geantwortet, dann hätte sie nicht so leicht gelernt, dass man »Raus«

auch mit anderen Wörtern kombinieren kann – zum Beispiel zu Sätzen wie »Raus gut«, »Raus spielen«, »Raus spazieren« oder »Raus nein«. Ich variierte meine Antworten so oft wie möglich, um Stella zu zeigen, wie man Wörter auf verschiedene Art und Weise verwenden kann.

An dem Tag, an dem ich Stellas Soundboard durch sechs neue Wörter erweiterte, benutzte sie konsequent weiter ihre ersten neun Knöpfe, bevor sie begann, sich mit den Neuzugängen zu beschäftigen. Anfangs schien es ihr völlig egal zu sein, dass ich neue Wörter in ihr Vokabular aufgenommen hatte; dadurch änderte sich überhaupt nichts an ihrer Wortwahl. Zumindest war ich froh darüber, dass wir neue Knöpfe hinzufügen konnten, ohne Stellas motorische Programmierung für ihre älteren Wörter durcheinanderzubringen. Das ist ein Zeichen für eine funktionale Geräteeinstellung. Denn wenn Stella jedes Mal, wenn wir ihren Wortschatz erweiterten, neu lernen müsste, wie man Wörter sagt, würde sie ihre ganze geistige Energie in diesen Prozess des Umlernens investieren, statt ihre Kommunikationsmöglichkeiten erweitern zu können.

Stella rannte zu ihrem Soundboard und tippte auf ihren neuen Knöpfen herum, wobei sie gleich drei oder vier hintereinander traf, ohne zwischendurch eine Pause einzulegen. Sie legte den Kopf schief – zuerst nach links und dann nach rechts –, während sie auf jedes einzelne Wort horchte. Vorläufig brabbelte sie also gewissermaßen nur vor sich hin. Alle Sprachlernenden machen eine solche »Brabbelphase« durch, in der sie neue Wörter erkunden. Denn für AAC-Nutzer gibt es nur eine einzige Möglichkeit, die richtige Verwendung ihrer Wörter zu erlernen: nämlich, indem sie zunächst aufs Geratewohl irgendwelche Tasten auf ihren Geräten drücken. Sie müssen hören, wie die einzelnen Wörter klingen, und beobachten, was daraufhin passiert. Wenn man also den Eindruck hat, dass ein AAC-Nutzer »einfach nur auf irgendwelche Knöpfe drückt«, so ist das völlig normal und eigentlich ein gutes Zeichen dafür, dass er gerade im Begriff ist, den richtigen Gebrauch dieser Wörter zu erlernen.

»Stella, Stella, Stella, Stella, Stella«, hörten Jake und ich aus dem Wohnzimmer.

Ich warf einen Blick um die Ecke und sah, wie Stella auf ihr Soundboard hinunterstarrte. Sie hob immer wieder die Pfote und drückte auf einen Knopf. »Sie lernt, ihren Namen zu sagen«, lächelte ich.

»Gut, Stella«, sagte ich per Knopfdruck. »Ich hab dich lieb, Stella.«

Stella wedelte mit dem Schwanz.

Unsere Hündin experimentierte zunächst einmal mit ihrem eigenen Namen herum und beschäftigte sich erst dann mit ihren anderen neuen Wörtern. Das war eine ganz ähnliche Reaktion wie damals, als Stella entdeckte, dass sie »Spazieren« und »Strand« sagen konnte. Für sie war es naturgemäß naheliegend, den Namen zu sagen, den wir hundertmal am Tag riefen. »Stella« war wahrscheinlich das Wort, das sie von Jake und mir am häufigsten hörte; also war es absolut plausibel, dass sie es so schnell sagte. Kleinkinder beginnen im Alter von 21 bis 24 Monaten – in einer Phase, in der sie konsequent Zwei-Wort- und gelegentlich auch Drei-Wort-Sätze sagen –, sich mit ihrem eigenen Namen zu bezeichnen.[37] Stella zeigte in dieser Phase ein ähnliches Verhalten.

»Tschüs, spazieren, Christina«, sagte Stella, indem sie mit der rechten Pfote aufs Geratewohl verschiedene Knöpfe drückte. Sie tappte hektisch auf diesen Knöpfen herum, um verschiedene Wörter auszuprobieren. Als sie durch die Knopfreihen zur linken Seite ihres Soundboards lief, drückte sie mit der Hinterpfote versehentlich »Jake, Christina«. Sobald Stella diese Wörter hörte, mit denen sie nicht gerechnet hatte, sprang sie erschrocken von ihrem Soundboard herunter. Sie lief zweimal um das Board herum und dann wieder mittendurch, um »Raus« zu sagen. Danach trottete sie zur Tür und schaute zu mir hoch.

»Stella, Christina, raus«, sagte ich per Knopfdruck. »Komm, lass uns rausgehen!«

Zum ersten Mal in Stellas Lernprozess konnte ich einen eindeutigen Unterschied in ihren Fähigkeiten erkennen. Die linke Hälfte ihres Soundboards kannte Stella sehr gut. Denn diese neun Wörter hatte sie schon seit Monaten im Kopf; sie hatte ihre neuen Positionen schnell gelernt und benutzte sie jeden Tag – und zwar immer wieder auf andere Weise. Wenn sie sich an der linken Seite des Soundboards befand, betätigte sie jeden Knopf mit schlafwandlerischer Sicherheit. Oft schaute sie sogar zu mir hoch, während sie auf einen dieser Knöpfe drückte, weil sie das Board gar nicht mehr mit den Augen abzusuchen brauchte. Diese Kommunikation wirkte bei ihr genauso automatisch wie bei einer Schreibkraft, die fließend tippen kann.

Aber die rechte Hälfte des Soundboards war noch neu für

Stella. Manchmal rutschte sie mit der Pfote von einem Knopf ab, wenn sie versuchte, ihn zu aktivieren. Oder sie drückte auf der Suche nach einem Wort gleich mehrere Knöpfe hintereinander. Es passierte ihr immer wieder, dass sie mit den Hinterpfoten unbeabsichtigt Knöpfe aktivierte. Ich wusste genau, warum das so war: Stella befand sich gleichzeitig in zwei verschiedenen Stadien motorischen Lernens, denn sie beherrschte nicht alle Wörter auf ihrem Soundboard gleich gut.

Es gibt drei verschiedene Stadien des motorischen Lernens. Das erste bezeichnet man als *»kognitives Stadium«*, »in dem die Leistungen noch sehr variabel sind: Die Lernenden wissen noch nicht mit hundertprozentiger Sicherheit, was sie falsch machen und wie sie ihre Leistung korrigieren können und brauchen Hilfe.« Das zweite Stadium bezeichnet man als *»assoziatives Stadium«*, in dem »die Lernenden an der Verfeinerung ihrer Fähigkeiten arbeiten. Die Reaktionen sind jetzt schon zutreffender, es unterlaufen aber immer noch ab und zu Fehler.« Die letzte Stufe ist das *»autonome Stadium«,* in dem »kein bewusstes Denken mehr erforderlich ist. Die Lernenden können die Handlung ohne fremde Hilfe ausführen und die Aufmerksamkeit oft auch zwischen verschiedenen Aufgaben aufteilen.«[38] Im Hinblick auf ihre ersten Wörter befand Stella sich bereits in der autonomen Phase, doch bei ihren sechs neuen Knöpfen war sie noch nicht über das erste Stadium des motorischen Lernens hinausgelangt.

Obwohl ich wusste, dass Stella alle Wörter verstand, die ich in ihr Vokabular integrierte, musste sie erst noch lernen, sie selbst zu benutzen. Stellen Sie sich vor, wie es sich anfühlen würde, wenn Sie gerade tippen lernten und dabei nur die linke Seite der Tastatur benutzen dürften! Und erst nachdem Sie die Buchstaben auf der linken Seite erlernt hätten, würde man Ihnen auch die rechte Seite der Tastatur zugänglich machen. Selbst wenn Sie das ganze Alphabet und die Verwendung der einzelnen Buchstaben kennen, müssten Sie dann trotzdem erst noch ein motorisches Programm für die Verwendung der rechten Seite Ihrer Tastatur entwickeln. Es erfordert Zeit und Übung, die verschiedenen Stadien des motorischen Lernens zu durchlaufen.

Während Stella noch dabei war, ihre neuen Wörter zu lernen, besuchten meine Schwester Sarah und ihr Mann Stephen uns über ein verlängertes Wochenende in San Diego. Ich konnte es kaum erwarten, ihnen das Soundboard zu zeigen, das wir für Stella gebaut hatten; denn sie hatten unsere Hündin seit unserem Umzug nicht mehr gesehen.

Stella war immer überglücklich, wenn wir Besuch bekamen, und saugte wie gesagt die Aufmerksamkeit, die ihr von unseren Gästen zuteilwurde, auf wie ein Schwamm. Dann wedelte sie nicht nur mit dem Schwanz, sondern wackelte mit ihrem ganzen Körper hin und her und warf sich auf den Rücken, damit die Gäste sie am Bauch kraulen konnten. Während des ersten Besuchs von Sarah und Stephen lächelte sie praktisch rund um die Uhr. Als sie sich auf unsere Couch setzten, sprang Stella ebenfalls hinauf, setzte sich zwischen sie und ließ sich von ihnen abwechselnd streicheln und hinter den Ohren kraulen.

Doch plötzlich sprang Stella wieder von der Couch herunter, lief quer durchs Wohnzimmer und blieb vor ihrem Soundboard stehen.

»Ich hab dich lieb«, sagte sie, ging zurück zur Couch, schaute Sarah und Stephen an und wedelte mit dem Schwanz. Danach sprang sie sofort wieder auf die Couch und drängte sich zwischen die beiden.

»O Gott, ich glaube, sie hat mit uns geredet«, staunte Sarah. »Wir haben dich auch lieb, Stella.«

Stella legte sofort wieder die Ohren an und versuchte, den beiden das Gesicht abzulecken. Sie blieb wie angewurzelt zwischen Sarah und Stephen sitzen und sah überglücklich aus.

»Das ist das erste Mal, dass sie zu jemand anderem als uns ›Ich hab dich lieb‹ gesagt hat«, stellte ich fest. »Ihr solltet euch geehrt fühlen.«

Stella war ganz begeistert von der Aufmerksamkeit, die Sarah und Stephen ihr schenkten. Sie brauchte gar nichts zu sagen, um die Streicheleinheiten zu bekommen, die sie sich wünschte; aber sie war trotzdem von der Couch heruntergesprungen, um quer durchs Zimmer zu laufen und Sarah und Stephen mitzuteilen, wie gern sie sie mochte. Sie hatte keine Mühe gescheut, um ihnen »Ich hab dich (euch) lieb« zu sagen.

Und sie formulierte ihre Mitteilungen auch stets unmissverständlich. Stella kannte zwar keinen Namen von irgendjemandem außer Jake und mir; aber durch ihren Blickkontakt und das erneute Hochspringen auf die Couch zeigte sie Sarah und Stephen deutlich, wen sie gemeint hatte. Stella beschränkte sich also nicht nur auf die Wörter, die ihr zur

Verfügung standen, sondern kombinierte Wörter mit Gesten, um sich noch genauer ausdrücken zu können. Eltern fragen mich oft, woran ich erkennen kann, ob ihr Kleinkind bewusst ein bestimmtes Wort sagt oder einfach nur vor sich hin brabbelt. Es ist tatsächlich nicht immer einfach zu erkennen, ob Lautäußerungen nur zufällig entstanden sind oder eine Bedeutung haben. Nach Ansicht von Dr. Erika Hoff, der Leiterin des Sprachentwicklungslabors an der Florida Atlantic University, ist ein Wort »eine Lautfolge, die eine Bedeutung symbolisiert und für sich allein stehen kann«.[39] Das bedeutet, dass Lautäußerungen oder Gesten zu Wörtern werden, wenn das Kind ihnen eine konsistente Bedeutung zuordnet. Bei der Entscheidung, ob man einen Laut oder eine Geste als »Wort« betrachten kann, ist das, was dabei im Umfeld des Kindes passiert, genauso wichtig wie das, was das Kind gesagt hat. Wenn ein Baby zum Beispiel den ganzen Tag über ständig »Ba« sagt oder diesen Laut immer wieder äußert, ohne eine bestimmte Bedeutung damit zu verbinden, würde man ihn nicht als Wort betrachten. Ich denke, das Kind brabbelt in diesem Fall einfach nur vor sich hin oder experimentiert mit verschiedenen Lautäußerungen. Aber wenn das Baby jedes Mal »Ba« sagt, wenn es mit einem Ball spielt oder auf einen Ball zeigt, würde man *»Ba«* als sein Wort für »Ball« interpretieren, weil es dadurch eine ganz bestimmte Bedeutung erhält. Das Gleiche gilt auch für AAC-Nutzer: Wenn sie anfangen, ein für den jeweiligen Kontext relevantes Wort zu sagen (und zwar in mehreren verschiedenen Situationen), demonstrieren sie damit ihre Sprachkompetenz.

Ungefähr eine Woche nachdem wir Stellas Soundboard mit

Sprachknöpfen aufgefüllt hatten, begann sie, ihr neues Vokabular in dazu passenden Situationen zu benutzen. An einem Wochentagmorgen, als Jake früher aufwachte, machte er mit Stella einen längeren Spaziergang als sonst. Als sie zurückkamen, hechelte und lächelte Stella. Nachdem Jake sie von ihrer Leine losgemacht hatte, lief sie sofort zu ihrem Soundboard hinüber. Statt verschiedene Wörter auszuprobieren, starrte sie ein paar Sekunden lang auf die Anordnung der Knöpfe, als überlegte sie, wie sie ihre Gedanken zum Ausdruck bringen sollte. Dann trat sie mit der linken Pfote auf die unterste Knopfreihe und hob die rechte Pfote.

»Gut, Jake«, sagte sie.

»Wow«, sagte ich.

»Gut, Jake, spazieren«, ergänzte er. »Ich hab dich lieb, Stella.«

Stella ließ sich auf den Boden plumpsen und lächelte und hechelte weiter. An diesem Vormittag musste ich vor Jake aus dem Haus gehen, um zu einem Behandlungstermin zu fahren. Ungefähr fünf Minuten später schrieb er mir eine SMS: »Sie hat ›Christina, tschüs‹ gesagt und dabei aus dem Fenster gestarrt!«

Das war das zweite Mal hintereinander, dass Stella ganz gezielt unsere Namen benutzte. Allmählich bekam ich Antworten auf einige meiner Fragen: Stella nannte uns also tatsächlich beim Namen, und sie dachte auch dann an uns, wenn wir nicht zu Hause waren. An diesem Tag war ich sehr gespannt darauf, abends nach Hause zu kommen. Würde Stella wohl noch mehr von ihren neuen Wörtern verwenden?

Auch wenn wir gerade nicht in der Wohnung waren, fiel mir auf, wie intelligent und aufmerksam Stella ihre Umgebung wahrnahm. An diesem Nachmittag ging ich mit ihr nach Fiesta Island, einem riesigen Hundepark mit kilometerlangem Strand und großen Grasflächen. Stella und ich waren ungefähr eine Viertelstunde von unserem Auto entfernt, als ich die ersten Regentropfen spürte. Ich schaute zum Himmel empor und sah direkt über uns eine dunkelgraue Wolke. Leider hatte ich weder eine Jacke noch einen Regenschirm dabei, und es waren auch keine Bäume in Sicht, unter die wir uns stellen konnten; also begann ich zu rennen. Eine Minute später regnete es bereits in Strömen, und der Boden verwandelte sich in Matsch, sodass ich nicht mehr so schnell laufen konnte, weil ich sonst womöglich ausgerutscht wäre. Stella rannte voraus und ließ mich immer weiter hinter sich. Wo zum Teufel wollte sie hin? Normalerweise rannte sie nie so schnell weg, wenn sie nicht hinter irgendetwas her war.

Stella lief zu einer Frau mit Regenschirm, die ungefähr zehn Meter von uns entfernt war, und ging dann einfach unter deren Schirm weiter. Die Frau blieb stehen und drehte sich um, um zu sehen, wo Stella hergekommen war. Sie winkte mir zu und wartete auf mich.

»Unglaublich, dass sie den ganzen Weg bis hierher gerannt ist, um sich unter einen Regenschirm zu stellen … Was für ein schlauer Hund!«, lachte sie.

Ein paar Tage später ging Stella abends zu ihrem Soundboard und sagte: »Raus.«

Ich rührte mich nicht, sondern wartete ab, ob sie ihrer

Äußerung wohl noch weitere Worte hinzufügen würde. Stella ging den ganzen Weg um die Oberseite ihres Boards herum zur gegenüberliegenden Ecke.

»Stella, Stella, Stella, Stella«, sagte sie.

Ich spürte, dass das noch nicht alles war. Stella hielt ihren Kopf gesenkt und lief zum unteren Ende des Soundboards.

»Spazieren«, setzte sie hinzu.

Dann kratzte Stella mit der Pfote an der Tür. »Komm, raus«, forderte sie mich auf.

Sie blickte zu mir hoch und winselte, was normalerweise ein Zeichen dafür war, dass sie ihre Mitteilung beendet hatte.

»Na gut, Mädchen, komm, lass uns rausgehen, spazieren«, sagte ich.

Insgesamt hatte Stella folgenden »Satz« gesagt: »Raus, Stella, Stella, Stella, Stella, spazieren, komm, raus.« Sie hatte also fast alle Wörter miteinander kombiniert, die ihr zur Verfügung standen und die sich irgendwie auf einen Spaziergang bezogen. Sie hatte insgesamt acht und vier *verschiedene* Wörter gesagt und sogar mitten im Satz an der Tür gekratzt, um ihre Botschaft durch eine Geste zu unterstreichen. Das war für mich eine Bestätigung dafür, dass sie die Wörter bewusst gewählt hatte. Damit erreichte sie eine völlig neue Kommunikationsebene: Sie sagte jetzt nicht mehr nur ein oder zwei Wörter hintereinander, sondern nutzte verschiedene Kommunikationsformen und verwendete alle zu ihrer Botschaft passenden Begriffe fehlerfrei, um mir mitzuteilen, was sie wollte. So etwas passiert bei der Arbeit mit AAC-Nutzern ständig. Kinder benutzen oft Wortfolgen wie: »Fertig, nein, aufhören, tschüs«, wenn sie eine Aktivität beenden wollen; das heißt, sie sagen alle Wörter, mit denen sie dem Gesprächspartner ihre Botschaft vermitteln können, um sicherzugehen, dass er sie auch wirklich versteht. Ich fragte mich, ob sie das womöglich deshalb so oft tun, weil viele dieser Kinder daran gewöhnt sind, ständig missverstanden zu werden. Auch Stella vermittelte mir ihre Botschaft so klar und deutlich wie möglich.

Am nächsten Morgen sprang unsere Hündin aus dem Bett und trottete ins Wohnzimmer.

»Raus«, sagte sie.

Jake und ich lagen im Bett und wollten eigentlich noch nicht aufstehen.

»Komm, Stella«, sagte Jake.

Daraufhin herrschte ungefähr zehn Sekunden lang Stille.

»Stella, tschüs«, sagte sie dann.

Jake und ich mussten lachen.

»Kannst du mit ihr rausgehen, Christina?«, fragte er.

Wieder Stille.

»Jake«, sagte Stella dann.

Da fing ich laut an zu lachen. »Sie hat *dich* gerufen! *Du* musst mit ihr rausgehen.« Jake verdrehte die Augen und musste ebenfalls lachen. Stella stand schon an der Tür und wartete auf ihn.

Inzwischen hatte sie eine Entwicklungsstufe erreicht, die weit über das hinausging, was ich je für möglich gehalten hätte. Wir führten quer durch die Wohnung ein richtiges Gespräch mit unserer einjährigen Hündin! In den letzten zwei Tagen hatten Stellas außergewöhnliche Kommunikationsfähigkeiten mich wieder auf die Idee gebracht, etwas über meine Arbeit mit ihr zu schreiben. Es war einfach zu schade, dass bei mir zu Hause so erstaunliche Dinge passierten, von denen niemand etwas erfuhr. Ich wollte möglichst vielen Menschen darüber berichten, damit auch andere Hundebesitzer ihren Vierbeinern das Sprechen beibringen konnten und einen Eindruck davon bekamen, wie intelligent und zu welch komplexen Gedankengängen unsere Haustiere fähig sind.

Nach der Arbeit nahm ich wieder meine Notizen zur Hand, die ich über Stella verfasst hatte, als ich in der Thanksgiving-Woche krank im Bett lag. Ich schrieb einfach da weiter, wo ich aufgehört hatte, und schilderte die Kommunikationsfortschritte, die sie seither gemacht hatte. Dann rief ich meine Studienkollegin Sarah an, eine meiner besten Freundinnen, die auch gern mit unterstützter Kommunikation arbeitet.

»Ich habe beschlossen, einen Blog über meine Erlebnisse mit Stella zu schreiben«, erklärte ich ihr. »Ich weiß zwar noch nicht genau, wie ich das mache. Aber die ganze Welt soll wissen, was Stella alles kann. Würdest du mir helfen, einen guten Titel für diesen Blog zu finden? Vielleicht irgendeinen, der mit ›Stella‹ zusammenhängt?«

»Diese Entdeckung wird eines Tages Dimensionen annehmen, die weit über Stella hinausgehen«, sagte Sarah. »Wie wäre es denn mit einem Titel, in dem *dein* Nachname vorkommt? Zum Beispiel ›Hunger for Words‹ (›Hunger nach Worten‹)?«

Als ich das hörte, wusste ich sofort, dass dies der richtige Titel für meinen Blog war.

Tipps und Tricks für das Sprachtraining Ihres Hundes

- **Bauen Sie Namen und andere Substantive in den Wortschatz Ihres Hundes ein.** Mithilfe von Namen und Substantiven kann Ihr Hund spezifischere Botschaften übermitteln.

- **Testen Sie das Vokabular Ihres Hundes vorab.** Versuchen Sie, mithilfe seiner Knöpfe Wörter und »Sätze« zu sagen, die Sie in Ihrem täglichen Leben häufig verwenden. Wenn Sie mit seinen Knöpfen viele häufig vorkommende Sätze sagen können, ist das ein Zeichen dafür, dass Sie die Wörter für ihn richtig ausgewählt haben.

- **Führen Sie Ihrem Hund Drei- und Vier-Wort-Sätze vor.** Sobald er beginnt, Wörter miteinander zu kombinieren, geben Sie ihm immer wieder die nächsthöhere Stufe vor. Eine gute Faustregel besteht darin, immer ein Wort zu dem hinzuzufügen, das Ihr Hund gerade gesagt hat. Dadurch regen Sie ihn zur Bildung längerer Sätze an.

- **Beachten Sie die verschiedenen Stadien motorischen Lernens.** Es kann durchaus sein, dass Ihr Hund sich bei manchen Wörtern noch im Anfangsstadium des motorischen Lernens befindet, während der Gebrauch anderer Wörter für ihn bereits zum Automatismus geworden ist. Führen Sie ihm weiterhin Wörter und Sätze vor und geben Sie ihm Hilfestellung bei den Wörtern, die er noch nicht aus eigenem Antrieb und automatisch sagen kann.

- **Lassen Sie Ihrem Hund Zeit.** Wenn er bereits gezeigt hat, dass er Wörter miteinander kombinieren kann, geben Sie ihm die nötige Zeit dazu. Statt sofort auf ein einzelnes Wort zu reagieren, warten Sie lieber erst einmal fünf bis zehn Sekunden, um zu sehen, ob er seine Mitteilung noch weiter ergänzt. Kommunikation mithilfe von AAC-Geräten ist ein langwieriger Prozess. Geben Sie Ihrem Hund die Möglichkeit, seinen Gedanken zu Ende zu führen!

KAPITEL 15

Hunger nach Worten

Auf dem Flug von San Diego nach Indianapolis zur Geburtstagsfeier meiner Nichte hatte ich eigentlich damit gerechnet, mir die Zeit mit meinem Buch und meiner Musik zu vertreiben. Stattdessen unterhielt ich mich zum ersten Mal in meinem Leben mit einer mir völlig fremden Person ausführlich über meine Arbeit mit Stella. Neben mir saß eine nette junge Frau mit lockigem Haar und strahlendem Lächeln.

»Womit beschäftigen Sie sich in Ihrer Freizeit? Was begeistert Sie?«, fragte sie mich. Da wusste ich, dass dies ein wunderbarer Flug werden würde. Denn ich wollte viel lieber ein intensives Gespräch führen, als mich die ganze Reise über allein zu beschäftigen. An der Herzlichkeit und Begeisterungsfähigkeit dieser Frau erkannte ich sofort, dass sie für meinen Bericht aufgeschlossen sein würde.

»Interessante Frage! Nun ja … Mein Beruf als Logopädin begeistert mich so sehr, dass ich inzwischen sogar einen Weg gefunden habe, meinem Hund das Sprechen beizubringen«, sagte ich.

Da erstarrten die Gesichtszüge meiner Sitznachbarin. Das war sicherlich das Allerletzte, womit sie gerechnet hatte.

»Hier, ich zeige Ihnen ein paar Videos.« Ich erläuterte ihr das Konzept der unterstützten Kommunikation und erzählte ihr etwas über meine Arbeit als Sprachtherapeutin, während ich in der Tasche nach meinem Handy kramte. Ich wischte mich durch mehrere Videos, in denen Stella Wörter miteinander kombinierte, um mir mitzuteilen, dass sie am Strand spielen, draußen spazieren gehen wollte oder Hunger hatte.

Den Rest des Fluges verbrachten wir mit einer angeregten Brainstorming-Sitzung darüber, wie ich diese Informationen publik machen könnte. Sie las die Fragmente der Artikel, an denen ich gerade arbeitete, und sagte mir ihre Meinung dazu. Dann schrieb sie eine Liste von Unternehmen und Organisationen auf die Rückseite ihres Flugtickets, die ihrer Meinung nach an meiner Idee mit den sprechenden Hunden interessiert sein könnten. Ich sprach stundenlang mit einer völlig fremden Frau und erzählte ihr, wie sehr Stellas Kommunikationsfähigkeiten mich begeisterten, in welche Richtung sie sich in Zukunft weiterentwickeln könnten und wie sehr unsere Gesellschaft sich verändern würde, wenn wir wüssten, dass unsere Hunde mit uns sprechen können. Diese Vorstellung faszinierte meine Sitznachbarin so sehr, dass sie den ganzen Flug über gemeinsam mit mir brainstormte und meine Tagträume von einer besseren Kommunikation mit Haustieren mit mir teilte.

Ich war ganz in meinem Element. Denn ich wollte diese spannende Geschichte unbedingt der ganzen Welt erzählen und den Menschen klarmachen, was im Umgang mit ihren Tieren alles möglich war. Der Gedanke daran ließ mich nicht mehr los. Ich wollte Kontakt zu anderen Fachleuten aufnehmen, die mir vielleicht helfen konnten, mit meiner Arbeit einen Schritt weiterzukommen. Ich hatte das Gefühl, ein großes Geheimnis mit mir herumzutragen, weil ich ungeahnte Möglichkeiten im Kommunikationsverhalten von Hunden und in der Sprachtherapie erkannt hatte, von denen meine Mitmenschen noch nichts wussten.

Während des ganzen Frühjahrs 2019 brachte ich meine Wochenenden und Abende mit Recherchen darüber zu, wie man eine Webseite erstellt. Eigentlich hörte sich das ganz einfach an. Inzwischen hatte fast jeder Mensch eine eigene Webseite; und wenn andere Leute das konnten, gab es keinen Grund, warum ich es nicht auch fertigbringen sollte. Doch sehr bald stellte ich fest, dass das gar nicht so einfach war. Denn dazu musste man nicht nur die Inhalte erstellen, die auf der Webseite erscheinen sollten, sondern auch viele Entscheidungen bezüglich des Layouts, der Farbgebung, Schriftart und Formatierung treffen. Und nicht zuletzt brauchte man dazu auch Fachkenntnisse im Hinblick auf Webdesign, Suchmaschinenoptimierung und viele andere Details, die sich für mich wie Chinesisch anhörten. Ich hatte nicht die leiseste Ahnung davon. Natürlich wusste ich, dass meine Webseite nicht gleich beim ersten Versuch perfekt sein würde; aber sie sollte zumindest einen so professionellen Eindruck machen, dass man sie ernst nahm. Für mich war das jetzt kein bloßes Hobby mehr, sondern eine Chance, der Welt eine neue Idee vorzustellen, hinter der mein Ruf als professionelle Sprachtherapeutin stand.

Nachdem ich mehrere Wochenenden an meinem Computer verbracht und versucht hatte, etwas halbwegs Vorzeigbares auf die Beine zu stellen, ging mein Blog www.hungerforwords.com am 25. April online. Damals umfasste er nur zwei Blogbeiträge: »Wie ich meinem Hund das Sprechen beibrachte« bot einen Überblick über die ganze Geschichte von den ersten Anfängen meiner Idee bis zu dem Zeitpunkt, als Stella anfing, Wörter miteinander zu kombinieren; und in »Stellas Knöpfe« beschrieb ich, welche Wörter ich für Stella ausgewählt hatte. Außerdem umfasste dieser zweite Blogbeitrag mehrere Videos, die zeigten, wie Stella ihre ersten Wörter erlernte, und ein paar Hintergrundinformationen über mich und unsere Hündin. Die Webseite war einfach, wirkte aber dennoch lebendig und erfüllte ihre Funktion – obwohl ich so etwas noch nie zuvor gemacht hatte. Ungefähr ein Jahr zuvor hatte Stella ihr erstes Wort gesagt; und nun lebte ich in einem ganz anderen Teil der USA und gestaltete eine Webseite über ihre Kommunikationsfähigkeiten. In zwölf Monaten kann sich so vieles ändern! Ich fand es ungeheuer spannend, eine Plattform zu haben, auf der ich Informationen über Stellas Fortschritte posten konnte. Das inspirierte mich gleichzeitig auch dazu, diese Entdeckungsreise fortzusetzen. Obwohl ich wusste, dass bisher noch niemand meinen Blog kannte, gab er mir doch ein Gefühl der Legitimität und Verantwortung. Das war meine Vision. Ich trug die Verantwortung dafür, sie ans Tageslicht zu bringen und der ganzen Welt von meinen Beobachtungen zu erzählen.

Zunächst informierte ich nur Menschen, die ich kannte, über meinen Blog: Ich schickte den Link per E-Mail an Familienangehörige, Freundinnen und Freunde, Professorinnen und Professoren und Mentorinnen und Mentoren aus meiner Studienzeit sowie an frühere und jetzige Mitarbeitende. Doch die begeisterten Reaktionen machten mir Mut, sodass ich anfing, meinen Blog mit einem etwas größeren Personenkreis zu teilen, nämlich mit der Facebook-Gemeinde der Logopädinnen und Logopäden. Ich war schon seit Monaten nicht mehr in den sozialen Medien unterwegs gewesen – genauer gesagt, seit dem Tag vor meinem Umzug nach Kalifornien, an dem ich sämtliche Apps von meinem Smartphone gelöscht hatte. Für mich war es ein ungeheuer befreiendes Gefühl, dass die Social-Media-Plattformen jetzt nicht mehr jede freie Minute meines Lebens ausfüllten und ich endlich wieder zum Nachdenken kam. Deshalb zögerte ich auch zunächst, bevor ich mich auf Facebook einloggte. Ich wollte nicht wieder in meine alten Gewohnheiten zurückfallen. Aber mein Wunsch, Stellas Geschichte zu erzählen und der Welt zu zeigen, was man mit unterstützter Kommunikation alles bewirken kann, war viel größer als meine Angst, wieder nach sozialen Medien süchtig zu werden.

Eine Woche nach dem Start meiner Webseite postete ich den Link dazu in ein paar Logopädie-Facebook-Gruppen, die jeweils Tausende von Mitgliedern hatten. Bisher hatte ich noch nie etwas in einer dieser Gruppen gepostet. Ich dachte mir, das wäre ein ganz guter Anfang, um die Reaktionen auf meine Geschichte einzuschätzen. Wenn überhaupt irgendjemand meine Arbeit mit Stella verstehen konnte und zu schätzen wusste, dann würde es wahrscheinlich die Community meiner Berufsgruppe sein. Das war der beste und sicherste Weg für mich, die Lage zu peilen und festzustellen, was andere Leute von meiner Arbeit hielten.

»Auch Hunde können mithilfe von unterstützter Kommunikation sprechen lernen!«, schrieb ich. »Gehen Sie auf meine Webseite, um zu sehen, wie meine Hündin Stella sich in Worten mit uns verständigt.« Dazu postete ich ein Foto von Stella, wie sie lächelnd neben ihren Knöpfen liegt.

Ich saß gerade mit Jake am Esstisch, als ich auf »Posten« klickte. Damals wusste ich noch nicht, was mich erwartete. »Ich hoffe, dass wenigstens ein paar Leute das sehen«, sagte ich. »Es gibt so viele Posts in diesen Gruppen. Da könnte mein Beitrag leicht untergehen.«

»Ich glaube, darüber brauchst du dir keine Sorgen zu machen«, sagte Jake. »Schau mal.« Er drehte den Bildschirm meines Laptops zu mir. Schon nach wenigen Minuten wimmelte es nur so von »Likes« und Kommentaren zu meinem Beitrag.

Im Lauf des Abends begannen andere Logopädinnen und Logopäden meinen Link auf ihren eigenen Seiten zu teilen. Ein paar große Logopädie-Accounts mit Zehntausenden von Followern teilten ihn auf ihren Social-Media-Plattformen. Viele Leute abonnierten meine Blog-Updates. So entstand im Handumdrehen eine Gemeinschaft von Menschen, die sich für mein Projekt interessierten. Und es wurden immer mehr.

Mit der Zeit lernte Stella, wann es sinnvoll war, uns um einen Ausflug zum »Strand« zu bitten. Vorher hatte sie ständig danach gefragt – morgens, mittags und abends. Aber morgens konnten wir nicht mit ihr dorthin fahren, sonst wären wir nicht mehr rechtzeitig zu unserer Arbeit gekommen. Und genauso war es auch in meinen Mittagspausen: Ich konnte ihr diese Bitte niemals erfüllen, wenn ich zwischen zwei Behandlungsterminen für kurze Zeit nach Hause kam. Wir konnten ihrem Wunsch nur nach der Arbeit und nach dem Abendessen nachkommen. Als Stella dieses Muster erkannte, begann sie sich darauf einzustellen: Morgens und mittags sagte sie immer nur: »Raus.« Oder: »Spazieren.« Erst am Abend bat sie uns, mit ihr an den Strand zu fahren. Sie lernte unsere Gewohnheiten kennen und passte sich daran an.

Jede Woche schien Stella die Fähigkeiten, die sie in der Woche davor gezeigt hatte, noch zu übertreffen. Jetzt sprach sie nicht mehr nur ab und zu, sondern sehr häufig in Drei-Wort-Kombinationen. Sie sagte im Durchschnitt ungefähr dreißig verschiedene Wörter pro Tag, obwohl wir uns morgens und abends jeweils nur ein paar Stunden lang zu Hause aufhielten. Das war eindeutig etwas ganz Besonderes; und jetzt übernahm die Wissenschaftlerin in mir die Regie. Es war höchste Zeit, ihre Fortschritte genauer zu verfolgen und zu dokumentieren. Jake und ich erstellten Tabellen, die wir an die Wände hängten, um jedes Mal, wenn sie ein Wort sagte, einen Eintrag zu machen. Wir dokumentierten ihre Kommunikation und beschrieben auch den jeweiligen Kontext dazu, um ihre Äußerungen später in aller Ruhe interpretieren und auswerten zu können. Ich notierte mir Fragen, die mir zu ihren Fortschritten einfielen, suchte nach Mustern in ihrer Kommunikation und verfolgte die Entwicklung ihrer Fähigkeiten ganz genau. Wir nahmen Videos per Smartphone auf und stellten sogar eine GoPro-Kamera in unser Wohnzimmer, um alles filmen zu können, was Stella sagte und tat. Anschließend verbrachten wir Stunden damit, das

Videomaterial zu sichten, in Clips aufzuteilen und auf unseren Computern zu speichern. Außerdem verfasste ich weiterhin Blogbeiträge über Stellas Kommunikation und übte Wörter mit ihr ein. Tagsüber in meinen Sprachtherapiesitzungen mit Kleinkindern fiel mir plötzlich ein, was Stella uns womöglich am Tag zuvor hatte mitteilen wollen; und wenn ich abends zu Hause mit Stella arbeitete, erinnerte ich mich an Situationen aus meinem Arbeitsalltag, die mich dazu inspirierten, neue Konzepte mit ihr auszuprobieren. Konnte sie einfache Fragen beantworten? Konnte sie sich zwischen zwei verschiedenen Optionen entscheiden, die ich ihr vorgeben würde? Was wäre, wenn ich sie zum Beispiel fragte: »Will Stella spielen oder spazieren gehen?« Würde sie dann mit »Spielen« oder »Spazieren« antworten? Konnte sie den Unterschied in meiner Satzmelodie erkennen, wenn ich ihr eine Frage stellte oder ihr erklärte, was wir gerade taten? Es gab noch so vieles zu entdecken.

Es war eine arbeitsreiche Zeit gewesen; also beschlossen Jake und ich, Urlaub zu machen. Da Stella inzwischen zu groß zum Fliegen war, sollte sie eine Woche lang bei einer Hundesitterin in San Diego bleiben. Als wir die junge Frau kennenlernten, zählte ich ihr auf, was wir alles mitbringen würden, wenn wir Stella in ein paar Tagen bei ihr absetzten.

»Ihren Zwinger, ihr Bettchen und ihre Lieblingsdecke, ach ja, und ... Stella hat auch so ein Kommunikationsgerät mit Knöpfen darauf, mit denen sie sagen kann, was sie will«, sagte ich.

Die Frau runzelte die Stirn. »Okay, ja, hier ist genügend Platz für all diese Sachen.«

Ein paar Tage später tauchte ich wieder bei ihr auf, diesmal mit Stellas Leine in der einen und ihrem Soundboard in der anderen Hand.

»Das ist ihr Kommunikationsgerät«, erklärte ich. »Damit kann Stella Ihnen genau sagen, was sie will und was sie denkt.« Ich drückte auf ein paar Knöpfe, um der Hundesitterin zu zeigen, wie das Gerät funktionierte.

»Oh … wow, okay …«, sagte sie und kratzte sich am Kopf.

»Das ist wirklich sehr praktisch. Sie sagt Ihnen Bescheid, wenn sie Hunger hat oder rausmuss oder wo sie hinwill.« Die Hundesitterin nickte, während ich ihr davon vorschwärmte, was Stella uns Tag für Tag erzählte.

»Tschüs, Stella«, sagte ich. »Ich hab dich lieb, Mädchen. Jake und ich kommen bald wieder. Viel Spaß!« Ich küsste sie auf den Kopf und ging zur Tür hinaus. Es fiel mir so schwer, sie zurückzulassen. Ich hoffte, sie würde während unserer Abwesenheit glücklich sein und sich wohlfühlen.

Zehn Minuten nachdem ich gegangen war, zeigte mein Smartphone mir eine SMS von der Hundesitterin: »Das ist wirklich unheimlich … Stella hat gerade ›Christina, tschüs‹ gesagt …« Ich lachte leise in mich hinein. Schade, dass ich nicht dabei gewesen war, um das Gesicht der Hundesitterin zu sehen, als Stella zu ihrem Soundboard hinübermarschierte, um ihr zu erklären, dass ich nicht mehr da war! Es freute mich zu hören, dass Stella die Sprachknöpfe auch in ihrer neuen Umgebung schon wieder benutzte.

Während unserer Abwesenheit schickte die Hundesitterin uns per SMS ein Video von Stella, wie sie am Hundestrand spielte. »Sie hat immer wieder ›Strand‹ gesagt; also dachte ich mir, wir müssten unbedingt mal mit ihr dorthin fahren«, schrieb sie dazu. Außerdem erfuhren wir, dass Stella in ihrer ersten Nacht bei der Hundesitterin mitten in der Nacht »Raus« sagte. Die Frau hatte sie von ihrem Bett aus gehört, war aber nicht aufgestanden. Stella hatte das Wort noch ein paarmal wiederholt und dann neben der Tür ihr Geschäft verrichtet. »Da wurde mir klar, dass sie wirklich meint, was sie sagt«, schrieb die Hundesitterin. »Dieses Missgeschick war ganz allein meine Schuld.«

Am letzten Tag ihres Aufenthalts packte die Frau Stellas Bettchen, ihr Spielzeug und ihre beiden Näpfe zusammen. Stella beobachtete sie dabei und sagte dann: »Jake, Christina.« Als die Hundesitterin zu ihr sagte: »Ja, Jake und Christina kommen zurück!«, wartete Stella offenbar so lange an der Tür, bis wir zehn Minuten später eintrafen. Ich fragte mich, ob Stella die Worte der Hundesitterin wohl verstanden oder ob sie dieses Verhalten durch frühere Aufenthalte bei unseren Freunden erlernt hatte; denn die packten normalerweise auch immer die Sachen unserer Hündin zusammen, kurz bevor Jake und ich sie abholten. Auf jeden Fall kam Stella dank ihrer Sprachknöpfe besser mit der Situation zurecht, sich ohne uns an einem unbekannten Ort aufzuhalten. Sie teilte der Hundesitterin mit, dass ich weg war, und konnte all ihre typischen Wünsche und Bedürfnisse zum Ausdruck bringen. Und da die Knöpfe fest an ihrem Soundboard angebracht waren, musste sie sich nicht erst an eine neue Anordnung gewöhnen oder herausfinden, welcher Knopf welche Bedeutung hatte, sondern konnte auch mit fremden Menschen an neuen Orten weiterhin wie gewohnt kommunizieren. Das war wichtig, zumal es Jake und mir sehr schwergefallen, war, Stella zu verlassen. Sie war für uns mehr wie ein Kind als wie ein Haustier. Sie hatte eine eigene Stimme und eigene Gedanken und war zu einem sehr wichtigen Bestandteil unseres Lebens geworden. Es tröstete mich zu wissen, dass Stella ihren Gedanken auch dann Ausdruck verleihen konnte, wenn wir nicht da waren.

Als wir wieder zu Hause waren, beschloss ich, auf ein größeres Soundboard umzusteigen. Stella hatte die fünfzehn Wörter auf ihrem jetzigen Board inzwischen gelernt und benutzte sie alle häufig und in passenden Situationen. Wie ich bereits gesagt habe, sollte man AAC-Nutzern wenn möglich immer mehr Wörter zur Verfügung stellen, als sie benutzen können. Denn man kann nur dann neue Wörter erlernen, wenn man Zugang dazu hat.

Jake und ich fuhren mit Stella zum Baumarkt und kauften ein Stück Sperrholz, das etwas mehr als doppelt so groß war wie ihr jetziges Soundboard. Jake hatte alles genau ausgemessen. »Insgesamt würden 32 Knöpfe reinpassen. Ich weiß zwar nicht, ob wir jemals so weit kommen, aber zumindest haben wir die Möglichkeit dazu«, sagte er. Stella trottete neben uns her und rannte auf alle Menschen zu, die ihr ein freundliches Gesicht zeigten.

Nach unserer Heimkehr ordneten wir Stellas fünfzehn Sprachknöpfe auf der größeren Sperrholzplatte an, wobei wir wieder oben links begannen und alle Knöpfe in derselben Reihenfolge aufmontierten wie vorher. Dieses Soundboard war länger und breiter als das vorige, sodass unten noch eine vierte Reihe hinpasste. Ich schaute auf der Liste nach, die ich bei der letzten Erweiterung von Stellas Wortschatz erstellt hatte, und wählte die sechs Wörter aus, die für sie meiner Meinung nach am sinnvollsten waren: »Will«, »Schau«, »Park«, »Glücklich«, »Böse«, »Bett«.

Jake und ich fragten Stella oft: »Was willst du?« Also hatte sie dieses Wort schon oft gehört. Ohne darüber nachzudenken, hatte ich das Wort »Will« immer dann gebraucht, wenn Stella eine Bitte äußerte. Wenn Stella zum Beispiel sagte: »Essen«, antwortete ich: »Stella will essen?« Und wenn sie »Strand« sagte, fragte ich: »Du willst an den Strand?« Jetzt konnte ich ihr diese Sätze anhand ihrer Knöpfe vorführen. »Will« respektive »wollen« ist ein sehr hilfreiches Kernwort, das sich auf viele verschiedene Objekte, Handlungen und Personen anwenden lässt. Wenn Stella dieses Wort erlernte, konnte sie es mit einer Geste kombinieren, um mir zu sagen, was sie wollte; also würden wir auf ihrem Gerät dann keinen Platz mehr für Sprachknöpfe brauchen, die spezifische Spielzeuge oder Aktivitäten bezeichneten.

Eine von Stellas Lieblingsbeschäftigungen in unserer Wohnung bestand darin, aus dem Fenster zu schauen. Immer wenn ich die Jalousien für sie hochzog, erzählte ich ihr, was sie gerade tat: »Schau raus, Stella.« Ich wollte ihr die Möglichkeit geben, über das Rausschauen zu sprechen oder uns mitzuteilen, dass wir die Jalousien für sie hochziehen sollten. Und ich sagte auch immer: »Stella, schau«, wenn ich ihr irgendetwas zeigen wollte. Dann folgte sie meiner Handbewegung mit den Augen und schaute auf das, worauf ich sie hinweisen wollte. Wissenschaftlichen Untersuchungen zufolge reagieren Welpen bereits im Alter von sechs Wochen auf menschliche soziale Gesten wie das Zeigen.[40] Und vielleicht würde Stella das Wort »Schau« ja auch benutzen, um *mir* etwas zu zeigen.

Mittlerweile hatten Stella und ich Ausflüge in den Hundepark unserer Wohngegend in unser Abendprogramm aufgenommen. Immer wenn ich »Park« sagte, lief sie zur Tür. Sie rannte gern mit ihren Hundefreunden herum und provozierte sie dazu, dem Stock hinterherzujagen, der ihr aus dem Maul hing. Da wir meistens zur gleichen Tageszeit in den Park gingen, trafen wir auch immer dieselben Leute und Hunde. Stella begrüßte sie alle fröhlich, und manchmal hatte ich das Gefühl, dass sie sich über ihre menschlichen Freunde noch mehr freute als über ihre vierbeinigen Kameraden.

Stella zeigte uns durch verschiedene Gesten an, ob sie glücklich war oder sich über irgendetwas ärgerte. Wenn sie glücklich war, wedelte sie mit dem Schwanz, legte die Ohren an, sprang im Kreis herum und lächelte. Wenn sie sich ärgerte, bellte sie uns an, seufzte, drehte sich von uns weg oder ging ins andere Zimmer. Da Stella ihre Gefühle mit so eindeutigen Gesten zum Ausdruck brachte, wollte ich ihr eine Möglichkeit geben, uns mehr darüber zu erzählen.

Jeden Tag zogen wir Stellas Bettchen an verschiedene Stellen unserer Wohnung. Sie mochte es, wenn wir es für sie unter den Wohnzimmertisch, ans Fenster oder ans Fußende unseres Betts schoben. Oft stellte sie sich genau dorthin, wo sie ihr Bett haben wollte, und winselte oder bellte uns an. Da sie bereits durch Lautäußerungen und Gesten über dieses Thema mit uns kommunizierte, dachte ich, dass sie uns mithilfe des Wortes »Bett« vielleicht noch genauer sagen könnte, was sie sich wünschte.

Ich ordnete die sechs neuen Wörter in der unteren Reihe von Stellas neuem Soundboard an. Jake und ich beschrifteten alle Wörter, so wie wir es auch bei ihrem kleineren Board getan hatten. Anhand der Beschriftungen konnten Besucher und andere Leute wie beispielsweise die Hundesitterin die Bedeutung der Knöpfe nachlesen, um per Knopfdruck mit Stella zu kommunizieren. Wir beschlossen, die Knöpfe vorläufig nur mit Klettband an der Sperrholzplatte zu befestigen, bis wir sicher waren, dass unser Soundboard die richtige Größe hatte. Sicherheitshalber behielt ich die ursprüngliche Pinnwand und schob sie zwischen Wand und Schreibtisch für den Fall, dass Stella mit der größeren Tafel nicht zurechtkam.

»Schau, Stella«, sagte ich per Knopfdruck zu ihr. »Komm und schau.« Stella lief ein paarmal auf ihrem neuen Soundboard hin und her, beschnupperte es, warf mir einen Blick zu, ging dann zu meinem Schreibtisch und fing an, mit den Pfoten nach ihrem alten Board zu tappen.

Ich drückte auf den »Will«-Knopf, zog ihr altes Soundboard hervor und legte es auf den Boden. Würde sie mit der Pfote auf die Stellen treten, an denen die Knöpfe vorher gewesen waren, um mir zu zeigen, was sie sagen wollte? Oder wollte sie mich bitten, ihre Knöpfe wieder auf das alte Soundboard zu legen? In Wirklichkeit wollte Stella weder das eine noch das andere. Sie legte sich einfach nur der Länge nach auf ihr altes Board und blieb für den Rest des Nachmittags dort. Dieses Soundboard gehörte Stella. Sie hielt immer noch physisch daran fest und wollte nicht, dass wir es wegräumten oder wegwarfen. Sie schien es einfach nicht hergeben zu wollen. Es war, als brauchte sie eine gewisse Übergangszeit, um sich an das neue Soundboard zu gewöhnen.

Das erinnerte mich wieder an das Verhalten von Kindern, die auf ein anderes Kommunikationsgerät umgestellt werden. Es ist sicherlich sehr schwer für sie, ein Gerät, das jahrelang ihre Stimme war, herzugeben und ein neues System zu erlernen. Wir alle brauchen in Zeiten der Veränderung Hilfe, besonders wenn es um etwas so Persönliches wie die eigene Kommunikationsmethode geht.

Als Stella sich wieder von ihrem alten Soundboard erhob, führte ich ihr sämtliche Wörter auf dem neuen Board vor, um ihr zu zeigen, dass immer noch alle Knöpfe da waren, und zwar genau an denselben Stellen. Ich demonstrierte ihr auch die neue Knopfreihe, und sie beobachtete mich genau dabei und horchte auf jedes Wort. Der Umstieg auf dieses neue Board schien viel reibungsloser abzulaufen als die vorige Umstellung. Stella verkroch sich nicht auf die Couch oder aufs Bett, wie sie es beim ersten Mal getan hatte, als wir alle ihre Knöpfe auf einer einzigen Pinnwand anbrachten. Sie beobachtete mich und kam sogar ein Stückchen näher, um die Knöpfe auszuprobieren.

»Will«, sagte Stella. »Raus.«

»Stella will raus? Na gut. Komm, wir gehen raus.«

Stella verstand das Wort »will« ungeheuer schnell. Von diesem ersten Versuch an verwendete sie es für ihren Wunsch rauszugehen, zu spielen, gefüttert zu werden oder an den Strand zu fahren. Da Stella uns dieses Wort so oft hatte sagen hören und bereits so gut darin war, Wörter miteinander zu kombinieren, konnte sie das Wörtchen »will« nahtlos in ihren Wortschatz einbauen.

Lächelnd ging sie mit mir zurück ins Haus. »Stella, glücklich«, sagte ich per Knopfdruck. »Glücklich, glücklich.« Stella lächelte weiter und ließ sich auf ihr Bettchen plumpsen. »Stella, Bett«, sagte ich, indem ich auf die entsprechenden Knöpfe drückte. »Ich hab dich lieb, Stella.« Stella wedelte mit dem Schwanz.

In den nächsten Wochen führten Jake und ich Stella ihre neuen Wörter vor. Bevor ich mit ihr in den Hundepark ging, sagte ich per Knopfdruck: »Park.« Jedes Mal, wenn Stella sich auf ihr Bettchen oder auf unser Bett legte, drückte ich den »Bett«-Knopf. Wenn Stella zum Strand wollte, wir aber nicht mit ihr dorthin fahren konnten und sie uns deshalb anwinselte, drückte ich auf den »Böse«-Knopf. Und jedes Mal, wenn ich auf eines von Stellas Spielzeugen zeigte oder wenn Stella aus dem Fenster schaute, sagte ich per Knopfdruck: »Schau.« Stella benutzte zwar auch weiterhin ihre alten Wörter, begann ihr neues Vokabular aber von Tag zu Tag öfter in ihre Sätze einzubauen.

Fast jeden Abend teilte unsere Hündin uns mit, wann sie schlafen ging. Jake und ich waren um diese Zeit meist noch im Wohnzimmer und unterhielten uns oder lasen. Stella sagte dann: »Bett«, und ging an uns vorbei ins Schlafzimmer, um sich schlafen zu legen. Und wenn Jake für ein paar Tage verreist war, sagte Stella: »Jake, nein, Bett«, sprang auf seine Seite des Betts und schlief die ganze Nacht dort. Wenn die Schlafzimmertür geschlossen war, sagte sie: »Bett.« Oder: »Hilfe, Bett.« Sie versuchte dann, die Tür mit den Pfoten zu öffnen. Anhand ihres Gebrauchs des Wortes »Bett« wurde mir klar, dass Stella uns manchmal auch über eine bestimmte Abfolge von Aktivitäten informieren wollte. Wenn sie morgens aufwachte, sagte sie: »Bett, essen.« Oder: »Bett, raus.« Mit anderen Worten: »Ich habe ausgeschlafen und will jetzt fressen.« Und schließlich reihte sie sogar drei Wörter aneinander und bildete Kombinationen wie »Bett, essen, raus« oder »Bett, raus, essen«. Oder sie sagte morgens, nachdem ich mit ihr Gassi gegangen war: »Bett, raus, essen«, um mich über all ihre morgendlichen Aktivitäten zu informieren.

Jedes Mal, wenn ich neue Wörter in Stellas Soundboard einbaute, übertraf sie meine Erwartungen in vielerlei Hinsicht. Zwar hatte ich mir ein paar Gründe überlegt, warum es sinnvoll sein könnte, ein bestimmtes neues Wort in ihren Wortschatz zu integrieren, und mir dann verschiedene Szenarien vorgestellt, in denen sie dieses Wort möglicherweise brauchen würde, aber Stella verwendete Wörter auf eine Art und Weise, an die ich nie gedacht hatte, oder setzte sie zu ganz speziellen Wortfolgen zusammen. Das ist für mich ein weiterer Beweis dafür, dass ich Stella nicht vorschreiben sollte, wann sie was sagen soll. Wenn ich darauf achte, ihr Wörter in möglichst vielen verschiedenen Kontexten vorzuführen, lernt sie ihre Bedeutung und entscheidet dann selbst, wie sie sie verwenden soll. Ich brauche ihr nicht genau vorzugeben, was sie wann sagen soll. Wenn überhaupt, würde sie das eher in ihrer Entwicklung hemmen, statt ihr weiterzuhelfen.

Stella kommentierte Szenarien, die sich in unserer Wohnung abspielten und die ich zu dem Zeitpunkt, als ich darüber nachdachte, wie sie verbal mit uns kommunizieren würde, niemals hätte vorhersehen können. Eines Tages hatten unsere Nachbarn einen Hund in Pflege genommen. Als Stella diese Leute mit dem fremden Hund am Fenster vorbeigehen sah, bellte sie, sagte: »Hilfe, nein, Hilfe«, rannte dann wieder zum Fenster und fing von Neuem an zu bellen. Stella hatte erkannt, dass unsere Nachbarn einen fremden Hund in unseren Gebäudekomplex hineinbrachten. Wenn die Nachbarn mit ihrem eigenen Hund das Gebäude betraten, bellte sie nie. Ich fragte mich, ob Stella wohl mit uns sprach, um uns zu erklären, warum sie bellte.

Stellas sozialer Einsatz von Wörtern entwickelte sich zusammen mit ihrem Wortschatz kontinuierlich weiter. Inzwischen begann sie, ihre Aufforderungen zu wiederholen, wenn wir nicht gleich darauf reagierten. Eines Morgens sagte sie: »Komm, komm, raus.« Als Jake und ich uns trotzdem weiter miteinander unterhielten und unser Gespräch nicht gleich unterbrachen, um auf Stellas Bitte zu reagieren, wiederholte sie: »Komm, komm, raus«, und starrte uns an. Ich fragte mich, ob sie das wohl gelernt hatte, indem sie beobachtete, wie wir eine Frage an Stella wiederholten, wenn sie nicht sofort darauf antwortete. Das ist eine sehr wichtige soziale Fähigkeit: Stella war bewusst, dass sie etwas gesagt hatte und wir nicht darauf reagierten; also hielt sie es für eine gute Idee, es noch einmal zu versuchen.

Eines Tages saßen Jake und ich nach der Arbeit an unserem Esstisch und aßen zu Abend. Er war gerade dabei, mir eine Geschichte zu erzählen, als wir Stella im Wohnzimmer sagen hörten: »Strand, essen, komm, essen, komm.«

»Ja, wir fahren zum Strand, wenn wir gegessen haben, Stella. Jetzt essen, Strand später«, sagte ich.

»Komm, komm, komm«, sagte Stella.

»Warte noch ein bisschen, Stella.«

Stella blieb an der Tür stehen und beobachtete uns aus der Ferne beim Essen. Als wir unser Geschirr zum Spülstein trugen, wedelte sie mit dem Schwanz und wartete an der Tür auf uns. Nach unserer Rückkehr vom Strand lief sie in die Wohnung und sagte: »Tschüs, Stella, tschüs, gut, raus.« Sie kommentierte also das, was sie gerade getan hatte, und nicht das, was jetzt gerade passierte oder was sie sich wünschte.

Am nächsten Tag ging ich nach der Arbeit mit Stella in den Hundepark. Sie tollte mit ihren Lieblingsfreunden herum, zwei Rottweilern, die immer mit einem Stock Tauziehen mit ihr spielten, solange sie Lust dazu hatte. Als wir wieder nach Hause kamen, war Jake bereits von der Arbeit zurück. Stella rannte in die Wohnung, begrüßte ihn und sagte dann: »Park, spielen.« *Will sie Jake erzählen, wo wir gerade gewesen sind?,* fragte ich mich. *Oder will sie eine Geschichte über ihre Spiele im Park erzählen, aber ihr fehlen die nötigen Worte dazu? Oder möchte sie damit sagen, dass sie wieder in den Park zurückwill?* Solche Situationen erlebten wir inzwischen immer öfter. Ich wusste, dass wir Stella eine Möglichkeit geben mussten, zu unterscheiden zwischen dem, was sie gerade getan hatte, und dem, was sie gern tun wollte.

Tipps und Tricks für das Sprachtraining Ihres Hundes

- **Geben Sie Ihrem Hund eine Übergangszeit, um sich an ein neues Soundboard zu gewöhnen.** Auch wenn die Wörter sich im Verhältnis zueinander immer noch in derselben Position befinden, braucht er vielleicht Zeit, um sich auf das neue Board einzustellen. Diese Umgewöhnung können Sie ihm erleichtern, indem Sie das alte Soundboard eine Zeit lang in der Nähe aufbewahren, bis er das neue Board in Besitz nimmt.

- **Führen Sie Ihrem Hund Gefühlswörter vor, wenn er die entsprechende Emotion gerade zeigt.** Wenn er zum Beispiel lächelt, mit dem Schwanz wedelt, im Kreis herumspringt oder an seinem Lieblingsort spielt, nutzen Sie diese Gelegenheiten, um ihm das Wort »glücklich« vorzuführen. Wenn er dagegen frustriert ist oder sich ärgert, demonstrieren Sie ihm das Wort »böse«.

- **Widerstehen Sie der Versuchung, Ihrem Hund vorzuschreiben, wann er bestimmte Wörter sagen soll.** Wenn Sie Ihren Hund ständig auffordern: »Sag: ›Raus‹« oder »Sag: ›Gut‹«, lernt er dadurch nur zu sagen, was Sie ihm vorschreiben, und nicht, die Knöpfe als Ausdrucksmöglichkeit für seine Gedanken zu verwenden. Schließlich wollen wir unseren Hunden beibringen, in Worten zu kommunizieren, und sie nicht darauf trainieren, auf Kommando zu sprechen. Dieses Ziel können wir am besten erreichen, indem wir ihnen ihre Wörter immer wieder vorführen und ihnen dazu passende Hinweise und Hilfestellungen geben.

KAPITEL 16

Sie redet wie ein Wasserfall …

»Stella, tschüs, spielen«, sagte Stella. Jake und ich saßen gerade beim Abendessen. Stella stand neben ihren Knöpfen und schaute uns direkt an.

»Jetzt essen wir, Stella. Spielen später«, sagte Jake.

Stella seufzte und winselte: »Essen, essen, Park.«

»Ja, wir essen jetzt, und dann können wir in den Park gehen«, sagte Jake.

Stella legte sich vor die Tür.

Sie brauchte unbedingt eine Möglichkeit, sich mit uns über zeitliche Konzepte zu verständigen. Dieser kleine Austausch über das, was wir gerade taten und was Stella als Nächstes tun wollte, war inzwischen schon zu einem festen Bestandteil unseres täglichen Lebens geworden.

Am nächsten Tag montierte ich Knöpfe für die Wörter »Fertig«, »Jetzt« und »Später« aufs Soundboard. Das Wort »Jetzt« führte ich ihr unmittelbar vor oder während einer Aktivität vor. Zum Beispiel sagte ich: »Jetzt spielen«, wenn sie gerade spielte, »Jetzt essen«, wenn sie gerade beim Fressen war, oder »Jetzt Park«, wenn ich ihr die Leine anlegte und ihren Ball holte. Das Wort »Später« benutzte ich, um über alles zu sprechen, was später als in den nächsten zehn Minuten passieren würde. Und auf den »Fertig«-Knopf drückte ich, wenn Stella gerade irgendeine Aktivität beendete – zum Beispiel: »Fertig, essen«, wenn sie mit dem Fressen fertig war, »Fertig, Wasser«, wenn sie mit dem Trinken aufhörte, »Fertig, spielen«, wenn sie ihr Spielzeug fallen ließ und sich hinlegte, und »Fertig, Park«, wenn wir von unserem Ausflug in den Park nach Hause kamen. Dadurch begriff Stella, dass »fertig« den Abschluss von etwas bedeutet. Ich hatte diese drei Wörter gerade erst in ihr Soundboard eingefügt, sie aber schon immer in meinem alltäglichen Wortschatz verwendet, wenn ich mit Stella sprach. Sie kannte diese Wörter also, erhielt aber jetzt zum ersten Mal Gelegenheit, sie auch zu benutzen.

Die Kombination aus Zeitbegriffen und zwei Gefühlswörtern – »glücklich« und »wütend« – führte zu einem weiteren rapiden Fortschritt in ihrer Sprachentwicklung. Nachdem ich Stella nur ein paar Tage lang bei jeder Gelegenheit die Wörter »Fertig«, »Jetzt« und »Später« vorgeführt hatte, begann sie, diese Konzepte in ihre eigenen Sätze einzubauen.

Eines Abends fing ich an, unsere Wohnung zu saugen, was ihr ganz besonders zuwider war. Normalerweise rannte sie dann weg und schaute um die Ecke, um mich aus der Ferne genau zu beobachten. Oder sie stand auf der Couch oder dem Bett und blickte auf den Staubsauger hinunter, um ihm aus dem Weg zu gehen. Doch diesmal rannte Stella, nachdem ich drei bis vier Minuten lang im Wohnzimmer gesaugt hatte, vom Schlafzimmer aus hinüber zu ihrem Soundboard. Sie raste direkt an mir vorbei, nahm kaum Blickkontakt mit mir auf und wich dem Staubsauger aus.

»Fertig, fertig, fertig«, sagte sie.

Ich schaltete den Staubsauger aus. Stella wedelte mit dem Schwanz, legte die Ohren an und sagte:

»Glücklich.«

»Ach, du bist glücklich, weil ich mit dem Staubsaugen fertig bin? Gute Stella, gutes Mädchen.« Ich streichelte Stella und stellte den Staubsauger zurück in den Schrank. Das konnte warten, bis Jake später mit ihr spazieren ging.

Dies war das Erste von vielen Malen, dass Stella das Wort »fertig« benutzte, um Jake oder mir zu sagen, dass *wir* mit etwas aufhören sollten. Das kam häufiger vor, als dass sie »Fertig« sagte, um über ihre eigenen Aktivitäten zu sprechen. Wenn wir länger als sonst im Bett blieben, sagte sie: »Fertig«, und fing im Wohnzimmer an zu winseln. Wenn wir besonders lange zum Essen brauchten, sagte sie: »Fertig«, und ging dann in die Küche, als wolle sie uns auffordern, unser Geschirr dorthin zu bringen, wie wir es immer taten. Schrieb ich an meinem Laptop Berichte und ignorierte ich Stellas Aufforderungen zum Spiel, sagte sie: »Fertig.« Und wenn ich telefonierte, war Stella fast jedes Mal besonders gesprächig. Sie sagte immer wieder: »Fertig«, und setzte dann die Aktivität hinzu, der ich mich stattdessen widmen sollte. So etwas erlebe ich auch bei der Arbeit mit Kleinkindern tagtäglich: Sobald ich am Ende der Sitzung ein längeres Gespräch mit ihren Eltern führe, geben die Kinder sich die allergrößte Mühe, unsere Aufmerksamkeit auf sich zu lenken. Als mir auffiel, wie oft Stella uns sagte, dass wir mit etwas »fertig« werden sollten, fragte ich mich, ob es wohl auch noch anderes gab, wozu sie uns gern aufgefordert hätte.

Im Sommer 2019 benutzte Stella über zwanzig Wörter selbstständig und auf sinnvolle Weise. Außerdem kombinierte sie mehrmals am Tag Wörter miteinander und bildete weiterhin neue »Sätze«. Sie verwendete Wörter, um uns zu Aktivitäten aufzufordern, mit uns an bestimmte Orte zu gehen oder zu fahren, uns von ihren morgendlichen Abläufen zu erzählen, nach Jake oder mir zu rufen, darüber zu sprechen, was gerade passiert war, und zu beschreiben, wie sie sich fühlte. Die Sprachmuster, die sie dazu verwendete, waren konsistent und vorhersehbar; und sie benutzte ihre Wörter wie gesagt auch stets auf sinnvolle Weise. Zum Beispiel sagte sie nicht mitten am Tag: »Essen«, und kombinierte auch keine Wörter, die nicht zusammenpassten, wie »Strand« und »Bett«, »gut« und »böse«, »Tschüs« und »Bett«, »Wasser« und »Park«, »Wasser« und »Spazieren« et cetera. Inzwischen war der Gebrauch sämtlicher Wörter für sie zum Automatismus geworden, und das merkte man. Sie kommunizierte in unterschiedlichen Umfeldern mit verschiedenen Menschen, nicht nur mit Jake und mir. Sie hatte zuerst gelernt, ihre Knöpfe einzeln zu benutzen, und war dann nacheinander auf zwei verschieden große Soundboards umgestiegen.

Stellas Wortschatz beeindruckte mich ebenso sehr wie ihre sozialen Kompetenzen. Ihr Umgang mit den Knöpfen entsprach vielen gesellschaftlichen Spielregeln, die wir Menschen befolgen, wenn wir uns miteinander unterhalten: Sie versuchte, zunächst einmal unsere Aufmerksamkeit zu wecken, indem sie »Schau« sagte, wenn wir uns im anderen Zimmer befanden, bevor sie ihre eigentliche Mitteilung formulierte. Sie nahm Blickkontakt mit mir auf, nachdem sie ihren Gedanken zu Ende geführt hatte, und wartete dann auf eine Reaktion. Wenn wir sie nicht verstanden, versuchte sie, das, was sie meinte, anders zu formulieren, oder sie wiederholte ihre Botschaft.

Stella unterbrach mich nur selten, wenn ich etwas sagte. War sie besonders emotionsgeladen, drückte sie kräftiger auf ihre Knöpfe und wiederholte ihre Wörter öfter, um ihrer Aussage Nachdruck zu verleihen. Beim verbalen Sprechen können wir Tonfall und Lautstärke variieren. Diese Möglichkeit haben AAC-Nutzer nicht. Sie vermitteln unterschiedliche Lautstärken und Tonfälle ihrer Botschaften durch die Art, wie sie auf die Tasten drücken, oder durch die Gesten, mit denen sie ihre Wörter kombinieren. In der Gebärdensprache ist das ganz ähnlich: Man hebt bestimmte Wörter oder Aussagen durch die Geschwindigkeit und Kraft, mit der die Gebärden ausgeführt werden, und durch seine Mimik hervor. Wenn Stella müde war, streckte sie sich neben ihrem Soundboard aus, sprach ihre Wörter langsam und machte lange Pausen dazwischen. Das erinnerte mich daran, wie ich morgens aufwache und während des Sprechens gähne und mich strecke. War Stella verzweifelt oder hektisch, rannte sie zu ihrem Soundboard und knallte mit der Pfote heftig auf ihre Knöpfe, genau wie jemand, der so aufgeregt ist, dass er förmlich mit seinen Wörtern herausplatzt. Sprache ist so viel mehr, als einfach nur die Bedeutung von Wörtern zu kennen oder zu wissen, welcher Knopf für welches Wort steht.

Eines Tages landete Stellas Spielzeug oben auf unseren eingebauten Bücherregalen. Sie stellte sich auf die Hinterbeine, um es sich zu holen, und stieß dabei versehentlich ein Schild um. Stella schaute zu mir hinüber und nahm eine unterwürfige Haltung an: Sie klemmte ihren Schwanz zwischen die Beine und senkte den Kopf. Dann ging sie zu ihrem Soundboard.

»Nein«, sagte sie, schaute auf das Schild, das sie umgeworfen hatte, und dann wieder zu mir. Sie kam zu mir und wedelte langsam mit dem Schwanz.

Das war ihre Art, mir zu sagen, dass sie das nicht hatte tun wollen. »Kein Problem, Stella! Es ist alles in Ordnung.« Nach ein paar verbalen Beruhigungen und Streicheleinheiten blühte Stella wieder auf und spielte weiter.

Wenn Jake und ich miteinander sprachen, hörte Stella zu. Eines Abends saßen wir auf der Couch und unterhielten uns darüber, ob wir noch einmal rausgehen oder zu Hause bleiben wollten. »Ich glaube, wir können hierbleiben«, sagte Jake. »Stella muss wahrscheinlich kein Geschäft mehr machen.« Da sprang Stella von ihrem Bettchen und ging zu ihrem Soundboard hinüber.

»Böse, raus, komm, komm, raus«, sagte sie. Als wir nicht sofort aufsprangen, um mit ihr rauszugehen, bellte Stella und insistierte dann: »Spazieren, böse, Jake, raus.« Sie wollte nicht so lange warten, bis wir entschieden hatten, was wir tun wollten, sondern tat vehement ihre Meinung dazu kund.

Stella fand sogar kreative Methoden, um über Dinge zu sprechen, für die sie keine eigenen Wörter hatte. Zum Beispiel fing sie irgendwann an, »Tschüs, essen« zu sagen, um nach dem Kong-Hundespielzeug zu verlangen, das wir für sie immer mit Erdnussbutter füllen, bevor wir zur Arbeit gehen. Und das sagte sie nicht nur ein- oder zweimal, sondern fast jeden Tag, wenn wir uns zum Gehen fertig machten oder länger dafür brauchten als sonst.

»Tschüs, essen?«, fragte ich sie. »Willst du weggehen und woanders etwas essen? Oder wir gehen jetzt weg, und du willst essen, wenn wir wieder zurückkommen?« Ich schaute Stella fragend an und versuchte herauszufinden, was sie meinte.

Stella leckte sich die Lefzen. Ich griff nach meiner Tasche, meiner Vesperdose und meiner Wasserflasche, warf Stellas Kong-Spielzeug in ihren Zwinger und eilte hinaus. Erst zehn Minuten später fiel mir ein, was sie wohl gemeint hatte. *Du Dummkopf!,* tadelte ich mich selbst. *Sie wollte mir sagen, dass ich gehen soll, damit sie endlich ihre Erdnussbutter bekommt.*

Das war eine weitere wichtige Lektion für mich: Man darf Mitteilungen seiner Sprachschülerinnen und Sprachschüler nicht als unsinnig abtun, wenn man sie nicht sofort versteht. Nur weil ein Erwachsener vielleicht nicht sofort einen Zusammenhang darin erkennt, bedeutet das nicht, dass die Person nur zufällig auf dieses Wort getippt hat oder dass die Aussage keinen Sinn hat. So etwas passiert bei Kleinkindern ständig. Als ich das letzte Mal bei meiner einjährigen Nichte Clara zu Besuch war, erlebte ich genau dieses Szenario. Clara saß in ihrem Hochstühlchen und wartete auf ihr Essen.

»Papiertuch«, sagte sie.

»Hier, bitte.« Ich legte ein Papiertuch auf ihr Tischchen.

»Nein, sie will eine Clementine«, sagte meine ältere Schwester Kate.

»Was?«, fragte ich.

»Jedes Mal, wenn Clara eine Clementine isst, legt sie die Schalen auf ein Papiertuch.«

Kate kannte Claras Gewohnheiten so gut, dass sie sofort verstand, was ihre kleine Tochter sagen wollte. Clara wusste, wie man »Papiertuch« sagt, aber das Wort »Clementine« kannte sie noch nicht; also sagte sie etwas, was ihrem Wunsch so nah wie möglich kam. Wäre ich mit Clara allein gewesen, so hätte ich sicher nicht auf Anhieb verstanden, dass sie eine Clementine haben wollte. Aber nur weil ich ihre Aussage nicht verstand, bedeutete das noch lange nicht, dass sie keinen Sinn hatte. Als Kate den Kühlschrank öffnete und eine Clementine herausholte, begann Clara vor Freude in die Hände zu klatschen.

»Strand, spielen«, sagte Stella. Ich war gerade mit der Zubereitung unseres Abendessens beschäftigt. Stella fragte immer wieder nach dem Strand; aber wir hatten vor, an diesem Abend erst nach dem Essen dorthin zu gehen.

»Strand, spielen, später, Stella«, sagte ich.

Stella bellte mich an. Ich ging zu ihrem Soundboard hinüber.

»Ich glaube, du bist böse auf mich, Mädchen«, sagte ich. »Stella, böse. Strand, später«, erklärte ich ihr dann per Knopfdruck.

Stella stellte sich an die Tür und winselte. Ich ging wieder in die Küche, hörte aber immer noch, wie sie sich im Wohnzimmer über unser Verhalten beschwerte. Ich rührte in der Suppe herum, die auf dem Herd stand, und dachte an meine Logopädie-Sitzungen mit Kleinkindern zurück. Wenn ein Kind nach etwas fragte, womit wir gerade nicht spielen konnten, oder wenn es irgendwohin wollte, sagte ich nicht einfach nur: »Nein« oder »Später«, sondern bot dem Kind stattdessen eine andere Beschäftigung an. Wenn man Kindern alternative Aktivitäten aufzählt, die in diesem Augenblick möglich sind, gibt man ihnen damit das Gefühl, die Situation unter Kontrolle zu haben, und zeigt ihnen, dass es auch noch andere spannende Spielsachen gibt, mit denen wir uns gemeinsam beschäftigen können. Vielleicht brauchte Stella einfach nur ein bisschen mehr Führung von mir. Vielleicht würde es auch ihr guttun, wenn man ihr verschiedene Handlungsmöglichkeiten anbot.

Also ging ich ins Wohnzimmer zurück. »Strand, später, Stella«, sagte ich. »Willst du jetzt Spielzeug spielen?« Ich drückte auf die Knöpfe für »will«, »jetzt« und »Spielen« und zeigte dabei auf Stellas Spielzeugkorb. »Oder willst du ins Bett?« Ich sagte per Knopfdruck: »Will, Bett«, und zog ihr Bettchen in die Küche, damit sie sich hinlegen und mir beim Kochen zuschauen konnte, falls sie das wollte. Stella verstummte. Sie schaute sich im Zimmer um und blickte wieder zu mir hinüber. Dann schnappte sie sich ein Spielzeug, ließ es quietschen und anschließend zu Boden fallen. Schließlich ging sie zu ihrem Bettchen hinüber, ließ sich hineinplumpsen und beobachtete, wie ich das Abendessen fertig machte. »Gut, Stella«, sagte ich. »Gute Stella liegt jetzt in ihrem Bett.«

Angesichts ihrer immer häufigeren Kommunikationsfortschritte erstellte ich »Hunger-for-Words«-Facebook- und

-Instagram-Accounts. Außerdem verfasste ich weiterhin Blogbeiträge und stellte alle paar Wochen neue Videos auf meine Homepage. Meine Follower bestanden hauptsächlich aus Freunden, Freundesfreunden und Familienangehörigen; aber hin und wieder stießen auch ein paar Fremde auf meinen Blog und schauten sich meine Updates an.

Ich kehrte nur widerstrebend in die Welt der sozialen Medien zurück. Schließlich hatte ich mir durch meinen Verzicht darauf den Spielraum geschaffen, den ich brauchte, um mit Stella so große Fortschritte zu machen und mich auf das zu konzentrieren, was mir wichtig war, ohne meinen Kopf mit diesem ganzen Social-Media-Gerümpel vollzustopfen. Andererseits hatte ich so viele Videos von Stella, die andere Menschen unbedingt sehen sollten. Es war ja ganz schön und gut, wenn die Leute in meinen Blogbeiträgen etwas über ihre erfolgreiche Kommunikation lasen; aber noch beeindruckender war es, sie in Aktion zu sehen. Ich hoffte, dass diese Videos die Menschen dazu bringen würden, das Kommunikationspotenzial – von Menschen ebenso wie von Tieren – mit anderen Augen zu betrachten. Ich begann, Videos zu posten, die Stella beim Sprechen zeigten, und in meinen Bildlegenden zu erklären, welche Fähigkeiten dabei zutage traten und was mir an ihrer Kommunikation alles aufgefallen war.

Im Juli – nur vier Monate nach dem Start meiner Webseite und sechs Monate nachdem ich sämtliche Knöpfe auf Stellas erstes Soundboard montiert hatte – bekam ich eine E-Mail von einer Redakteurin des Alumni-Magazins der Northern Illinois University, an der ich seinerzeit mein Hauptstudium absolvierte. Sie hatte von meiner Arbeit mit Stella gehört und wollte gern einen Artikel über mich schreiben.

»Mein erstes Interview!«, rief ich Jake zu.

»Bestimmt nur das erste von vielen«, sagte er.

Ich konnte es gar nicht erwarten, über Sprachtherapie, unterstützte Kommunikation und Stellas Erfolge zu sprechen und damit womöglich ein großes Publikum zu erreichen. Die Redakteurin schickte mir eine Liste der Fragen zu, die sie mir stellen wollte. Ich dachte ein paar Tage lang darüber nach, übte meine Antworten ein und notierte mir weitere Punkte, auf die ich eingehen wollte. Es war mir wichtig, meine Arbeit so gut wie möglich darzustellen.

Nachdem dieser Beitrag erschienen war, gewann ich mehr Follower auf meinen Social-Media-Seiten und auch mehr E-Mail-Abonnenten. Ich bekam einige sehr nette Mails von früheren Kommilitoninnen und Kommilitonen, die mich beglückwünschten und mir schrieben, wie faszinierend sie meine Arbeit fanden. Inzwischen verfolgten schon ein paar hundert Menschen unsere Entdeckungsreise mit Stella. Ich wollte, dass diese Geschichte möglichst weite Verbreitung fand, weil sie eine Botschaft enthält: Jeder verdient es, gehört zu werden; und Hunde sagen und denken viel mehr, als wir ihnen bisher zugetraut haben.

Am Ende des Sommers 2019 zogen wir in eine neue Wohnung in der Nähe des Hundestrandes. Diese neue Wohngegend war für Stella das reinste Paradies. Gegenüber von unserem Haus lag auf der rechten Seite ein riesengroßer Park, und links führte ein Weg zum Hundestrand. Wir fuhren nach der Arbeit und an den Wochenenden sowieso ständig in diese Gegend, also konnten wir genauso gut dort wohnen, wo wir ohnehin den größten Teil unserer Freizeit zubrachten. Ich war gespannt, wie Stella auf den erneuten Umzug reagieren würde. Zwar wusste ich, dass er nicht annähernd so traumatisierend für sie sein würde wie unser voriger Umzug quer durch die Vereinigten Staaten; aber ich machte mir trotzdem Sorgen, dass sie vielleicht in Panik geraten würde, wenn sie sah, wie wir unsere Wohnung ausräumten. Ich fragte mich, ob sie während dieser Umstellungsphase überhaupt mit uns sprechen würde. Nach unserem Umzug im letzten Jahr hatte sie eine gewisse Eingewöhnungszeit gebraucht, um sich in ihrer neuen Umgebung zurechtzufinden; und in dieser Zeit sprach sie nicht viel. Doch inzwischen war Stella älter, verfügte über sehr viel bessere Kommunikationsfähigkeiten und besaß ein Soundboard, auf dem ihre Wörter stets an derselben Stelle blieben. Ich war sehr gespannt darauf, wie sie den Umzug verkraften würde.

An unserem ersten Abend in der neuen Wohnung räumten wir die Hälfte unserer Umzugskartons aus. Stella beschnupperte alle Gegenstände, die dabei zum Vorschein kamen, und beobachtete aufmerksam, wie wir unsere neue Wohnung einrichteten. Sie verfolgte alle unsere Bewegungen genau. Wir hatten zwar jetzt auch wieder ein Apartment mit Wohn- und Schlafzimmer, aber es war ein bisschen größer als unser letztes. Durch die dreieinhalb Meter hohen Decken und die großen Fenster im Wohnzimmer wirkte sie viel geräumiger. Wir stellten Stellas Soundboard ein Stückchen von der Tür entfernt an den Rand unseres Wohnzimmers.

»Ich möchte ihr zeigen, wo wir jetzt zu Fuß hingehen können«, sagte ich zu Jake. »Lass uns mit ihr an den Strand gehen!« Stella kam sofort angelaufen. Anscheinend hatte sie ihr Lieblingswort gehört. »Ja, Strand. Komm, wir gehen zum Strand, Stella.«

Sobald wir den Radweg erreichten, der zum Hundestrand führte, lächelte Stella und rannte los. Wir liefen gemeinsam zum Strand, beide gleichermaßen aufgeregt über die schöne neue Gegend, in der wir jetzt wohnten. Als wir von unserem Spiel bei Sonnenuntergang zurückkehrten, lief Stella direkt zu ihrem Soundboard.

»Strand, spielen. Ich hab dich lieb«, sagte sie.

»Das Leben hier wird ihr viel Freude machen«, meinte Jake.

Am nächsten Samstagmorgen standen Jake und ich früh auf, um weiter auszupacken und unsere Möbel umzustellen. Wir diskutierten über den besten Platz für unsere Couch und hatten sie schon drei- oder viermal quer durchs Wohnzimmer geschoben. Jedes Mal, wenn wir die Couch anhoben, sprang Stella so weit von uns weg, wie sie konnte, ohne uns jedoch aus den Augen zu lassen.

»Du hast recht, ich glaube, da drüben passt sie besser hin«, sagte ich »Komm, wir schieben sie zurück. Endgültige Entscheidung.«

Jake und ich gingen in die Hocke, um die Couch hochzuheben, und Jake fing an zu zählen. »Eins, zwei …«

Stella bellte und rannte zu ihrem Soundboard. Wir hielten inne, um zu hören, was sie uns sagen wollte.

»Fertig, spazieren, glücklich, spazieren, glücklich, will«, sagte sie.

»Ich weiß schon, du willst, dass wir jetzt bald fertig sind. Warte noch ein bisschen, Stella, spazieren gehen wir später«, sagte ich. Wir schoben die Couch quer durch durchs Zimmer und packten noch ein bisschen weiter aus. Wieder lief Stella zu ihrem Soundboard.

»Stella, tschüs. Ich hab dich lieb«, sagte sie und setzte sich vor die Tür. Nichts hielt sie nur noch eine Minute länger in diesem Chaos.

Durch die Lage unserer neuen Wohnung wurde die Bedeutung ihrer Worte noch verständlicher. Gegenüber von unserem Haus gabelte sich die Straße: Nach links ging es zum Strand und nach rechts zum Park. Wenn Stella »Park« sagte, ich aber eigentlich an den Strand wollte und versuchte, mit ihr in diese Richtung zu gehen, legte sie sich mitten auf den Bürgersteig, bis ich in die von ihr gewünschte Straße einbog. Auch wenn sie ihr Soundboard bei unseren Spaziergängen nicht dabeihatte, fand sie einen Weg, mir ihren Standpunkt klarzumachen. Daraus lernte ich, dass der Strand und der Park für sie verschiedenartige Erlebnisse waren. Ich weiß zwar nicht genau, warum sie an manchen Tagen mehr Lust auf den Park als auf den Strand hatte und umgekehrt; aber sie hatte eindeutig klare Präferenzen und Gründe für ihr Verhalten, so wie wir Menschen auch. Vielleicht wollte sie an manchen Tagen die Eichhörnchen im Park beobachten und an anderen den Vögeln am Strand hinterherjagen. Vielleicht hatte sie an manchen Tagen Lust, sich im Gras zu wälzen, während sie an anderen lieber im Sand buddeln wollte. Ich fragte mich, ob sie wohl in der Lage wäre, uns genau zu sagen, womit sie sich während ihrer Spielzeit beschäftigen wollte, wenn ihr der entsprechende Wortschatz zur Verfügung stünde.

Für mich war es eine wichtige Erkenntnis, dass Stella so hartnäckig auf der Erfüllung ihrer persönlichen Wünsche und Bedürfnisse bestand: Sie wich auch dann nicht von ihren Vorstellungen ab, wenn ich versuchte, mit ihr dorthin zu gehen, wo *ich* hinwollte. Das war für mich ein weiterer Beweis dafür, dass es nicht Stellas einziger Lebensinhalt war zu tun, was wir ihr sagen. Sie hatte eigene Ideen und eine eigene Meinung. Jeder hat das Recht auf seine eigene Meinung und seine eigenen Wünsche.

Nachdem ich nun gesehen hatte, dass Stella ganz bestimmte Vorstellungen von der Gestaltung ihrer Spielzeit hatte und nicht begeistert war, wenn ich versuchte, etwas daran zu ändern, versuchte ich, einen goldenen Mittelweg zu finden zwischen dem, was Stella wollte, und dem, was Jake oder ich wollten, und mit ihr darüber zu sprechen. Bevor wir das Haus verließen, teilte ich ihr per Knopfdruck mit: »Christina will Strand« oder »Christina will spazieren«, und fragte sie dann: »Was will Stella?« Wir berücksichtigten Stellas Wünsche stets, so wie wir es auch bei einem unserer Mitmenschen tun würden. An manchen Tagen hatten wir alle denselben Wunsch; an anderen Tagen richteten wir uns danach, wohin Stella gehen wollte, und manchmal setzten wir Jakes oder meinen Wunsch um. Wenn wir Stella im Voraus sagten, wohin wir gingen, legte sie sich nicht auf den Boden, um dagegen zu protestieren. Sie hatte lediglich das Bedürfnis, dass wir ihr erklärten, was wir vorhatten, damit sie es verstehen konnte.

Wieder öffnete ich eine neue Schachtel mit programmierbaren Sprachknöpfen. Nun, da Stella alle ihre Wörter in sinnvoller, konsistenter Bedeutung benutzte, war es an der Zeit, noch mehr Knöpfe in ihr Soundboard einzusetzen. An Stellas Umgang mit ihrem Soundboard erkannte ich stets, wann sie weitere Ausdrucksmöglichkeiten brauchte: Nachdem sie alle ihre Wörter gelernt und selbstständig benutzt hatte, lief sie manchmal durch die Reihen oder stellte sich auf ihr Board und winselte. Dann fragte ich mich, ob sie mir womöglich etwas sagen wollte, wofür sie keinen Begriff hatte. Stella beobachtete, wie ich die Knöpfe aus der Schachtel nahm. Sie wedelte mit dem Schwanz und leckte die Schachtel ab.

»Glücklich, will«, sagte Stella, lief zu mir zurück und leckte noch einmal die Schachtel mit den Sprachknöpfen ab.

Diesmal fügte ich ein paar Randwörter in Stellas Wortschatz ein: »Ball«, »Spielzeug«, »Couch« und »drin«. Da Stella mit solcher Leichtigkeit und so häufig mit uns kommunizierte, dachte ich mir, dass es nun an der Zeit war, ein etwas spezifischeres Vokabular zu verwenden, damit sie ihre Botschaften noch klarer zum Ausdruck bringen konnte. Jedes Mal, wenn wir mit einem Ball spielten, führte ich ihr Kombinationen vor wie »Stella, spielen, Ball«, »Spielen, Ball, drin« oder »Will, Ball«. Wenn eines ihrer Spielzeuge unter die Couch gerollt war, sagte ich: »Stella, spielen, Spielzeug«, »Spielen, Spielzeug, drin« oder »Hilfe, Spielzeug, Couch«.

Eines Abends fand Stella am Strand ein vergammeltes Stück eines Spielzeugs von einem anderen Hund, das im Sand vergraben war. Es war ekelhaft. Aber Stella wollte es einfach nicht wieder hergeben. Sie schleppte es den ganzen

Weg bis nach Hause. Als wir den Bürgersteig vor unserer Wohnung erreichten, sagten wir Stella, sie solle es »liegen lassen«, und gingen schnell mit ihr hinein, bevor sie wieder danach schnappen konnte. Als wir in der Wohnung waren, blieb Stella an der Eingangstür stehen und drückte ihre Nase dagegen. Sie schnupperte immer wieder an der Tür und kratzte mit der Pfote daran. Ein paar Minuten später ging Stella zu ihrem Soundboard.

»Spielzeug, drin«, sagte sie.

»Willst du das Spielzeug drin haben?«

Stella wedelte mit dem Schwanz und lief zur Tür zurück.

»Lass uns lieber rausgehen und dort mit dem Spielzeug spielen, Stella. Na, komm schon, Mädchen.« Ich leinte Stella wieder an und ging mit ihr hinaus. Sofort stürzte sie sich auf das Spielzeug, nahm es ins Maul und schüttelte es hin und her. Ich wollte es immer noch nicht mit hineinnehmen, also ließ ich sie noch ein paar Minuten lang draußen damit spielen.

Während Stellas Wortschatz sich immer mehr erweiterte, wurden auch die Situationen, über die sie sprach, zunehmend komplexer. Durch neue und ungewöhnliche Umstände gewannen wir viele weitere Erkenntnisse über Stellas kognitive Fähigkeiten. Eines Morgens stieß sie versehentlich gegen die Reset-Taste ihres »Strand«-Knopfes. Daraufhin ertönte ein lautes Geräusch, und das Wort wurde gelöscht.

»Böse«, sagte Stella.

»Ich weiß, Stella – lass es mich reparieren. Christina, Hilfe.« Stella verfolgte jeden meiner Handgriffe. Sie beobachtete mich immer ganz genau, wenn ich an ihrem Kommunikationsgerät herumhantierte. Ich montierte den Knopf von ihrem Soundboard ab und versuchte, das Wort »Strand« erneut aufzunehmen. Aber es klappte nicht. Der Knopf war kaputtgegangen, weil Stella ihn so häufig verwendet hatte.

»Tut mir leid, Mädchen«, sagte ich. Wir hatten keine Ersatzknöpfe mehr.

Ungefähr fünf Minuten später ging Stella zu ihrem Soundboard. Sie legte ihre Pfote auf den leeren Platz, wo sich eigentlich der »Strand«-Knopf befinden sollte, und schnupperte daran. Dann blieb sie auf dem Board stehen und ließ ihren Blick über die anderen Knöpfe schweifen.

»Hilfe, Wasser, raus«, sagte sie.

»Du meine Güte …«, sagte ich.

Offensichtlich besaß Stella genügend Einsichts- und Problemlösungsfähigkeiten, um mich irgendwie auf ihren defekten »Strand«-Knopf hinzuweisen. Das war das erste Mal, dass dieser Knopf nicht funktionierte. Wir hatten so eine Situation noch nie eingeübt oder darüber gesprochen. Stella war also offensichtlich in der Lage, Wörter in neuen, unerwarteten Situationen auf kreative Weise zu verwenden.

Ein paar Tage später ging uns Stellas gewohntes Futter aus. Ich machte mir extra die Mühe, ihr ein ganz besonderes Abendessen zu kochen, statt sofort loszulaufen und neues Futter zu kaufen. Nacheinander ließ ich den Reis, das Hühnchen und die Gemüsemischung in ihre Schüssel fallen. »Da, Stella.«

Stella schnupperte an ihrem Futter und nahm ein paar kleine Bissen davon. Dann schaute sie zu mir hoch.

»Stella, essen«, sagte ich.

Stella schnupperte wieder an ihrer Futterschüssel und begab sich dann zu ihrem Soundboard. »Essen, Nein«, sagte sie, sprang auf die Couch und rollte sich zu einer Kugel zusammen. Ich ging davon aus, dass sie sich über eine andere (und zudem auch noch selbstgekochte) Mahlzeit gefreut hätte. Aber sie machte den ganzen Abend über einen großen Bogen um ihre Futterschüssel.

Als wir am nächsten Tag wieder ihr normales Futter gekauft hatten, verschlang Stella den Inhalt ihrer Schüssel und lief dann zu ihrem Soundboard.

»Glücklich, Essen«, sagte sie.

Ich war froh, dass Stella eine Möglichkeit hatte, uns selbst über einfache Dinge wie das, was wir ihr jeden Tag fütterten, ihre Meinung zu sagen. Ich hatte gar nicht gewusst, dass sie ihr gewohntes Futter so gern mochte. Das war mir erst klar geworden, als sie »Glücklich, Essen«, sagte.

Wenige Wochen später besuchten Jake, Stella und ich an einem Wochenende ein paar von Jakes Freunden. Als wir in ein Wohnzimmer voller Menschen kamen, rannte Stella los, um alle Anwesenden der Reihe nach zu begrüßen. Ich stellte ihr Soundboard an einer Wand auf, während sie die Aufmerksamkeit dieser vielen fremden Leute genoss. Alle scharten sich um sie, streichelten und überschütteten sie mit ihrer Liebe.

Ich trat in den Kreis unserer Besucher hinein. »Komm her, Stella!«, rief ich. Ich wollte sie auch streicheln.

Doch Stella warf mir nur einen Blick zu und ging dann zu ihrem Soundboard. »Christina, später«, sagte sie.

Mir fiel die Kinnlade herunter, und Jake brach in schallendes Gelächter aus. Unsere Hündin hatte mir gerade klargemacht, dass sie im Moment lieber mit ihren neuen Freunden abhängen wollte als mit mir!

Es sah so aus, als hätten wir mit den mittlerweile 29 verschiedenen Wörtern auf Stellas Gerät genau die richtige Menge an Ausdrucksmöglichkeiten für sie gefunden. Stella verfügte nun über eine sehr sorgfältig durchdachte Kombination aus Kern- und Randwörtern, mit deren Hilfe sie über die meisten ihrer täglichen Aktivitäten sprechen konnte. Die Anzahl der Wörter ist nicht entscheidend. Stella genau den richtigen Wortschatz zur Verfügung zu stellen, mit dem sie über verschiedene Situationen sprechen kann, ist viel wichtiger, als sehr viele Wörter einzuführen, die gar keinen besonderen Einfluss auf ihre Kommunikation haben. Denken Sie daran, dass wir Menschen Tausende von Wörtern kennen, aber trotzdem immer wieder dieselben drei- bis vierhundert davon benutzen – sie machen 80 Prozent unserer Alltagssprache aus![41] Am liebsten hätte ich noch mehr Sprachknöpfe in die Lücken auf Stellas Soundboard hineingesetzt, war aber sehr zufrieden mit dem ausgewogenen Vokabular, über das sie bislang verfügte.

Ich experimentierte vorübergehend mit ein paar Wörtern, die ich aber letzten Endes dann doch wieder von ihrem Soundboard entfernte, weil sie für Stella keinen besonderen Zweck erfüllten. Zum Beispiel versuchte ich es mit »hol«, »geh«, »Zwinger« und »dann«. Ich dachte, »hol« könnte eine nützliche Ergänzung zu ihrem bisherigen Vokabular sein, weil ich so oft zu ihr »Hol dein Spielzeug!« oder »Hol deinen Ball!« sagte. Aber letzten Endes benutzte Stella in allen Situationen, in denen auch »hol« angebracht gewesen wäre, das Wort »will«. »Geh« ist ein großartiges Wort, das ich normalerweise uneingeschränkt empfehlen würde, aber Stella hatte bereits gelernt, die Orte zu benennen, zu denen sie hinwollte. Außerdem hatte sie angefangen, »tschüs« im gleichen Sinn zu verwenden wie »geh«. Hätte ich noch einmal von vorn anfangen können, so hätte ich das Wort »geh« wahrscheinlich früher in ihren Wortschatz eingebaut. Stella benutzte das Wort »Bett«, um über ihren Zwinger zu sprechen, weil ihr Bettchen darin lag; und das Wort »Später« war für uns sinnvoller als »dann«, denn wir konnten es mit nur einem einzigen Wort verbinden (zum Beispiel in »später, Strand«) oder damit kombinieren, was wir gerade taten: »Jetzt, Essen, Später, Strand«. Das Wort »Dann« konnten wir nicht so flexibel einsetzen: Es ergab keinen Sinn, einfach »Dann, Strand« zu sagen.

Solche kleinen Unterschiede in der Verwendung von Wörtern können großen Einfluss darauf haben, welche Wörter man in ein Kommunikationsgerät einprogrammiert. In einer perfekten Welt könnten wir Stella alle Wörter zur Verfügung stellen, die es gibt, so wie es bei Kommunikationsgeräten für Menschen der Fall ist; aber so weit sind wir in der Kommunikation mit Tieren bisher leider noch nicht. Vorläufig war es also am sinnvollsten, die Wörter auszuwählen, mit denen Stella am meisten anfangen konnte.

Tipps und Tricks für das Sprachtraining Ihres Hundes

- **Führen Sie Zeitkonzepte ein, damit Ihr Hund zwischen Ereignissen unterscheiden kann, die bereits passiert sind, jetzt gerade geschehen oder in Zukunft eintreten werden.** Führen Sie das Wörtchen »Jetzt« in Kombination mit dem ein, was Sie gerade tun, und sagen Sie: »Später«, wenn Sie eine bestimmte Aktivität für einen späteren Zeitpunkt an diesem Tag vorhaben. Wenn Ihr Hund »Jetzt« sagt, versuchen Sie, möglichst schnell darauf zu reagieren!

- **Stellen Sie Ihrem Hund ein Wort für das Konzept »Fertig« zur Verfügung.** Mit Wörtern wie »fertig«, »stopp« oder »zu Ende« ermöglichen Sie Ihrem Hund zu sagen, wann er etwas beenden möchte. Führen Sie Ihrem Hund das Wort für »fertig« am Ende einer Aktivität vor, damit er die Bedeutung erlernt.

- **Sprechen Sie mit Ihrem Hund über das, was gerade passiert.** Stella ist weniger erschrocken, wenn ich ihr vorher sage, was wir vorhaben, und kann so ruhiger auf ungewünschte Veränderungen eines Tagesablaufs oder einer Aktivität reagieren. Wir verhalten uns alle verständnisvoller, wenn wir wissen, was los ist.

KAPITEL 17

Hallo Welt!

Am 30. Oktober 2019 schlug ich bei Sonnenaufgang mein Tagebuch auf und schrieb folgende Headline hinein: »Wäre es nicht toll, wenn …?« Das ist eine meiner Lieblingsbeschäftigungen am frühen Morgen: meiner Fantasie freien Lauf zu lassen, bevor der Rest der Welt erwacht. »Wäre es nicht toll, wenn meine Stella-Posts Hunderte oder gar Tausende neuer Fans anzögen, die total begeistert davon wären? Wäre es nicht toll, wenn ich eines Tages vor einem großen Publikum Vorträge über meine Arbeit mit Stella halten könnte? Wäre es nicht toll, wenn ich irgendwann im Fernsehen Interviews über Stella und unterstützte Kommunikation gäbe?« Ich dachte eine Zeit lang über diese Ideen nach, die mir in diesem Moment völlig abwegig vorkamen, und spürte dem Gefühl nach, wie wunderbar es wäre, das alles tatsächlich zu erleben.

Am nächsten Tag parkte ich mein Auto vor einem Apartmenthaus am Strand und hatte noch ein paar Minuten Zeit bis zu meiner nächsten Sprachtherapiesitzung. Beim Checken meiner E-Mails entdeckte ich eine neue Mail mit der Betreffzeile »Nachricht vom *People Magazine*«. Ich öffnete die Mail in der Erwartung, dass es sich dabei wohl um eine Art Spam handeln musste, und traute meinen Augen nicht, als ich sah, dass ich tatsächlich eine Nachricht von einer *People-Magazine*-Redakteurin namens Hilary Shenfeld erhalten hatte. Hilary hatte zufällig meine Videos von Stella in den sozialen Medien gesehen und wollte einen Artikel über meine Hündin und mich schreiben.

Ich wäre vor Freude beinah ausgerastet. Kaum jemand wusste bisher etwas von meiner Arbeit mit Stella. Viele meiner Freunde hatten nicht mal eine Ahnung davon, was ich überhaupt machte – und plötzlich war einer der wenigen hundert Menschen in meinem sozialen Umfeld zufällig eine Redakteurin vom *People Magazine*? Wie wahrscheinlich ist das? Ich machte einen Screenshot von der E-Mail, schickte ihn an Jake und setzte ein paar Ausrufezeichen dahinter.

Drei Tage später – am Vorabend des geplanten Interviews – öffnete ich eine SMS von einer befreundeten Logopädin: »Du hast mir gar nicht gesagt, dass du diesen Monat im *Leader* stehen würdest!«, schrieb sie mir. Der *ASHA Leader* ist die Fachzeitschrift für Sprachtherapeuten und Audiologen.

Was? Ich wusste ja selbst nichts davon! Außerdem habe ich mein Belegexemplar der Zeitschrift noch nicht bekommen. »Was steht denn da drin?«, textete ich zurück.

Daraufhin schickte sie mir ein Foto von einer der ersten Seiten des Magazins: eine Kolumne von Dr. Shari Robertson, der damaligen Präsidentin der American Speech and Hearing Association (ASHA). Ich war ganz begeistert von der Arbeit dieser Frau, riss ihre Kolumnen oft heraus und bewahrte sie auf, um sie später zu lesen, wenn ich mal wieder eine kleine Inspiration brauchte. Und jetzt hatte diese Frau offensichtlich von meiner Arbeit mit Stella erfahren. Die Kolumne trug den Titel »Celebrating the Bold Thinking of ASHA Imaginologists« (»Kühne Ideen fantasievoller ASHA-Logopäden«). Ich konnte meine Augen gar nicht mehr vom Bildschirm losreißen:

> »Ich kann mir kein besseres Thema für meine letzte Kolumne als ASHA-Präsidentin vorstellen, als auf die Geschichten einiger Kolleginnen und Kollegen einzugehen, die es gewagt haben, über den Tellerrand des Gewohnten und Ungefährlichen hinauszuschauen. Obwohl diese Geschichten etwas ganz Besonderes sind, hat jede davon mit dem bescheidenen Samenkorn einer Idee begonnen, das – mit viel Leidenschaft, Fleiß und Weitblick gepflegt – schließlich zur Realität erblüht ist. Ich hoffe, dass die vier Geschichten, die ich Ihnen hier erzählen möchte, Sie erfreuen und zu noch mehr und noch besseren Visionen inspirieren werden.«[42]

Im nächsten Absatz mit der Überschrift »A Hunger for Words« berichtete Dr. Robertson über meine Arbeit mit Stella. Ich konnte es kaum glauben. Ich hatte völlig vergessen, dass ich vor ein paar Monaten einen Text über die Entwicklung von Stellas Kommunikationsfähigkeiten bei der ASHA eingereicht hatte in der Hoffnung, dass die Gesellschaft ihn vielleicht auf einem ihrer Social-Media-Accounts vorstellen würde. Allerdings hätte ich mir nie träumen lassen, dass die Präsidentin diesen Text tatsächlich lesen und etwas darüber schreiben würde.

Diese Nachricht hätte zu keinem besseren Zeitpunkt kommen können. Ich war ohnehin schon ganz aufgeregt wegen meines Telefoninterviews mit dem *People Magazine* am nächsten Tag; doch seit der Erstellung meiner Webseite machte ich mir ein bisschen Sorgen darüber, was die ASHA wohl von meinem Stella-Projekt halten würde. Ich war stolz auf meine Karriere und meinen Beruf und hatte den Ehrgeiz, eine möglichst gute Sprachtherapeutin zu sein. Als ich nun so große Unterstützung von der Präsidentin der ASHA erhielt, spornte mich das dazu an, meine Arbeit mit Stella fortzusetzen und weiter darüber zu berichten. Für mich fühlte es sich so an, als hätte ich nun die Erlaubnis dazu erhalten.

Der 4. November 2019 begann wie jeder andere Montag: Ich hörte mir bei einer Tasse Kaffee einen interessanten Podcast an, absolvierte drei Logopädie-Sitzungen und ging dann über die Mittagspause nach Hause. Doch statt mir einen Lunch zu gönnen und einen kleinen Spaziergang mit Stella zu machen, führte ich diesmal ein Telefoninterview mit Hilary vom *People Magazine*. Anders als bei meinem Interview mit der Redakteurin des Alumni-Magazins der Northern Illinois University hatte ich keine Ahnung, welche Fragen meine Gesprächspartnerin mir stellen würde.

»Sind Sie sicher, dass Sie das auch wollen?«, fragte sie mich. »Millionen von Menschen werden dieses Interview lesen. Und ich kann Sie nur warnen: Es gibt wirklich gemeine

Leute, die selbst bei der positivsten Geschichte ein Haar in der Suppe finden.«

Ich holte tief Luft. »Ich *bin* bereit«, sagte ich. »Diese Geschichte ist einfach zu wichtig. Ich muss sie erzählen, egal, was andere Leute davon halten.«

Hilary erklärte mir, sie wisse noch nicht, wann der Artikel erscheinen würde. »Manchmal dauert es ein paar Tage, manchmal auch ein paar Wochen. Ich schicke Ihnen aber einen Link, sobald er erscheint.«

45 Minuten später war mein Telefoninterview beendet, und ich befand mich auf dem Weg zu meinem nächsten Patienten. Kurz davor traf noch eine SMS von den Eltern des Kindes ein, das ich um 15.00 Uhr behandeln sollte: Sie schrieben mir, dass sie die Therapiesitzung leider absagen mussten. Die bevorstehende Sitzung war also meine letzte für den heutigen Tag.

Ich versuchte, mir alles, was ich in dem Interview gesagt hatte, noch einmal durch den Kopf gehen zu lassen. Nur leider konnte ich mich gar nicht mehr so genau daran erinnern: Es verschwamm alles wie ein Nebel in meinem Kopf. Ich konnte nur hoffen, meine Arbeit mit Stella gut genug dargestellt zu haben. Hoffentlich hatte ich das Konzept so erklärt, dass es jeder verstehen konnte. Zum Glück kann man bei meiner Arbeit über nichts anderes nachgrübeln. Kleinkinder erfordern hundertprozentige Aufmerksamkeit und halten einen wirklich im Hier und Jetzt. Ihre unerschöpfliche Energie, ihre Neugier, ihr Staunen über alles ringsumher und ihr Spieltrieb haben eine geradezu magische Anziehungskraft. Also gab es für mich jetzt nichts anderes mehr, als zu spielen, zu lachen, Spaß zu haben und – was mir am meisten Freude macht – Kindern neue Wörter beizubringen.

Am Ende der Sitzung sangen wir das Aufräumlied, und ich zog mein Handy aus der Tasche, um meine Sitzungsnotiz zu schreiben. Mein Bildschirm war voller Gmail- und Instagram-Benachrichtigungen; außerdem war eine SMS von Hilary gekommen. *Wahrscheinlich hat sie noch eine Frage zu unserem Interview,* dachte ich.

Doch als ich mein Smartphone entsperrte, las ich die Nachricht: Er ist erschienen!, und fand einen Link zu einem Artikel mit der Überschrift »Hund lernt mithilfe eines maßgeschneiderten Soundboards sprechen«. Ich scrollte schnell nach unten und schaute mir die Fotos an, die Stella mit ihrem AAC-Gerät und uns beide zusammen zeigten. Eigentlich war ich innerlich noch gar nicht auf diesen Artikel vorbereitet gewesen, denn ich hatte nicht gewusst, dass er so schnell erscheinen würde. Ich hatte mich so sehr darauf konzentriert, das Interview durchzustehen, dass ich gar nicht daran gedacht hatte, was passieren könnte, wenn er online gestellt wurde. Mein Herz klopfte wie wild. Ich wollte ihn so gern lesen. Doch nun saß ich im Wohnzimmer eines Klienten auf dem Boden und musste meinen Sitzungsbericht schreiben, damit die Mutter meines kleinen Patienten ihn unterzeichnen konnte.

Sobald ich die Haustür hinter mir geschlossen hatte, klickte ich wieder auf den Link zu dem Artikel. Ich konnte gar nicht glauben, dass Fotos von Stella und mir in einem *People*-Artikel erschienen waren. Kurzerhand schickte ich eine SMS an Jake, meine Familie und meine Freunde. Ich öffnete Instagram und sah, dass ich in der Stunde seit dem Posting des Artikels bereits ein paar tausend neue Follower gewonnen hatte. Auf unserem Heimweg kaufte Jake eine Flasche Champagner, denn wir wollten auf unsere wachsende Fangemeinde und darauf anstoßen, dass meine Arbeit mit Stella nun offiziell bekannt geworden war.

Doch noch bevor wir das erste Glas eingeschenkt hatten, füllte sich mein Posteingang blitzschnell mit Fragen, Hundefotos von begeisterten neuen Anhängern, Bitten von Nachrichtenagenturen um Nutzungsgenehmigungen für meine Videos und allen möglichen anderen Medienanfragen. Ich hatte keine Ahnung gehabt, dass auch andere Nachrichtenagenturen Interesse daran haben würden, über diese Geschichte zu schreiben, nachdem sie sie in *People* gelesen hatten; und natürlich hatte ich auch nicht ahnen können, dass das alles so schnell passieren würde.

Inside Edition wollte einen Beitrag darüber in unserer Wohnung drehen und sofort eine Antwort haben. Da ich keine Chance versäumen wollte, sagte ich zu. Als ich meinen Posteingang checkte, las ich, dass auch die Zeitschrift *Popular Mechanics* mich am nächsten Tag interviewen wollte; und CNN wollte am übernächsten Tag ein Skype-Interview mit mir führen. Ich konnte nicht mal mehr in Ruhe ein Glas Champagner trinken; denn zunächst einmal musste ich mir überlegen, was ich tun sollte. Schließlich hatte ich immer noch einen Job. Ich musste die ganze nächste Woche lang Kinder behandeln. Sollte ich diesen Leuten die Erlaubnis geben, meine Videos zu verwenden? Keine Ahnung. Wie viele Interviews sollte ich führen? Waren diese Anfragen womöglich die einzigen, die ich je bekommen würde, oder würden die Medien auch in Zukunft noch Interesse an mir haben? Niemand, den ich kannte, hatte so etwas schon einmal erlebt.

Im Lauf der Nacht stieg die Zahl meiner Follower immer weiter. Es wurden immer wieder neue Spin-off-Artikel dazu gepostet, und die Geschichte verbreitete sich über Twitter und Reddit wie ein Lauffeuer. Jake und mir wurde ganz schwindelig, als wir das alles im Internet verfolgten.

»Du bist der absolute Trend bei Apple News!«, textete meine Schwester in unserem Familiengruppenchat. Wir fingen alle an zu raten, wie viele Follower ich wohl bis zum Ende des Abends haben würde, und mein Vater schickte immer wieder Screenshots von herzerwärmenden Kommentaren zu meinen Instagram-Videos. Ich dachte mir, dass das ganz bestimmt der Höhepunkt dieses Hypes war – in den nächsten ein bis zwei Tagen würde er wieder abflauen, und es würde nichts weiter davon übrigbleiben als die Erinnerung an ein paar aufregende Abende. Als wir ins Bett gingen, hatte ich schon ungefähr 10 000 Follower. Ich hätte nie gedacht, dass ich an einem einzigen Tag von 600 auf 10 000 kommen würde!

Am nächsten Morgen wachte ich mit 30 000 Followern auf. Jetzt kommentierten die Leute meine Geschichte sogar schon in verschiedenen Sprachen. Eine SMS von meiner Cousine Rachel lautete: »Als ich heute Morgen die Nachrichten hörte, war auf einmal *von dir* die Rede!!!« Sie hängte einen Videoclip von CBS This Morning an. Gayle King sprach über Stella und mich. Ein Foto von Stellas Gesicht erstreckte sich über den gesamten Hintergrund hinter den Moderatoren;

außerdem wurde eines meiner Instagram-Videos abgespielt, in denen Stella spricht. Zufällige Bekannte von der Mittelschule bis zum College tauchten plötzlich aus der Versenkung auf und schickten mir Screenshots von Leuten, die sie kannten und die Artikel über mich gepostet hatten. Das war alles der absolute Wahnsinn. »Und in einer Stunde habe ich eine Sitzung mit einem zweijährigen Kind«, sagte ich. »Wie soll ich mich bloß darauf konzentrieren können?«

Zwischen den Therapiesitzungen fuhr ich auf einen Tankstellenparkplatz und führte ein Telefoninterview mit »Popular Mechanics«. Dann machte ich einen Termin für den Besuch von »NBC Nightly News« in unserer Wohnung aus.

Die Eltern der Kinder, mit denen ich arbeitete, entdeckten immer mehr Artikel über mich und Stella. Als ich zu meinem Behandlungstermin an der Haustür eines Klienten auftauchte, öffnete die Mutter die Tür. »Da ist ja das Gesicht, das ich schon überall in den Nachrichten gesehen habe«, sagte sie. »Jemand hat mir einen spanischen Nachrichtenclip über einen sprechenden Hund gezeigt, und ich habe laut aufgeschrien, als ich sah, dass das *Ihrer* ist!«

Ich hatte mir oft vorgestellt, wie meine Arbeit mit Stella in der Öffentlichkeit bekannt werden würde. Eigentlich dachte ich, dass ich langsam, aber sicher eine immer größere Fangemeinde gewänne. Vielleicht würde meine Geschichte die Aufmerksamkeit von irgendjemandem erregen, der beruflich mit Hunden zu tun hatte, und er gäbe sie an andere Hundeexperten weiter. Doch nun begann sie stattdessen in der Community der Logopäden bekannt zu werden. Wahrscheinlich – so hatte ich gedacht – müsste ich erst sieben verschiedenen Hunden das Sprechen beibringen, bevor die Öffentlichkeit auf meine Arbeit aufmerksam werden würde. Aber grundsätzlich glaubte ich schon daran, dass diese neue Entwicklung nicht für immer und ewig geheim bliebe. Dazu waren Stellas Fortschritte einfach zu unglaublich. Ich wusste zwar nicht genau, was geschähe oder wann; doch irgendwo tief in meinem Inneren war ich überzeugt davon, dass das alles schon irgendwie an die Öffentlichkeit gelangen würde.

Es verblüffte mich, wie plötzlich alle Puzzleteile zum richtigen Zeitpunkt auf die richtige Art und Weise ineinanderpassten. Dadurch, dass ich einen Link zu meiner Website an meine früheren Professoren geschickt hatte, war die Alumni Association (die Gesellschaft ehemaliger Studenten) der Northern Illinois University auf mich aufmerksam geworden und wollte ein Interview mit mir führen. Der Artikel in diesem Universitätsmagazin sprach viele Menschen in der Region an – vor allem Sprachtherapeuten. Eine Logopädin, die den Artikel las, teilte eines meiner Videos von Stella auf Facebook. Ihre Cousine, die als Redakteurin bei *People Magazine* tätig war, entdeckte das Video und nahm Kontakt mit mir auf. Jeder einzelne kleine Schritt, den ich unternommen hatte, um mein Projekt vorwärtszubringen, war notwendig gewesen, damit nach und nach die ganze Welt davon erfuhr.

Am Donnerstagmorgen parkte ein Kamerateam des Nachrichtenmagazins *Inside Edition* aus Los Angeles auf der Straße vor unserer Wohnung. Zwei Männer Ende dreißig stiegen aus dem Auto. Stella lief sofort auf den Interviewer zu und begann auf ihre typische Art und Weise zu lächeln und mit dem ganzen Körper zu wackeln. Der Mann stand mit verschränkten Armen am Bordstein und blickte auf sie herab. »Ich hätte nicht gedacht, dass sie so ein Energiebündel ist«, sagte er.

»Na ja, Sie ist nur ... Sie ist halt einfach aufgeregt«, sagte ich. »Sie liebt Menschen.« Er tätschelte Stella kurz den Kopf und kümmerte sich dann nicht weiter um sie.

Jake und ich wechselten Blicke: *Ob das wirklich eine gute Idee war?,* fragten wir uns.

Ich war furchtbar nervös. Schließlich hatte ich keine Ahnung, wie Stella auf Kameras reagieren und ob sie überhaupt mit völlig fremden Menschen reden würde, die sich mit ihrer Videoausrüstung in ihrem »Revier« breitmachten. Ich versuchte, unsere Hündin abzulenken und zu beruhigen, während die Kameraleute ihre Ausrüstung in unserem Wohnzimmer aufbauten. Der Kameramann ging in die Hocke. Er trug eine ungefähr einen Meter lange, sperrige Kamera auf der Schulter, lief hinter Stella her und verfolgte jede ihrer Bewegungen. Sie drehte sich zu ihm um, schaute in die Kamera und trottete dann zu ihrem Soundboard hinüber.

»Fertig«, sagte sie, rannte ins Schlafzimmer und versteckte sich hinter dem Bett.

»Am besten, wir führen erst mal unser Interview«, schlug der Kameramann vor. »Dann hat sie ein bisschen Zeit, sich an uns zu gewöhnen.«

In den zwei Stunden, die das Kamerateam in unserer Wohnung verbrachte, sagte Stella mehrere verschiedene Wörter. Sie teilte uns mit, dass sie in den Park gehen oder Ball spielen wollte, war böse, weil wir nicht mit ihr rausgehen konnten, und sagte: »Tschüs«, als die Männer anfingen, ihre Sachen zusammenzupacken. Ich war ungeheuer erleichtert darüber, dass Stella sich so gut auf die Situation eingestellt und den Männern Gelegenheit gegeben hatte, sie beim Sprechen zu filmen. Ich konnte es kaum erwarten zu sehen, welche Teile ihres Filmmaterials sie verwenden würden, wenn der Beitrag ausgestrahlt wurde.

Zwei Stunden später meldete ich mich bei Skype für ein Interview mit CNN International an. Ich hatte keine Ahnung, wer mich interviewte oder wie mein Gesprächspartner aussah. Ich musste auf einen schwarzen Bildschirm starren, während die beiden Moderatoren miteinander redeten und mir zwischendurch Fragen stellten. Es war ein komisches Gefühl, nicht sehen zu können, was geschah, aber andererseits zu wissen, dass die Moderatoren und sämtliche Zuschauer mich sahen.

»Ich glaube nicht, dass ich mir dieses Interview jemals ansehen kann«, sagte ich zu Jake. »Ich will nicht mal wissen, wie ich dabei ausgesehen oder was ich gesagt habe.«

Als dann am Freitag das NBC-Team aus New York und Los Angeles eintraf, war ich nicht mehr ganz so nervös, weil ich inzwischen wusste, dass Stella wahrscheinlich positiv darauf reagieren würde. Außerdem hatte ich bereits zwei Interviews hinter mir und wusste, mit welchen Fragen ich rechnen musste. Der CNN-Beitrag war inzwischen ausgestrahlt worden: unser Interview, ein paar Fotos und eine hervorragende Zusammenstellung von Videos, die Stella beim Sprechen zeigten. Er war viel besser geworden, als ich gedacht hatte.

Anstelle von nur zwei Leuten bestand das NBC-Team

aus fünf Mitarbeitern. Sie brachten so viel Equipment mit, dass ich anfangs befürchtete, es würde gar nicht alles in unsere Wohnung passen. Doch nachdem wir ein paar Wohnzimmermöbel umgestellt hatten, klappte es doch ganz gut. Stellas Soundboard war von Beleuchtungsschirmen umgeben; Kameras wurden in allen möglichen Winkeln aufgestellt. Wir konnten uns kaum alle in diesem kleinen Raum zusammenquetschen. Als die Kameraleute mit den Vorbereitungen fertig waren, setzten sie sich alle nebeneinander auf unsere Liege-, Ess- und Wohnzimmerstühle und richteten ihre Blicke auf Stella. Unsere Hündin musterte sie der Reihe nach und ging zu ihrem Soundboard.

»Hallo«, sagte sie, wedelte mit dem Schwanz und lief dann wieder zu den Kameraleuten zurück, um sie zu begrüßen. Wahrscheinlich war sie sehr verwirrt. Plötzlich waren da so viele fremde Leute, die alle möglichen komischen Gegenstände um ihr Soundboard herumstellten.

Das *Inside-Edition*-Team hatte mir mehrere Fragen über Sprache, unterstützte Kommunikation und Stellas Fortschritte gestellt. Trotzdem war ich enttäuscht, als der Beitrag ausgestrahlt wurde, denn er enthielt keine wichtigen Antworten, sondern lediglich zwei Zitate von mir – »Ja, das ist wirklich verrückt« – und meine Antwort auf die Frage nach den Wörtern, die Stella am wenigsten mochte. Und bei NBC war es noch schlimmer: Die Leute verbrachten über fünf Stunden in unserer Wohnung, und ich hatte mir extra einen ganzen Tag für sie freigenommen. Wir gingen sogar alle zusammen an den Hundestrand – und nach diesem ganzen Aufwand wurde der Beitrag aufgrund des Nachrichtenzyklus dann nicht einmal gesendet. Ich hatte nicht gewusst, dass es keine Garantie für eine Ausstrahlung gab. Trotzdem begriffen immer mehr Zuschauer, welch ungeheures Potenzial in den bahnbrechenden Fortschritten lag, die ich mit Stella gemacht hatte. Die Redakteurin von *People Magazine* hinterließ eine Voicemail, in der sie uns mitteilte, dass dieser Artikel zu den Geschichten gehörte, die beim Publikum bisher am besten angekommen waren. Tausende netter Menschen schickten mir E-Mails mit der Bitte um nähere Informationen oder um mir zu erzählen, welche Wörter *ihre* Hunde verstanden.

Zwei Wochen nachdem der Artikel im *People Magazine* erschienen war, hatte ich bereits über 500 000 Follower auf Instagram. Meine Posts regten die Leute zu unzähligen Fragen und Kommentaren an. Meine Eltern stellten ein kleines Büchlein mit besonders rührenden Kommentaren zusammen, das ich mir ansehen konnte, falls mir jemals Zweifel am Sinn meines Tuns kommen sollten. Ich bekam ungeheuer viel Unterstützung; alle Leute fanden meine Arbeit mit Stella furchtbar spannend und reagierten mit Freude und Begeisterung darauf. Ich hatte das Gefühl, dass die Welt jetzt einfach bereit dafür war. Nun musste ich unbedingt herausfinden, wie ich noch mehr Informationen darüber weitergeben konnte.

Obwohl ich mich sehr über das riesige Interesse an meiner Arbeit mit Stella freute, wurde mir bald klar, dass es mir eigentlich egal war, was die Leute darüber dachten. Stellas Leistungen und Fortschritte waren das Einzige, was für mich zählte.

In dieser Zeit, in der ich ständig im Mittelpunkt der öffentlichen Aufmerksamkeit stand, fiel mir eine Sentenz von Deepak Chopra ein: Aus einem bestimmten Grund glücklich zu sein sei nur eine andere Form von Unglück, weil uns dieser Grund jederzeit wieder weggenommen werden könne.

Ich wollte nicht, dass meine Einstellung zu meiner Arbeit davon abhing, was andere Leute davon hielten. Ich wollte nicht in die Gewohnheit verfallen zu denken: »Ich bin so glücklich, weil die Viewer so viele positive Kommentare zu meinem Video gepostet haben«, und als Nächstes einen negativen Kommentar lesen und mich darüber ärgern. Ich wollte einfach nur stolz auf meine Arbeit sein – unabhängig von der Zustimmung oder Missbilligung irgendwelcher fremder Leute im Internet. Daher gewöhnte ich mir an, *mich selbst* zu fragen, ob ich mit meiner Arbeit und mit Stellas Fortschritten zufrieden war. Oder ich fragte mich: *Was würde ich jetzt tun, wenn es nicht so viele Leute gäbe, die mich beobachten?* Dann würde ich einfach so weitermachen wie bisher.

Wir wurden immer noch mit Medienanfragen und E-Mails überschüttet. Aus irgendeinem Grund bekamen wir alle beide – Jake und ich – Anrufe von internationalen Radiosendern, die mit mir reden wollten. Ein französischer Sender rief Jake immer wieder an und schrieb ihm SMS. Manche Sender riefen sogar bei meinen Eltern in Illinois an. Ich weiß immer noch nicht, wie diese Leute unsere Nummern herausgefunden haben. Ein kanadischer Nachrichtensender rief bei der Logopädie-Firma an, für die ich arbeitete, und wollte mich sprechen. Lokale Nachrichtensender schickten mir Freundschaftsanfragen, um einen Kontakt herzustellen. Es war das reinste Chaos.

Eines Abends schaltete ich das Licht in meinem Schlafzimmer aus und zog mir die Bettdecke über den Kopf. Jake massierte mir den Rücken. »Es fühlt sich an, als würden Hunderttausende von Leuten gleichzeitig an mir herumzerren und irgendetwas von mir wollen«, seufzte ich. Schließlich hatte ich auch noch einen Beruf und Kinder, die ich behandeln musste. Ich wollte den Leuten zwar unbedingt etwas über die Kommunikation mit Hunden beibringen, aber ich konnte ihnen nicht in kurzen Instagram-Kommentaren oder Tausenden von E-Mail-Antworten erklären, was Logopädie ist und was für Beobachtungen ich in den letzten anderthalb Jahren bei Stella gemacht hatte. Wenn ich versuchen würde, auf alle Anfragen zu antworten, hätte ich keine Zeit mehr für irgendetwas anderes. Ich musste mir darüber klar werden, was ich eigentlich wollte. *Wie soll ich das alles schaffen?*, fragte ich mich. Wenn ich geahnt hätte, dass dieses Projekt solche Dimensionen annähme, hätte ich versucht, mich besser darauf vorzubereiten.

Mir wurde rasch klar, dass diese Geschichte zu bedeutsam war, um in den schnellen Nachrichtenzyklen wiedergegeben werden zu können. Ich würde meine Denkmuster als Logopädin und die Fortschritte und Beobachtungen der letzten anderthalb Jahre nicht in Videoclips vermitteln können, die nur ein paar Minuten dauerten. Bei diesen Nachrichtensendungen konnte ich ja nicht einmal selbst entscheiden, welche meiner Aussagen verwendet wurden und welche nicht. Ich wollte unsere Geschichte erzählen und Menschen auf der ganzen Welt dazu bringen, die Kommunikationsmöglichkeiten von Hunden aus der Perspektive einer Logopädin zu sehen. Und ich wollte es nicht irgendjemand anderem überlassen, zum ersten Mal über meine Arbeit – diese faszinierende neue Idee – zu berichten.

Ich hatte inzwischen Angebote für alles Mögliche erhalten: Vorträge, Fernsehsendungen, Interviews, Dokumentationen, neue Produkte und Kurse. Am aufregendsten jedoch fand ich folgende Betreffzeile einer E-Mail: »Hätten Sie Lust, ein Buch zu schreiben?«

KAPITEL 18

Das ist erst der Anfang

Nachdem sich der Medienhype gelegt hatte, füllte ich den Rest von Stellas Soundboard mit Sprachknöpfen auf und brachte ihr weiterhin neue Wörter bei. Mit den drei Neuzugängen »Decke«, »mag« und »wo« kamen wir inzwischen auf insgesamt 32 Knöpfe. Das erste Mal benutzte Stella das Wort »mag«, als wir einen ihrer Lieblingsbälle wiederfanden, der monatelang unter der Couch gelegen hatte. Als wir den Ball hervorrollten, nahm Stella ihn ins Maul, sagte: »Ball, mag«, und spielte stundenlang damit.

Ich nahm auch das Wörtchen »wo« in Stellas Wortschatz auf, um festzustellen, ob sie in der Lage sein würde, uns Fragen zu stellen. »Wo« ist eines der ersten Fragewörter, das Kleinkinder verwenden. Sie fragen zum Beispiel: »Wo Mama?« Oder: »Wo Ball?« Ich führte Stella jedes Mal das Wort »Wo« vor, wenn ich sie fragte, wo sie hinwollte oder wo eines ihrer Spielzeuge lag. Schon nach ein paar Tagen fragte Stella, wenn Jake und ich unsere Schuhe anzogen: »Wo?« Kamen wir vom Einkaufen zurück, schnupperte sie an den Tüten und fragte: »Wo?« Redete ich mit Jake über die Freisprechanlage, fragte sie ebenfalls: »Wo?«, und schaute aus dem Fenster. Und wenn ihr Spielzeug oder ihre Decke außer Sichtweite waren, fragte sie: »Decke, wo?« Oder: »Wo, Spielzeug?« Als ich eines Tages von der Arbeit nach Hause kam, fragte ich sie: »Will Stella spazieren?«

Stella zögerte kurz. »Wo?«, fragte sie und schaute zu mir hoch.

»Am Strand spazieren«, sagte ich.

Da wedelte Stella mit dem Schwanz und sagte: »Raus, Spazieren.«

Sie interessierte sich also eindeutig dafür, wohin wir gingen und was wir taten! Wie lange hatte sie sich bei uns wohl schon nach dem »Wo?« verschiedener Dinge oder Aktivitäten erkundigen wollen, nachdem wir sie monatelang gefragt hatten: »Wo willst du hin?« Sie hatte bisher nur kein passendes Wort dafür gehabt. Und was hatte Stella sich wohl noch alles gefragt? Was wollte sie uns gern sagen und konnte es nur nicht? Wahrscheinlich würde ich bald noch mehr Platz und noch mehr Knöpfe brauchen, um das herauszufinden.

Was war passiert, als ich logopädische Techniken einsetzte, um meiner jungen Hündin Wörter beizubringen? Als Stella acht Wochen alt war, programmierte ich zunächst nur einen einzigen Sprachknopf mit dem Wörtchen »Raus« für sie. Aber natürlich wollte ich ihr die Möglichkeit geben, mehrere verschiedene Wörter zu sagen, damit wir wussten, was sie wollte. Ich beobachtete sie bei ihren anderen Kommunikationsversuchen mithilfe von Gesten und Lautäußerungen, stellte fest, welche Wörter sie verstand, und integrierte dann allmählich immer mehr Begriffe in ihr Vokabular. Mit jedem Fortschritt wurde mir meine Vision klarer. Oder wie Martin Luther King jr. einmal gesagt hat: »Der Glaube macht den ersten Schritt, auch wenn Sie die ganze Treppe (noch) nicht sehen.«[43]

Inzwischen verwendet Stella Substantive, Verben, Namen, Adjektive und Fragewörter, um mir zu sagen, was sie gern unternehmen möchte, wo sie hinwill, wann sie an mich denkt, was wir gerade so machen, was sie mag, wann sie wütend oder glücklich ist, wann sie Zeit für sich allein braucht und wann wir »gut« sind. Sie kann Fragen beantworten, Fragen stellen, kurze Gespräche mit uns führen und jeden Tag neue Wortkombinationen bilden. Die Methode, mit der ich Stella das Sprechen beigebracht habe, war sicherlich nicht perfekt. Es dauerte mehrere Monate, bis ich überhaupt auf die Idee kam, alle ihre Wörter auf einer zusammenhängenden Tafel anzubringen. Ich hoffe, dass Hunde in Zukunft noch weitere Meilensteine erreichen werden, zu denen selbst Stella bisher noch nicht in der Lage war. Das hier ist erst der Anfang – eine Tür, die sich öffnet, um uns zu zeigen, was alles möglich ist und was unsere menschliche Gesellschaft noch erforschen und lernen muss.

Die Frage, die mir am häufigsten gestellt wird, lautet: »Wie sind Sie auf diese Idee gekommen?« Dafür gibt es eine ganz einfache Erklärung: Ich habe mit vielen Kindern gearbeitet, die sich mithilfe von Kommunikationsgeräten verständigen. Ich erkannte in Stellas Kommunikation die gleichen prälinguistischen Fähigkeiten, die auch Kleinkinder zeigen, bevor sie anfangen, Wörter zu formulieren. Also überlegte ich mir, ob Stella sich nicht vielleicht auch verbal mitteilen könnte, wenn sie ein Kommunikationsgerät hätte.

Aber der wahre Grund für meine Arbeit mit Stella liegt nicht in meinen Erfahrungen als Sprachtherapeutin, sondern reicht viel tiefer: Ich hatte einfach keine vorgefasste Meinung darüber, was man in der Kommunikation mit Tieren erreichen kann und was nicht. Ich hatte noch nie irgendwo gelesen, warum Hunde nicht sprechen können oder warum Tiere niemals dazu in der Lage sein werden, in menschlichen Worten zu kommunizieren. Ich konzentrierte mich einfach nur auf mein Fachgebiet, die Logopädie, und erkannte hier eine faszinierende Möglichkeit, etwas Neues auszuprobieren. Ich sah viele Gründe dafür, warum das möglich sein könnte. Ich suchte einfach nach Chancen und nicht nach potenziellen Problemen. Ich vertraute auf meine eigene berufliche Erfahrung, statt die Fachkompetenz anderer Experten als Goldstandard zu betrachten. Ich setzte auf meine eigenen Ideen und nicht auf das, was die Welt für möglich hielt. Ich hatte nicht von vornherein negative Überzeugungen, die mich einschränkten und daran hinderten, etwas Neues zu erforschen.

Was wäre passiert, wenn Thomas Edison mit seinen Experimenten aufgehört hätte, nur weil irgendjemand anders nicht an seine Vision glaubte? Was wäre passiert, wenn die Brüder Wright sich durch die Skepsis anderer Leute davon hätten abhalten lassen, etwas Neues auszuprobieren? Große Ideen und Entdeckungen entstehen nicht, indem man sich auf das konzentriert, »was ist«, sondern indem man sich ausmalt, was »sein könnte«. Denn wie schon Albert Einstein sagte: »Logik bringt dich von A nach B. Deine Phantasie bringt dich überallhin.«[44] Ich möchte lieber in einer Welt leben, in der man Visionen von dem, was »sein könnte«, freudig begrüßt und ihnen oberste Priorität einräumt.

Die Sprache wird oft als letzte Barriere zwischen der Welt der Menschen und der Welt der Tiere betrachtet. Aber was passiert, wenn sich diese Barriere eines Tages in nichts auflöst? Dann wird uns klar, dass wir mehr Berührungspunkte miteinander haben, als wir uns bisher vorstellen konnten. Wir unterscheiden uns gar nicht so sehr von den Tieren, wie viele Menschen glauben. Wir alle denken, wir alle fühlen, wir alle haben bestimmte Meinungen, kommunizieren mit anderen Lebewesen und möchten mit ihnen in Kontakt treten.

Ich bin der festen Überzeugung, dass unsere Vorstellungen von der Welt unsere individuelle Erfahrungswelt prägen. Daher sollten Sie lieber in Möglichkeiten statt in Problemen denken. Fragen Sie sich: Was wäre, wenn es *vielleicht doch* funktioniert? Was wäre, wenn die Ergebnisse *noch besser* ausfallen, als ich gedacht hatte? Egal, was Sie tun: Betrachten Sie die Welt durch die Linse ungenutzter Möglichkeiten. Lassen Sie sich von Ihrer Neugier leiten – gleich, wie verrückt oder unwahrscheinlich Ihnen das, was Sie dabei vielleicht entdecken, zunächst erscheinen mag. Vergessen Sie alle Ausreden, warum irgendetwas nicht funktionieren könnte. Konzentrieren Sie sich stattdessen lieber auf die Gründe, warum es *vielleicht doch* funktionieren wird. Am Anfang eines jeden neuen Unterfangens weiß man nie, was daraus werden könnte.

Von den ersten Tagen an, die ich mit unserer kleinen Stella verbrachte, beobachtete ich, wie sie die verschiedenen Stadien der Sprachentwicklung auf eine Weise durchlief, die dem Sprachverhalten menschlicher Kinder sehr ähnlich ist. Wenn ich ihr die Möglichkeit gab, Wörter zu benutzen, ging sie immer wieder bis an ihre Grenzen und erwarb neue Fähigkeiten, die meine Erwartungen übertrafen. Sie fand stets Wege, Wörter in besonderen Situationen auf originelle Weise zu verwenden, längere Sätze zu bilden und über neue Erfahrungen mit uns zu kommunizieren. Im Durchschnitt bildete Stella zwischen 25 und vierzig verschiedene Aussagen pro Tag. Manchmal sagte sie an einem Tag sogar fünfzig bis sechzig verschiedene Wörter oder Wortkombinationen. Sie hatte so viel zu sagen und wollte sich mit uns unbedingt über die Welt austauschen, in der wir alle zusammen lebten.

Eigentlich hatte ich gedacht, einen Welpen zu uns nach Hause zu holen würde mein Leben auf vorhersehbare Weise verändern: Ich würde mit Stella spielen und schmusen, öfter spazieren gehen als bisher, sie aufwachsen sehen, für sie sorgen und ihre Persönlichkeit kennenlernen. Ich hatte damit gerechnet, eine Begleiterin zu haben, die von nun an stets an Jakes und meiner Seite bleiben würde.

Aber Stella gab mir viel mehr als das. Sie hat mein Leben total verändert. Ich kann die Welt nie wieder mit den gleichen Augen betrachten wie damals, bevor Stella sprechen lernte. Unsere Hündin hat mir die Augen für die auffallenden Ähnlichkeiten zwischen den Kommunikationsfähigkeiten von Hund und Mensch geöffnet. Sie hat mich dazu gebracht, in meiner Freizeit über die Beziehungen zwischen

Menschen- und Tierwelt nachzudenken. Von ihr habe ich gelernt, nie wieder das Kommunikationspotenzial eines Kindes infrage zu stellen. Seitdem unternehme ich, was ich kann, um möglichst viele Kinder mit AAC-Geräten auszustatten. Stella lehrte mich, aus jeder Chance das Beste zu machen, und zeigte mir, wie wichtig es sein kann, stets an ungeahnte Möglichkeiten zu glauben. Seitdem weiß ich, dass jeder eine Chance verdient, gehört zu werden, und dass jeder etwas Wichtiges zu sagen hat. Dank Stella ist mir klar geworden, wie dringend ich der Welt die Augen für die Macht der Kommunikation öffnen wollte. Sie wies mich auf meine Lebensaufgabe hin.

Unsere gemeinsame Entdeckungsreise ist der Beginn eines völlig neuen Fachgebiets, das uns eine ungeheuer große Zahl an Möglichkeiten bietet. Es gibt noch so vieles auszuprobieren und so viele Fragen zu stellen – so viele Ideen, die auf den Prüfstand gestellt werden müssen. Welche Wörter können Hunde *noch* lernen? Wie groß ist die Bandbreite der Sprachkompetenz von Hunden? Gibt es ein kritisches Zeitfenster für das Erlernen von Sprache? Wie lange brauchen ältere Hunde im Vergleich zu Welpen, um Wörter zu lernen? Unterscheiden sich verschiedene Hunderassen in ihrer Sprachfähigkeit? Wie sehen die kollektiven Satzbaumuster von Hunden aus? Wie wirken sich verschiedene Einstellungen von AAC-Geräten auf den Sprachgebrauch aus? Können Diensthunde ihren Besitzern besser helfen, wenn sie die Möglichkeit haben, verbal mit ihnen zu kommunizieren? Wie können wir Geräte für Hunde mit besonderen Bedürfnissen anpassen? Wie verändert der Zugang zu Wörtern das

Bewusstsein eines Hundes und die Art, wie er seine Umgebung wahrnimmt? Werden wir uns eines Tages von der Vorstellung verabschieden, genau zu wissen, was unsere Haustiere denken? Werden wir irgendwann aufhören, für unsere Tiere zu sprechen, und sie stattdessen lieber *für sich selbst* sprechen lassen?

Werden sich dadurch neue Türen für die Erforschung der Kommunikation zwischen Mensch und Tier öffnen? Mit welchen Tieren könnten wir als Nächstes zu kommunizieren versuchen? Wie wird sich unser Umgang mit Hunden durch diese neue Art der Kommunikation verändern? Was wird sich dadurch am Leben unserer Haustiere ändern? *Und an unserem Leben?*

Es ist an der Zeit, auf die Suche nach Antworten auf diese und viele andere Fragen zu gehen. Es ist an der Zeit, die Welt der Menschen und die Welt der Tiere durch Sprache miteinander zu verbinden. Es ist höchste Zeit für eine Kommunikationsrevolution. Und ich kann es kaum erwarten zu erleben, was wir dabei alle gemeinsam entdecken werden!

Anhang

So bringen Sie Ihrem Hund das Sprechen bei

Reden Sie mit Ihrem Hund!

Alle Hunde – unabhängig vom Alter – verfügen über ein enormes Kommunikationspotenzial. Erzählen Sie Ihrem Hund in kurzen, einfachen Sätzen, was er zurzeit tut oder was Sie gerade gemeinsam unternehmen. Wenn Sie nicht sicher sind, was Sie sagen sollen, fragen Sie sich: *Was passiert gerade?* Hier ein paar Beispiele dafür, was man seinem Hund alles erzählen kann: »Stella, essen«, »Ball, spielen«, »Stella, Christina, spazieren«, »Wasser!« …

Beobachten Sie die nonverbale und verbale Kommunikation Ihres Hundes

Wie kommuniziert Ihr Hund zurzeit mit Ihnen? Tappt er mit der Pfote nach Gegenständen? Winselt er, um Ihre Aufmerksamkeit auf sich zu ziehen? Wedelt er mit dem Schwanz, wenn er sich freut? Bellt er Sie an, wenn er etwas braucht? Achten Sie auf sämtliche Kommunikationsformen Ihres Hundes und fangen Sie an, darauf zu reagieren. Wir sollten nicht nur auf Wörter, sondern auf sämtliche Kommunikationsformen achten. Je mehr Sie alle Kommunikationsversuche Ihres Hundes wahrnehmen und darauf eine Rückmeldung geben, umso eher wird er in Worten mit Ihnen kommunizieren.

Versuchen Sie, Ihrem Hund Wörter vorzuführen, wenn er gerade verbal oder nonverbal mit Ihnen kommuniziert. Kratzt er mit der Pfote an der Tür, sagen Sie: »Raus.« Steht er neben der Leine und winselt er, sagen Sie: »Spazieren.« Wenn Ihr Hund ein Spielzeug anschaut, das unter die Couch gerollt und für ihn unerreichbar ist, sagen Sie: »Hilfe.« Die Kombinationen aus Wörtern mit Gesten oder Lautäußerungen, die Ihr Hund bereits verwendet, helfen ihm dabei, die Bedeutungen von Wörtern zu erlernen.

Achten Sie darauf, welche Wörter Ihr Hund bereits versteht

Bei welchen Wörtern regt Ihr Hund sich auf, dreht gespannt den Kopf hin und her oder kommt aus einem anderen Zimmer zu Ihnen gelaufen? Gibt es Wörter, die Sie buchstabieren müssen, damit Ihr Hund sie nicht hört, weil er sonst durchdrehen würde? Behalten Sie diese Wörter im Auge. Die Wörter, die Hunde bereits kennen, lernen sie normalerweise am schnellsten.

Wählen Sie die richtigen Wörter für ihn aus

Stellen Sie sich dazu folgende Fragen: »Welche Wörter versteht mein Hund schon?«, »Was teilt er mir durch seine Gesten und Lautäußerungen bereits mit?«, »Welche Wörter kommen in seinem täglichen Leben häufig vor?«, »Welche würden ihm helfen, sich über möglichst viele verschiedene Erlebnisse mit mir auszutauschen?«, »Welche Wörter wären für uns alle am nützlichsten, wenn er sie sagen könnte?«, »Was tut mein Hund gern?« – und dann treffen Sie die Auswahl seiner Wörter anhand der Antworten auf diese Fragen. Beginnen Sie mit Wörtern, die Ihr Hund wahrscheinlich gern sagen möchte und zu deren Gebrauch er möglichst viele Gelegenheiten hat.

Stellen Sie das Kommunikationsgerät an einer Stelle auf, an der es für Sie und Ihren Hund leicht zu erreichen ist

Wählen Sie dafür eine Stelle in Ihrem Haus oder Ihrer Wohnung, an der Ihr Hund sich von Natur aus bereits häufig aufhält und die auch Platz für mögliche Erweiterungen seines Vokabulars bietet. Außerdem sollte dort kein Gerümpel herumliegen, das die Sprachknöpfe verdecken könnte.

Sprechen Sie weiterhin verbal mit Ihrem Hund – aber drücken Sie dabei auch auf die entsprechenden Knöpfe

Kommentieren Sie weiterhin alles, was Ihr Hund unternimmt; aber benutzen Sie gleichzeitig auch seine Knöpfe, wenn Sie mit ihm sprechen! Das bezeichnet man als »unterstützten Sprach-Input«. Je öfter wir mit Kommunikationsgeräten arbeiten, umso leichter lernen AAC-Nutzer, wie sie ihr Gerät zum Sprechen von Wörtern einsetzen können. Bevor Sie mit Ihrem Hund nach draußen gehen, sagen Sie: »Raus«, und zwar sowohl verbal als auch per Knopfdruck. Damit er noch mehr lernt, nehmen Sie sich vor, ein einzelnes Wort fünf- bis zehnmal zu wiederholen, bevor Sie zu einer anderen Aktivität übergehen. In Kapitel 5 finden Sie ein Beispiel dafür, wie Sie diese Vorgehensweise in das Alltagsleben mit Ihrem Hund einbauen können.

Achten Sie auf Anzeichen dafür, dass Ihr Hund Sie beim Vorführen der Sprachknöpfe beobachtet

Es kann einige Zeit dauern, bis Ihr Hund die Knöpfe oder das Gerät bemerkt oder wirklich auf die Wörter achtet, die Sie ihm vorführen. Auch wenn es nicht so aussieht, als würde Ihr Hund Sie beobachten – führen Sie ihm trotzdem weiter Wörter vor! Denn zumindest hört er diese Begriffe, auch wenn er nicht auf die Knöpfe schaut. Achten Sie auf Anzeichen dafür, dass Ihr Hund das Kommunikationsgerät vielleicht doch allmählich wahrzunehmen beginnt. Schaut er auf Ihren Fuß oder zu Ihnen hoch? Wirft er im Vorbeigehen einen Blick auf den Knopf? All das sind Anzeichen dafür, dass Ihr Hund allmählich anfängt, sich für seine Knöpfe zu interessieren.

Wenn Ihr Hund immer deutlicher wahrnimmt, dass Sie ihm Wörter vorführen, versuchen Sie, in Ihrem Alltagsleben Kommunikationsmöglichkeiten für ihn zu schaffen

Sobald Sie sehen, dass Ihr Hund die Knöpfe beachtet oder merkt, wie Sie ihm Wörter vorführen, verwandeln Sie Ihre alltäglichen Interaktionen in Gelegenheiten, seinen Lernprozess zu fördern. Die einfachste Hilfestellung, die wir einem AAC-Nutzer geben können, ist eine längere Zeit zum Nachdenken, in der wir uns nicht einmischen, sondern ihm eine Chance geben, das Geschehen zu verarbeiten und nach dem richtigen Wort zu suchen. Wenn Sie feststellen, dass Ihr Hund durch eine Geste oder Lautäußerung mit Ihnen kommuniziert, tun Sie mindestens zehn bis fünfzehn Sekunden lang gar nichts. Haben Sie nach dieser Zeit den Eindruck, als würde Ihr Hund auf die Knöpfe zugehen oder sie anschauen, bleiben Sie weiterhin passiv. Erst sobald Sie keinerlei Anzeichen dafür sehen, dass Ihr Hund vielleicht versucht, ein Wort zu sagen, helfen Sie ihm mit einer weiteren Hilfestellung auf die Sprünge …

Geben Sie ihm bei Bedarf weitere Hilfestellung

… zum Beispiel indem Sie sich neben die Knöpfe Ihres Hundes stellen oder darauf zeigen. Hunde reagieren bereits im Alter von sechs Wochen auf soziale Gesten von Menschen! Falls das Zeigen oder Stehen in der Nähe der Knöpfe nicht hilft, tippen Sie sie mit dem Finger oder Fuß an (aber ohne darauf zu drücken). Sie können es auch mit einer verbalen Frage versuchen, zum Beispiel: »Was willst du?« Aber schreiben Sie Ihrem Hund nicht vor, was er sagen soll, und zwingen Sie ihn auch nicht, mit der Pfote auf einen bestimmten Knopf zu drücken. Denn dadurch wird er womöglich von Ihrer Hilfe abhängig, statt eigenständig kommunizieren zu lernen.

Wenn Ihr Hund sich durch keine dieser Hilfestellungen dazu ermutigen lässt, etwas zu sagen, führen Sie ihm das passende Wort einfach noch einmal verbal und per Knopfdruck vor.

Verweigern Sie ihm kein Futter, kein Wasser, keine Spielzeiten, keine Ausflüge nach draußen und auch sonst nichts, um ihn zum Sprechen zu bringen. Reagieren Sie weiterhin auf all seine Kommunikationsversuche, und geben Sie ihm einfach immer wieder ein bis zwei Minuten lang Zeit, sich zu überlegen, welches Wort er benutzen will.

Loben Sie Ihren Hund, wenn er versucht, sein Kommunikationsgerät zu benutzen

Wenn Ihr Hund sich dem Gerät nähert, daran schnuppert, es mit den Pfoten berührt, ableckt oder anstarrt, freuen Sie sich darüber und zeigen Sie ihm, dass Sie stolz auf ihn sind und sein Erkundungsverhalten gut finden. Und wenn Ihr Hund auf einen Knopf drückt, reagieren Sie darauf! Auch wenn Sie glauben, dass das nur reines Versehen oder Experimentierverhalten war: Reagieren Sie trotzdem! Ihr Hund erlernt die Bedeutungen seiner Wörter am besten, indem er beobachtet, wie Sie darauf reagieren, wenn er sie benutzt.

Reagieren Sie auf seine Wörter

Vor allem in der Anfangsphase seines Lernprozesses sollten Sie so oft und so gut wie möglich auf die Wörter reagieren, die Ihr Hund sagt. Auch wenn Sie noch nicht wissen, ob es sich dabei um absichtliche Äußerungen handelt – tun Sie einfach so, als ob sie es wären! Wenn Sie ihm passende Antworten geben, lernt Ihr Hund, seine Sprachknöpfe bewusst und gezielt zu verwenden. Falls Ihr Hund ein Wort sagt, Sie aber denken, dass er eigentlich etwas anderes sagen wollte, reagieren Sie trotzdem darauf! Das ist eine gute Gelegenheit für ihn, zwischen den Bedeutungen verschiedener Sprachknöpfe zu unterscheiden. Nachdem Sie auf das ursprüngliche Wort reagiert haben, können Sie Ihrem Hund das Wort, das er Ihrer Meinung nach sagen wollte, per Knopfdruck vorführen.

Führen Sie ihm weiterhin Wörter vor

Auch wenn Ihr Hund anfängt, von sich aus auf Knöpfe zu drücken, führen Sie ihm diese trotzdem weiterhin vor! Je öfter Sie das Kommunikationsgerät Ihres Hundes benutzen, umso mehr wird er lernen und es von sich aus verwenden. Versuchen Sie, ihm Wörter in möglichst vielen verschiedenen Kontexten zu demonstrieren. Dadurch lernt er, die Bedeutungen der Begriffe zu verallgemeinern und auf unterschiedliche Situationen anzuwenden.

Integrieren Sie immer wieder neue Wörter ins Vokabular Ihres Hundes, mit deren Hilfe er über möglichst viele verschiedene Erfahrungen kommunizieren kann

Bauen Sie im Zweifelsfall ruhig noch mehr Wörter in sein Vokabular ein! Vielleicht werden Sie darüber staunen, wie viele Begriffe Ihr Hund erlernt oder worüber er am liebsten spricht. Denken Sie darüber nach, welche Vokabeln Sie häufig verwenden, wenn Sie mit Ihrem Hund reden. Halten Sie sich seine täglichen Aktivitäten und die verschiedenen Funktionen der Kommunikation vor Augen. Stehen Ihrem Hund auch Wörter zur Verfügung, die er für andere Kommunikationsfunktionen als bloßes Bitten oder Verlangen verwenden könnte? Hat er eine Möglichkeit, »Nein« oder »Fertig« zu sagen? Kann er Sie rufen oder Ihnen mitteilen, wann er glücklich ist oder sich ärgert?

Führen Sie Ihrem Hund Zwei-Wort-Sätze vor, wenn er beginnt, einzelne Wörter zu verwenden
Sobald Ihr Hund neue Meilensteine erreicht, führen Sie ihm immer wieder die nächsthöhere Entwicklungsstufe vor. Sagen Sie per Knopfdruck kurze »Sätze« wie »Raus, spielen«, »Raus, spazieren« oder »Komm, spielen«. Wenn Sie feststellen, dass es mit dem vorhandenen Wortschatz schwierig ist, Wörter miteinander zu kombinieren, versuchen Sie, mehr Verben anstelle von Substantiven in das Vokabular Ihres Hundes einzubauen. Denn wenn es schon *für Sie* schwierig ist, mit dem vorhandenen Vokabular Wörter zu Sätzen zu kombinieren, wird es Ihrem Hund erst recht schwerfallen.

Viel Spaß!
Ihrem Hund Wörter beizubringen, mehr über seine Gedanken und seine Persönlichkeit zu erfahren und einen engeren Kontakt zu ihm herzustellen wird Sie enorm bereichern und beglücken. Genießen Sie diesen Prozess und seien Sie stolz auf jeden Fortschritt, den Sie gemeinsam mit Ihrem Hund machen.

Fehlerbehebung

Sie wissen nicht, wie Sie Ihrem Hund ein bestimmtes Wort beibringen sollen?
Denken Sie über Ihre eigene Kommunikation nach. In welchen Kontexten verwenden *Sie* dieses Wort normalerweise? Genau in solchen Situationen sollten Sie es ihm vorführen.

Zum Beispiel: »Wie verwende ich das Wort ›will‹?« Ich benutze dieses Wort, wenn ich jemanden darum bitte, mir etwas zu geben oder etwas zu tun. Also werde ich meinem Hund jedes Mal, wenn ich sehe, dass er sich einen Gegenstand oder eine Aktivität wünscht, das Wort »Will« vorführen, um seine Wörter oder Gesten durch eine verbale Aussage zu ergänzen.

Ihr Hund sagt ein Wort, mit dem Sie nicht gerechnet hatten oder das Sie für reinen Zufall halten?

Reagieren Sie trotzdem darauf! Womöglich experimentiert er gerade mit neuen Begriffen herum, und er kann die Bedeutung seiner Wörter nur erlernen, indem er Ihre Reaktionen darauf beobachtet. Wenn Ihr Hund nach Ihrer Reaktion den Eindruck erweckt, nicht das bekommen zu haben, was er erwartet hatte, führen Sie ihm das Wort vor, das er Ihrer Meinung nach sagen wollte, und reagieren Sie dann *darauf*.

Ihr Hund hat Angst vor den Knöpfen oder dem Gerät?

Zwingen Sie ihn nicht dazu, seine Knöpfe zu benutzen oder sich in ihrer Nähe aufzuhalten! Lassen Sie die Knöpfe ein paar Tage lang unbenutzt, bevor Sie wieder anfangen, damit zu arbeiten. Bleiben Sie eine Zeit lang neben den Knöpfen sitzen oder stehen, um Ihrem Hund zu zeigen, dass sie nicht gefährlich sind. Wenn möglich, rufen Sie ihn zu sich und streicheln ihn, sobald er sich in der Nähe der Knöpfe aufhält. Nachdem er sich beruhigt hat, versuchen Sie erneut, ihm ein Wort vorzuführen und die entsprechende Reaktion darauf zu zeigen. Je ruhiger *Sie* sind, umso ruhiger wird auch Ihr Hund sein.

Ihr Hund sagt Wörter nicht spontan, sondern nur auf Ihr Kommando?

Hören Sie sofort auf, ihn verbal zum Drücken bestimmter Knöpfe aufzufordern! Ihr Hund hat nämlich gelernt, darauf zu warten, dass Sie ihm einen Hinweis geben, und erst daraufhin etwas zu sagen, statt die Knöpfe von sich aus zu betätigen. Statt »Willst du raus?« zu fragen oder ihn aufzufordern: »Sag: ›Raus‹«, sagen Sie einfach verbal und anschließend auch noch per Knopfdruck: »Raus«, bevor Sie mit Ihrem Hund nach draußen gehen. Wenn er durch Gesten oder Lautäußerungen darum bittet, hinausgehen zu dürfen, geben Sie ihm subtile Hilfestellungen. Bleiben Sie zunächst wartend in der Nähe des Knopfes stehen oder schauen Sie ihn an. Als Nächstes helfen Sie ihm noch ein bisschen weiter auf die Sprünge, indem Sie auf den Knopf zeigen oder ihn bei Bedarf antippen. Denken Sie daran, mindestens zehn bis fünfzehn Sekunden zu warten, bevor Sie Ihrem Hund eine Hilfestellung geben. Manchmal braucht er vielleicht einfach nur ein bisschen mehr Zeit.

Ihr Hund verlangt ständig nach demselben Objekt oder derselben Aktivität?

Wenn Ihr Hund das Wort für einen Gegenstand oder eine Aktivität richtig verstanden hat, können Sie einen Sprachknopf für »Fertig«, »Zu Ende«, »Stopp« oder »Später« in seinen Wortschatz integrieren. Sie können sowohl verbal als auch per Knopfdruck »Fertig, Spazieren« oder »Später, Spazieren« sagen. Anschließend machen Sie Ihrem Hund einen Vorschlag, was er stattdessen tun könnte, sagen: »Fertig, spazieren, jetzt, spielen!«, und fangen dann an, mit ihm zu spielen. Oder Sie sagen: »Fertig, spazieren, jetzt, Bett«, und klopfen dabei auf das Bettchen des Hundes.

Berücksichtigen Sie auch den Umfang des Wortschatzes, der Ihrem Hund zur Verfügung steht. Wenn es nur ein paar Wörter sind, überlegen Sie, ob er mit einem Wort mehrere verschiedene Wünsche oder Bedürfnisse ausdrücken kann. Falls Sie ihm mehr Wörter bereitstellen, wird er mit der Zeit lernen, ihre verschiedenen Bedeutungen auseinanderzuhalten.

Ihr Hund benutzt seine Knöpfe nicht, obwohl Sie sie ihm schon ein paar Wochen lang vorgeführt haben?

Achten Sie auf subtile Veränderungen im Verhalten Ihres Hundes. Bleibt er stehen, um sich die Knöpfe anzuschauen? Läuft er langsamer an ihnen vorbei als bisher? Beobachtet er Sie beim Vorführen von Wörtern? Bleibt er neben den Knöpfen stehen? All das sind Schritte in die richtige Richtung, die Ihr Hund zunächst einmal gehen muss, bevor er seine ersten Worte sagt. Fortschritte brauchen Zeit, und manchmal sind sie so subtil, dass man sie kaum wahrnimmt.

Sie können auch neue Wörter in sein Vokabular einbauen und ihm vorführen. Vielleicht findet Ihr Hund es interessanter, ein anderes Wort zu sagen als das, mit dem Sie gerechnet hatten!

Sie müssen die Einstellung seines Kommunikationsgeräts ändern?

Machen Sie sich klar, dass Ihr Hund nach einem Gerätewechsel oder einer Geräteumstellung Zeit braucht, um die Positionen seiner Sprachknöpfe neu zu erlernen. Wenn möglich, lassen Sie das alte Gerät zumindest in den ersten paar Tagen noch irgendwo herumstehen, üben Sie die Wörter mit ihm aber auf dem neuen Gerät ein. Das traumatisiert ihn vielleicht weniger, als wenn Sie sein vertrautes Gerät komplett entfernen. Helfen Sie Ihrem Hund bei dieser Umstellung, indem Sie ihm die Wörter auf dem neuen Gerät besonders oft vorführen, auf all seine Kommunikationsformen achten und ihn mit viel Lob und Ermutigung darin bestärken, sich mit seinem neuen Gerät zu beschäftigen.

Falls Sie nicht die erwarteten Fortschritte sehen sollten, stellen Sie sich folgende Fragen

Werden die Grundbedürfnisse meines Hundes erfüllt?
Fühlt er sich in seiner Umgebung sicher und geborgen? Ist er gut ausgeruht? Bekommt er genügend Spielzeit? Das Befinden Ihres Hundes hat Einfluss auf seine Lernfähigkeit. Wenn er gestresst, müde, krank, verängstigt oder überfordert ist, fällt es ihm schwerer, etwas Neues zu lernen.

Führe ich ihm seine Wörter in einem zu chaotischen Umfeld vor?
Es kann für Ihren Hund schwierig sein, sich zu konzentrieren, wenn es in seiner Umgebung viele Geräusche oder Aktivitäten gibt. Versuchen Sie nur dann mit Ihrem Hund zu arbeiten, wenn es in seinem Umfeld relativ ruhig ist.

Sind alle Mitglieder des Haushalts daran beteiligt, ihm das Sprechen beizubringen?
Je mehr Personen mit dem Kommunikationsgerät Ihres Hundes arbeiten, umso besser wird er lernen. Konsistenz ist wichtig!

Lege ich eine ausreichend lange Pause ein, bevor ich meinem Hund eine weitere Hilfestellung geben?
Warten Sie mindestens zehn bis fünfzehn Sekunden, bevor Sie auf einen seiner Knöpfe drücken und ihm damit quasi »das Wort aus dem Mund nehmen«. AAC-Nutzende und andere Sprachlernende brauchen Zeit zum Nachdenken und Verarbeiten des Geschehens.

Wirken die Wörter motivierend auf meinen Hund?
Fragen Sie sich bei den ersten Wörtern, die Sie für Ihren Hund auswählen, ob Sie glauben, dass er sie gern sagen möchte! Überlegen Sie, was Ihr Hund Ihnen durch Gesten und Lautäußerungen bereits mitteilt und welche Wörter er besonders gern von Ihnen hört.

Stehen mir und meinem Hund zu wenig Wörter zur Verfügung?
Wenn Sie mehr Vokabeln zur Verfügung haben, die Sie Ihrem Hund vorführen und in seinen Tagesablauf einbauen können, wird er schneller lernen. Je öfter er mit Wörtern in Kontakt kommt, umso besser funktioniert sein Lernprozess.

Lasse ich meinen Hund Wörter auf Kommando sprechen?
Wenn Sie Ihrem Hund vorschreiben, was er wann sagen soll, kann seine Fähigkeit, Wörter selbstständig zu verwenden, darunter leiden. Denn dann lernt er, das zu sagen, was Sie ihm vorgeben, und nicht das, was er sagen *möchte*. Letztendlich besteht das Ziel, das Sie mit Ihrem Hund erreichen möchten, nicht im Sprechen auf Kommando, sondern in einer spontanen verbalen Kommunikation. Statt ihm zu befehlen, ein bestimmtes Wort zu sagen, sollten Sie ihm jedes Wort in dazu passenden Kontexten vorführen.

Befindet sich das Kommunikationsgerät an einem für meinen Hund leicht zugänglichen Ort?
Stellen Sie die Sprachknöpfe oder das Kommunikationsgerät Ihres Hundes in einen Raum, in dem er sich oft aufhält.

Befinden sich die Knöpfe immer an derselben Stelle?
Das Verschieben von Sprachknöpfen kann für Ihren Hund verwirrend sein. Das wäre so, als würde sich die Position der Tasten auf Ihrer Computertastatur ständig verändern. Wenn Sie seine Knöpfe an denselben Stellen belassen, lernt er am schnellsten.

Kontakt und Bezugsquellen

Wenn Sie mehr über augmentative und alternative Kommunikation, Sprachentwicklung oder Sprachtherapie erfahren möchten, können Sie beispielsweise die (englischsprachige) Webseite »Hunger for Words« besuchen:

www.hungerforwords.com

Diese Webseite wurde von Christina Hunger ins Leben gerufen, um über ihre Kommunikation mit Stella zu berichten und die Leser über Sprachtherapie und unterstützte Kommunikation zu informieren. Außerdem möchte sie andere Menschen dazu inspirieren, ihren Haustieren ebenfalls das Sprechen beizubringen. Sie finden dort Videos von Stella beim Sprechen, Antworten auf häufig gestellte Fragen sowie Hilfsmittel und Informationsquellen, die Ihnen bei der Kommunikation mit Ihrem Hund helfen.

Sprechende Knöpfe: Das »Talking Pet Starter Set« können Sie auf oben genannter Website bestellen, Sie finden es – ebenso wie andere »Buzzer« von verschiedenen Anbietern - aber auch im Internet, wenn Sie in der Suchmaschine Begriffe eingeben wie »Hunger for Words Talking Pet Starter Set«, »Aufnahmefähige Tasten für Hunde«, »Sprach-Buzzer für Hunde«, »Hunde-Sprechtasten«, »Talking Products«, »AAC Sprechende Tontasten für Hunde und Katzen«, »Dog Talk«, »Aufnehmbare Trainingssummer, Knöpfe für das Sprachtraining von Hunden und Welpen« und Ähnliches.

Unterstützte Kommunikation (UK): Informationen zur unterstützten Kommunikation (Augmentative and Alternative Communication [AAC]) finden Sie neben den gängigen Online-Lexika auf verschiedenen Webseiten, zum Beispiel https://www.hmnw.de/unterstuetzte-kommunikation.htm, https://www.cluks-forum-bw.de/, https://akuk-online.de/ oder https://www.isb.bayern.de/foerderschulen/hr-uk/.

Literatur

Brian Hare und Vanessa Woods: *The Genius of Dogs. How Dogs Are Smarter Than You Think* (New York, NY: Plume, 2013)

Sy Montgomery: *Rendezvous mit einem Octopus. Extrem schlau und unglaublich empfindsam: Das erstaunliche Seelenleben der Kraken* (Hamburg: Mare, 2017; Zürich: Diogenes, 2017)

Francine Patterson: *The Education of Koko* (New York, NY: Henry Holt & Company, 1998)

John Pilley und Hilary Hinzmann: *Chaser: Unlocking the Genius of the Dog Who Knows a Thousand Words* (Boston, MA, New York, NY, 2013)

Con Slobodchikoff*: Chasing Doctor Dolittle: Learning the Language of Animals* (New York, NY: St. Martin's Press, 2012)

Dana Suskind: *Thirty Million Words: Building a Child's Brain* (New York, NY: Dutton, 2015)

Peter Wohlleben: *Das Seelenleben der Tiere. Liebe, Trauer, Mitgefühl – erstaunliche Einblicke in eine verborgene Welt* (München: Ludwig, 2016)

Anmerkungen

1 »Catahoula Leopard Dog«, DogTime, abgerufen am 9. September 2020, https://dogtime.com/dog-breeds/catahoula-leopard-dog.

2 »Australian Cattle Dog Breed Information, Pictures, Characteristics & Facts«, DogTime, abgerufen am 9. September 2020, https://dogtime.com/dog-breeds/australian-cattle-dog.

3 Jana M. Iverson und Susan Goldin-Meadow, »Gesture Paves the Way for Language Development«, *Psychological Science* 16, Nr. 5 (1. Mai 2005): 367–371, https://doi.org/10.1111/j.09567976.2005.01542.x.

4 Louis Michael Rossetti, *The Rossetti Infant Toddler Language Scale: A Measure of Communication and Interaction* (Austin, TX: PRO-ED, Inc., 2005).

5 Ebenda.

6 Janet R. Lanza und Lynn K. Flahive, *Guide to Communication Milestones* (East Moline, IL: LinguiSystems, 2008).

7 Gregg Vanderheiden, »A Journey Through Early Augmentative Communication and Computer Access«, *Journal of Rehabilitation Research and Development* 39, Nr. 6 (2002): 39–53.

8 John W. Pilley und Alliston K. Reid, »Border Collie Comprehends Object Names as Verbal Referents«,

Behavioural Processes 86, Nr. 2 (2011): 184–195, https://doi.org/10.1016/j.beproc.2010.11.007.

9 John W. Pilley, »Border Collie Comprehends Sentences Containing a Prepositional Object, Verb, and Direct Object«, *Learning and Motivation* 44, Nr. 4 (1. November 2013): 229–240, https://doi.org/10.1016/j.lmot.2013.02.003.

10 Attila Andics, Anna Gábor, Márta Gácsi, Tamás Faragó, Dora Szabo und Adam Miklosi, »Neural Mechanisms for Lexical Processing in Dogs«, *Science* 353, Nr. 6303 (2. September 2016): 1030 ff., https://doi.org/10.1126/science.aan3276.

11 Nell Greenfieldboyce, »Their Masters' Voices: Dogs Understand Tone and Meaning of Words«, NPR, 30. August 2016, abgerufen am 17. März 2022, www.npr.org/sections/health-shots/2016/08/30/491935800/their-masters-voices-dogs-understand-tone-and-meaning-of-words.

12 Tara O'Neill, Janice Light und Lauramarie Pope, »Effects of Interventions That Include Aided Augmentative and Alternative Communication Input on the Communication of Individuals with Complex Communication Needs: A Meta-Analysis«, *Journal of Speech, Language, and Hearing Research* 61, Nr. 7 (13. Juli 2018): 1743–1765, https://doi.org/10.1044/2018_jslhr-l-17-0132.

13 Luigi Girolametto, Patsy Steig Pearce und Elaine Weitzman, »Interactive Focused Stimulation for Toddlers with Expressive Vocabulary Delays«, *Journal of Speech and Hearing Research* 39, Nr. 6 (1. Dezember 1996): 1274–1283, https://doi.org/10.1044/jshr.3906.1274.

14 Shakila Dada und Erna Alant, »The Effect of Aided Language Stimulation on Vocabulary Acquisition in Children with Little or No Functional Speech«, *American Journal of Speech-Language Pathology* 18, Nr. 1 (1. Februar 2009): 50–64, https://doi.org/10.1044/1058 -0360(2008/07-0018).

15 Napoleon Hill, *Denke nach und werde reich,* München: Ariston, 2006.

16 Ebenda: 14.
17 Erinn H. Finke, Jennifer M. Davis, Morgan Benedict, Lauren Goga, Jennifer Kelly, Lauren Palumbo, Tanika Peart und Samantha Waters, »Effects of a Least-to-Most Prompting Procedure on Multisymbol Message Production in Children with Autism Spectrum Disorder Who Use Augmentative and Alternative Communication«, *American Journal of Speech-Language Pathology* 26, Nr. 1 (2017): 81–98, https://doi.org/10.1044/2016_ajslp-14-0187.
18 Hilary Mathis, »The Effect of Pause Time Upon the Communicative Interactions of Young People Who Use Augmentative and Alternative Communication«, *International Journal of Speech-Language Pathology* 13, Nr. 5 (2011): 411–421, https://doi.org/10.3109/17549507.2011.524709.
19 »Smarter Than You Think: Renowned Canine Researcher Puts Dogs' Intelligence on Par with Two-Year-Old Human«, American Psychological Association, 10. August 2009, abgerufen am 17. März 2022, https://www.apa.org/news/press/releases/2009/08/dogs-think.
20 Gregg Vanderheiden und David Kelso, »Comparative Analysis of Fixed-Vocabulary Communication Acceleration Techniques«, *Augmentative and Alternative Communication* 3, Nr. 4 (1987): 196–206, https://doi.org/10.1080/07434618712331274519.
21 John Halloran und Cindy Halloran, *LAMP: Language Acquisition through Motor Planning* (Wooster, OH: The Center for AAC and Autism, 2006).
22 Ebenda.
23 Ebenda.
24 Jennifer J. Thistle, Stephanie A. Holmes, Madeline M. Horn und Alyson M. Reum, »Consistent Symbol Location Affects Motor Learning in Preschoolers Without Disabilities: Implications for Designing Augmentative and Alternative

Communication Displays«, *American Journal of Speech-Language Pathology* 27, Nr. 3 (2018): 1010–1017. https://doi.org/10.1044/2018_ajslp-17-0129.

25 Juliann Woods, Shubha Kashinath und Howard Goldstein, »Effects of Embedding Caregiver-Implemented Teaching Strategies in Daily Routines on Children's Communication Outcomes«, *Journal of Early Intervention* 26, Nr. 3 (1. April 2004): 175–193. https://doi.org/10.1177/105381510402600302.

26 Joshua Becker, »Display What You Value Most«, Becoming Minimalist, 1. Oktober 2019, abgerufen am 17. März 2022, https://www.becomingminimalist.com/benefit-display-what-you-value-most/.

27 Saul McLeod, »Maslow's Hierarchy of Needs«, Simply Psychology, 20. März 2020, abgerufen am 17. März 2022, https://www.simplypsychology.org/maslow.html.

28 Jennifer Kent-Walsh, Kimberly A. Murza, Melissa D. Malani und Cathy Binger, »Effects of Communication Partner Instruction on the Communication of Individuals Using AAC: A Meta-Analysis«, *Augmentative and Alternative Communication* 31, Nr. 4 (2015): 271–284, https://doi.org/10.3109/07434618.2015.1052153.

29 Rossetti, a. a. O.

30 Halloran und Halloran, a. a. O.

31 »Augmentative and Alternative Communication Decisions«, American Speech-Language-Hearing Association (ASHA), o. D., abgerufen am 9. September 2020, https://www.asha.org/public/speech/disorders/CommunicationDecisions/.

32 Daniel H. Pink, *Drive: The Surprising Truth About What Motivates Us* (Edinburgh, UK: Canongate Books Ltd., 2018).

33 Ebenda.

34 Ebenda.

35 David Crystal, »Roger Brown, A First Language: The Early Stages. Cambridge, MA: Harvard University Press, 1973. Pp.

Xi 437«, *Journal of Child Language* 1, Nr. 2 (1974): 289–307, https://doi.org/10.1017/s030500090000074x.

36 Nancy J. Scherer und Lesley B. Olswang, »Role of Mothers' Expansions in Stimulating Children's Language Production«, *Journal of Speech, Language, and Hearing Research* 27, Nr. 3 (1984): 387–396, https://doi.org/10.1044/jshr.2703.387.

37 Rossetti, a. a. O.

38 Halloran und Halloran, a. a. O.

39 Erika Hoff, *Language Development* (Belmont, CA: Wadsworth/Thomson Learning, 2005).

40 Julia Riedel, Katrin Schumann, Juliane Kaminski, Josep Call und Michael Tomasello, »The Early Ontogeny of Human-Dog Communication«, *Animal Behaviour* 75, Nr. 3 (2008): 1003–1014, https://doi.org/10.1016/j.anbehav.2007.08.010.

41 Vanderheiden und Kelso, a. a. O.

42 Shari Robertson, »Celebrating the Bold Thinking of ASHA Imaginologists«, *The ASHA Leader* 24, Nr. 11 (2019): 8–10, https://doi.org/10.1044/leader.ftp.24112019.8.

43 Zitiert nach https://beruhmte-zitate.de/zitate/1982650-martin-luther-king-der-glaube-macht-den-ersten-schritt-auch-wenn-sie/, abgerufen am 17. März 2022.

44 Zitiert nach https://beruhmte-zitate.de/zitate/1982679-albert-einstein-logik-bringt-dich-von-a-nach-b-deine-phantasie-br/, abgerufen am 17. März 2022.

Dank

Meinen Eltern Laura und Brian Hunger danke ich dafür, dass sie mich zu dem Menschen erzogen haben, der ich heute bin. Sie haben mir von klein auf beigebracht, dass meine Stimme und meine Meinung wichtig sind, und dass ich für die Dinge eintreten soll, an die ich glaube. Herzlichen Dank für eure beständige Liebe und Unterstützung und dafür, dass ihr mich dazu ermutigt habt, anders zu denken als die große Masse der Menschen!

Euch, meinen beiden älteren Schwestern Sarah Hunger und Kate Elliott, danke ich dafür, dass ihr mir in meiner Kindheit und Jugend so großartige Vorbilder gewesen seid. Ihr seid beide euren eigenen Weg gegangen und habt mich dazu inspiriert, das Gleiche zu tun. Ihr habt keine Ahnung, wie sehr ich mir gewünscht habe, so zu werden wie ihr!

An meine großartige Freundin Grace Stevens: Ich glaube wirklich, dass unser Zusammentreffen und unsere Zusammenarbeit in den Sternen standen. Danke, dass du mir immer so gute Ratschläge gegeben hast – sowohl zum Thema »Logopädie« als auch für das Leben! Vielen Dank auch für unsere

Brainstorming-Sitzungen über den Einsatz von unterstützter Kommunikation bei Stella und dafür, dass du die ersten Entwürfe meines Buches gelesen hast und so eine fantastische Freundin bist.

Meiner wunderbaren Freundin Sarah Reece danke ich für die Idee mit dem Namen »A Hunger for Words« und für all unsere Diskussionen rund um das Thema »Unterstützte Kommunikation«. Du bist wahrscheinlich der einzige Mensch, den ich kenne, der mich stets daran erinnerte, mein iPad mitzubringen, wenn wir uns trafen, damit wir uns per AAC miteinander unterhalten konnten. Alle deine Schülerinnen und Schüler sind so glücklich darüber, dich als Sprachtherapeutin zu haben!

An die gesamte Abteilung für Logopädie der Northern Illinois University: danke für die hervorragende Ausbildung, die ich bei euch erhalten habe, und für die Einführung in die faszinierende Welt der unterstützten Kommunikation. Vielen Dank auch an Michelle O'Loughlin, meine erste klinische Supervisorin, Mentorin und – mittlerweile – auch gute Freundin. Du hast mir beigebracht, wie wichtig es ist, stets auf mich selbst zu hören und über den Tellerrand zu schauen!

Meinen literarischen Agenten Christopher Hermelin und Ryan Fischer-Harbage bin ich ungeheuer dankbar für all ihre Ideen, ihre Ermutigung und begeisterte Unterstützung während meiner Arbeit an diesem Buch. Christopher, du warst mir ein so wunderbarer literarischer Agent, Freund und Resonanzboden. Danke, dass du mit mir im Land der ungeahnten Möglichkeiten lebst und mir hilfst, meine Erfahrungen mit der ganzen Welt zu teilen. Dir, Ryan, danke ich für das

Engagement, mit dem du mein Buchprojekt unterstützt hast. Egal, worum es ging – ich konnte mich immer darauf verlassen, dass du mir hervorragende Ratschläge gibst. Ich danke euch beiden dafür, dass ihr mir den Schritt in diese nächste Phase meines Lebens erleichtert habt.

Meinem Lektor Mauro DiPreta danke ich dafür, dass er an meine Fähigkeit geglaubt hat, dieses Buch zu schreiben. Ich habe so viel von der Zusammenarbeit mit dir gelernt und bin dir unglaublich dankbar für all deine Kommentare, Vorschläge und redaktionellen Visionen! Du hast mir geholfen, aus meinen Ideen für dieses Buch eine wunderbare Realität zu machen.

Dem gesamten Team von William Morrow möchte ich für all die harte Arbeit danken, mit der ihr zur Entstehung und Veröffentlichung dieses Buches beigetragen habt. Tavia, Jamie, Vedika und Kelly, es hat so viel Spaß gemacht, euch alle kennenzulernen und mit euch zusammenzuarbeiten. Ich hätte mir als Begleitung durch diesen kreativen Prozess kein besseres Team wünschen können!

Meiner »Hunger-for-Words«-Community und all meinen Lesern danke ich sehr dafür, dass ihr mich auf dieser Reise begleitet. Ich finde es immer noch unglaublich, wie weit sich diese Bewegung verbreitet. Das alles habe ich nur euch zu verdanken! Ich bin so unglaublich stolz, wenn ich sehe, wie viele von euch mit euren eigenen Hunden (und anderen Haustieren!) per AAC kommunizieren. Ihr alle seid ein wichtiger Teil dieser neuen Ära der Kommunikation zwischen Mensch und Tier und zeigt der Welt, dass jeder eine Stimme hat.

Wie dankbar ich dir, meinem lieben Mann Jake, dem dieses Buch gewidmet ist, für deine bedingungslose Liebe und Unterstützung bin, lässt sich mit Worten gar nicht beschreiben. Du hast bei all meinen Vorhaben stets an mich geglaubt, und das bedeutet(e) mir ungeheuer viel. Danke, dass du Stella gemeinsam mit mir das Sprechen beigebracht und alle Entwürfe meines Buches mehrmals gelesen hast und mich stets in der Verwirklichung all meiner Träume unterstützt. Ich kann es kaum erwarten zu erleben, welches Projekt wir als Nächstes zusammen in Angriff nehmen werden.

Und schließlich möchte ich mich bei dir bedanken, Stella. Ich wusste von dem Augenblick an, als wir uns trafen, dass uns eine ganz besondere Reise bevorsteht; aber das hier ist verrückter, als ich es mir jemals hätte vorstellen können. Danke, mein süßes Mädchen, für deine Küsse, dein freudiges Wackeln mit dem ganzen Körper, dein Lächeln und deine Liebe. Du bist meine Inspiration. Ich habe dich so lieb.

Stichwortverzeichnis

AAC (augmentative and alternative communication) 15, 18 ff., 118, 143, 146 f., 154
- Hund s. a. Soundboard 70 ff., 85, 114, 225 f., 229
Ablenkung 63, 67, 202
Alltagsaktivitäten 154, 158, 169 f.
Alumni-Magazin, Association 294, 310, 316
American Speech and Hearing Association 117, 215, 308
ASHA Leader 308
Aufmerksamkeit
- erhalten 151, 252 f.
- lenken auf 63 f., 114, 183, 297, 333
- wecken 101, 107, 122, 288
Ausdrucksmöglichkeiten
- Hund s. a. Lautäußerungen, Gesten 122, 216, 282, 300, 304
- Kleinkinder 19, 55, 65
Automatismus
- bei Bedienung der Knöpfe 177
- bei Wörtern 260, 288
- motorischer 153, 155
Autismus-Spektrum-Störung (ASS) 11

Bedürfnispyramide 185 ff.
Belohnung, Leckerlis 132, 134 f., 230 f.
Brabbelphase 19 f., 248, 254
Brüder Wright 328

CBS This Morning 314 f.
CNN 313, 318

Deepak, Chopra 321
Drei-Wort-Sätze 28, 247, 249, 269, 279

Edison, Thomas Alva 328
Einstein, Albert 328 f.
Entscheidungen, eigenständige treffen 118, 270, 279, 298 f.
Entwicklung 122, 236
- -fähigkeit, -potenzial 55 f., 140, 269
- hemmend auf die 279
- Sprach-
- Kleinkinder 13, 15, 20, 55 f., 59, 62, 215, 330
- Hund 67, 77, 100, 156, 196, 238, 286, 316, 330, 340
- -stand 243, 258
Expansionen (Sprachfördertechnik) 247

Fähigkeiten
- kognitive 301
- Kommunikations- s. dort
- soziale 280
- Sprachentwicklung Kind – Hund 68, 132, 207 f., 327
- sprachliche, Sprachfähigkeit 15, 29, 55 f., 60, 81, 169, 206 f., 250, 331
- Verständnisfähigkeit s. dort
- vorsprachliche, Kinder 55 f., 60, 83
- zur Problemlösung s. dort
»Fertig«, Gebrauch von 288 f., 306
Freilaufen 126 ff.

Gebärdensprache 155, 289
Gefühle
- mitteilen 123, 275
- -wörter 282, 286
Gesten
- als Ausdruck der Kommunikation 56, 60, 62, 86, 90, 114, 142, 207 f., 275, 326
- Kleinkind 59, 64
- nachahmen 161
- Wörter durch Gesten unterstreichen, kombinieren 93, 162, 173, 203, 254, 334
Gewohnheiten, feste 214, 228, 269
Grundbedürfnisse 185 f., 344

»Hilfe«, Gebrauch von 161 f., 208, 232
Hilfestellung geben 101 f., 118 f., 133, 240, 261 f., 283, 336 f., 342, 345
- ohne 120
Hill, Napoleon 90 f.
Hoff, Erika 254
Hunger-for-Words 259, 266, 293, 309

Inside Edition 313, 316, 319
Intelligenz 15
- Hund 34 f., 99, 234, 256

Joint Attention (gemeinsame Aufmerksamkeit) 64 f.

Journal of Speech and Hearing Research (Untersuchung) 83

Kernwörter 143, 145 f., 155, 161, 216, 274
King, Gayle 314 f.
King, Martin Luther jr. 327
Kommentieren mit Wörtern 123, 160, 168, 194, 214, 280 f.
Kommunikation
- -gerät (Talker) s. a. AAC 11 ff., 15, 17, 30, 68 f., 143
- nonverbale 59, 66, 75, 158, 333 f.
- unterstützte 19, 66, 70, 72, 84, 112 f., 295, 319
-fähigkeit, Hund 122, 131, 169, 221, 226 f., 231, 264, 266, 296, 330
-form 64, 115, 145, 161, 257, 333 f., 344
-funktionen 67, 123 ff., 135, 194, 339
-muster 109, 169, 192, 203, 241, 269
-potenzial 29, 118, 232, 294, 331, 333
-verhalten 60 ff., 265
-versuche 75, 114 f., 128, 161, 230, 326, 334, 338
Körpersprache 223, 229

Lautäußerungen 35 f., 64, 66, 69, 104, 108, 114, 166, 185, 231 f., 237, 257, 280, 292, 300, 333
- mit Gesten kombinieren 93, 142, 203, 207, 275, 326, 334, 342, 345
Lernen, motorisches 147, 155, 251 f., 260
Lernprozess 84, 130 f., 186, 250, 336, 345

Maslow, Abraham 185 f.
Medien, soziale 137, 152 ff., 267, 294
Motivation, motivierend 145, 157, 218, 225
- extrinsische 134, 230
- intrinsische 134, 230 f.

NBC Nightly News 315, 318 f.

People Magazin 308, 310, 312 f., 316, 320
Pilley, John 71
Popular Mechanic 313, 315
Problemlösungsfähigkeit 234, 302
Programmierung, motorische 246, 248

Randwörter 143, 145 f., 155, 300, 304
Robertson, Shari 308 f.

Sehvermögen Hunde 79
Shenfeld, Hilary 308, 310 ff.
Soundboard 227 ff., 232 ff., 240, 248 ff., 272 ff., 282, 296, 300, 304
- Tonfall und Lautstärke am 289
»Später«, Gebrauch von 305 f.
Sprach-Input, unterstützter 81 f., 110, 114, 335
Sprach-Output-Phase 82, 110
Sprachentwicklung s. a. Entwicklung
-förderung 67, 71, 81, 247
-gebrauch 102, 217, 237, 239, 247, 331
-knöpfe 74, 77 ff., 89, 100, 126, 150, 177, 186, 217 f., 338
–als Information nutzen 279, 286
- Anordnung der 79, 126, 155, 219, 224 f., 231, 234, 239 f., 255, 272
- Bedeutung der 122, 179, 272, 276, 289, 338
- Fehltreffer 150 f., 190 f., 237
- programmieren, Training 80 ff., 91 f. 101 ff., 143 f., 146 f., 157, 184, 244 f., 323 f., 342
- vorführen 90, 103, 109, 192 f., 206, 234, 240, 247, 274, 287, 283, 286, 336, 339 f.
-kompetenz 15, 28, 55, 63, 170
- expressive 14, 81 f., 169, 254
- Hund 90, 140, 169, 331
- rezeptive 14, 81 f.
-stimulation, gezielte 81 ff.
-verständnis 140, 271
-verzögerung 56, 81, 139
Sprechtempo 80, 82
»Strand«, Gebrauch von 211, 249, 268 f., 302
Switch-Scanning 73

Tipps und Tricks 74, 94, 114, 133, 154, 173, 186, 202, 222, 240, 260, 282, 306

Umstellung, -phase 228, 235, 237 f., 241, 277, 296, 344

Verhalten anpassen 98 ff.
Verständnisfähigkeit 63, 291 f.
- Hund 64, 190, 302

»Will«, Gebrauch von 274, 277 f.
»Wo«, Gebrauch von 326
Wortauswahl 85, 145 f., 216, 244, 260, 274, 276, 279, 286, 300, 305, 325, 335, 345

Wortbedeutung 145, 161, 190, 298
- abstrakte Aussagen 203
- erlernen 71, 150, 306
- in verschiedenem Kontext 94, 103, 124, 194, 206, 279
- und Lautäußerungen 254, 334
- verallgemeinern 134 f., 339
- verstehen 66, 68, 71, 169, 199, 213
Wörter kombinieren, Wortkombinationen bilden 245 f., 300
- Gespräch führen 214 f.
- Hund 71, 173, 205 ff., 214 ff., 226, 231, 243, 260 f., 269, 271, 274, 278 f., 304 f., 327, 330
- Kleinkind 206 f., 214, 222, 237, 243, 247 f.
- mit Lautäußerungen und Gesten 75, 158, 171, 189, 207, 254, 257, 289, 334
- Sätze bilden 243, 269, 288
- Zeitbegriffe - Gefühlswörter 286
Wörter mit verschiedenem Kontext 94, 134, 143, 155, 168, 203, 206, 216, 279, 339, 346
- Essen 170, 194, 196
- Hilfe 161 f., 229, 232, 234
- Komm 167 ff.
- Raus 82, 103, 108
- Spielen - Komm 168
- Wasser 124
Wörter, soziale 159
Wortgebrauch 191 ff., 198 f.
Wortschatz 132, 140, 155 f., 170, 173, 190, 245, 260, 289, 288, 301, 304, 340
- expressiver 83
Wortwahl, individuelle s. a. Wörter kombinieren 145, 169, 214 ff., 290

Zwang, zwingen 24, 337, 341
Zwei-Wort-Sätze 28, 65, 202, 205 ff., 216, 222, 249, 340